包装印刷智能技术与应用

主　编｜李　森
副主编｜金兆丹　赖志小　孙　敏
主　审｜邵　军　曾建立　李　静　等

BAOZHUANG
YINSHUA
ZHINENG
JISHU YU YINGYONG

·北京·

图书在版编目（CIP）数据

包装印刷智能技术与应用 / 李森主编. -- 北京：文化发展出版社，2024.12. -- ISBN 978-7-5142-4509-7

Ⅰ.TS851

中国国家版本馆CIP数据核字第2024YJ5752号

包装印刷智能技术与应用

主　　编：李　森
副 主 编：金兆丹　赖志小　孙　敏
主　　审：邵　军　曾建立　李　静　等

出 版 人：宋　娜
责任编辑：杨　琪　李　毅　　　责任校对：岳智勇
责任印制：邓辉明
出版发行：文化发展出版社（北京市翠微路2号 邮编：100036）
发行电话：010-88275993　010-88275711
网　　址：www.wenhuafazhan.com
经　　销：全国新华书店
印　　刷：北京虎彩文化传播有限公司

开　　本：787mm×1092mm　1/16
字　　数：280千字
印　　张：13.625
版　　次：2024年12月第1版
印　　次：2024年12月第1次印刷

定　　价：59.00元
ＩＳＢＮ：978-7-5142-4509-7

◆ 如有印装质量问题，请与我社印制部联系　电话：010-88275720

前言

随着信息科技的爆炸式发展，网络、设备、制造、安全、大数据、图像处理、多媒体等领域的新理论、新技术和新应用层出不穷。在社会需求的共同驱动下，人工智能的应用和实践呈现加速发展的趋势。我们希望把人工智能深奥的知识理论、繁杂的搜索和机器学习技术、神秘的神经网络和深度学习方法、多领域的人工智能应用技术（如计算机视觉、自然语言处理、语音识别、专家系统、多智能体系统等），通过贴近人们日常生活的实践，给予深入浅出的介绍和展示。基于这个原因，我们组织了在不同领域耕耘多年的高校教师、企业专家共同编写此书，以满足不同领域（如计算机网络、移动互联网、物联网、制造和出版印刷、互联网安全、云计算与大数据、人机交互等领域）的相关人员学习和了解人工智能的需要。

全书共分为六章：第一章为包装印刷智能化技术概述，介绍了包装印刷智能化的概论、主要特征和主要内容；第二章为包装印刷智能设备的主要配件，包括传感器、气动元器件、马达、可编程序控制器等内容；第三章为包装印刷主要智能设备，介绍了智能立体仓库、自动导向搬运车、自动品检设备、工业机器人；第四章介绍了自动称重机等包装印刷其他智能设备；第五章和第六章分别介绍了包装印刷智能化管理系统和包装印刷智能管理系统的设计。

全书由李森、金兆丹、赖志小、孙敏、王凯、敬朝晖、亢晓、王琳等编写，邵军、曾建立、李静等审阅。

本书在编写和出版过程中得到了上海出版印刷高等专科学校的大力支持，同时也得到了潘杰、徐方勤、周礼球、何从友、尚庆昌、徐生平、宋强、赵根娣、许孝平、侯剑波、钱平、戴怡菁、王彩虹、陈昱、薛中会、顾全珍、潘嘉屹、徐晓鹏等同人的帮助，还要特别感谢浙江凯实激光科技股份有限公司、裕同包装科技股份有限公司、上海轩本工业设备有限公司、零珂（上海）信息技术有限公司、上海纺印利丰印刷包装有限公司、上海九星印刷包装有限公司等单位的鼎力支持。

  本书在编写过程中，参考了大量书籍和网络资料，在此对原作者表示衷心的感谢。由于水平有限，加上书稿编写时间比较仓促，书中难免存在一些疏漏和不足之处，恳请广大读者、同人、科研工作人员等广大读者不吝赐教，给予批评和指正，以便我们加以改进！

作　者

2024 年 7 月

目录

第一章 包装印刷智能化技术概述

第一节 概论···001
  一、包装印刷智能化的概念···001
  二、包装印刷智能化建设···003
第二节 包装印刷智能化的主要特征···006
  一、包装印刷智能生产的特征···006
  二、包装印刷智能化的发展···007
第三节 包装印刷智能化的主要内容···009
  一、智能化包装印刷设备的使用···009
  二、智能化管理的概念···010
  三、包装印刷智能化管理简介···010

第二章 包装印刷智能设备的主要配件

第一节 传感器···022
  一、传感器概述···022
  二、光电传感器···024
  三、激光传感器···025
  四、条形码传感器···028
  五、RFID（射频识别 Radio Frequency Identification）······················029
  六、图像传感器···030

第二节　气动元器件 032
　　一、气源处理装置 033
　　二、气缸 035
　　三、电磁控制阀 039
　　四、真空吸附装置 043
第三节　马达 048
　　一、伺服马达 048
　　二、步进马达 057
第四节　可编程序控制器 062
　　一、PLC 概述 062
　　二、PLC 的编程语言 065
　　三、PLC 的应用 067

第三章　包装印刷主要智能设备

第一节　智能立体仓库 070
　　一、智能立体仓库的硬件组成 071
　　二、智能立体仓库的检测系统 075
　　三、智能立体仓库的控制系统 077
　　四、智能立体仓库逻辑关系 079
　　五、智能立体仓库和企业资源计划系统 081
第二节　自动导向搬运车 083
　　一、AGV 结构组成 083
　　二、AGV 关键技术 084
　　三、AGV 路径规划算法 088
　　四、AGV 在印企药包种的设计案例 106
第三节　自动品检设备 115
　　一、自动品检的分类 115
　　二、自动品检的组成 116
　　三、检测原理与过程 117
　　四、自动品检在智能印刷中的应用 118
第四节　工业机器人 120
　　一、工业机器人简介 120
　　二、典型的工业机器人 122
　　三、工业机器人的编程 123

第四章　包装印刷其他智能设备

第一节　自动称重机 ···129
　　一、自动称重机的定义 ···129
　　二、自动称重机的结构 ···129
　　三、自动称重机的原理 ···129
第二节　自动捆扎机 ···130
　　一、自动捆扎机的定义 ···130
　　二、自动捆扎机的结构 ···130
第三节　自动开箱机 ···134
　　一、自动开箱机的结构和原理 ···134
　　二、自动开箱机的操作 ···136
第四节　自动装箱机 ···142
　　一、自动装箱机的简介 ···142
　　二、自动装箱机的结构 ···143
　　三、操作与维护 ···145
第五节　自动喷墨喷印系统 ···149
　　一、自动喷墨喷印系统的简介 ···149
　　二、自动喷墨喷印系统的维护保养 ···152

第五章　包装印刷智能化管理系统

第一节　概　述 ···155
　　一、理论基础 ···155
　　二、印刷智能制造实施路径及成效 ···157
第二节　企业资源计划系统 ERP ···158
　　一、ERP 管理软件发展历程 ··159
　　二、ERP 管理软件功能 ··159
　　三、ERP 基础数据收集 ··161
　　四、ERP 在印刷中的应用 ··162
第三节　制造执行系统 MES ···162
　　一、MES 的核心模块 ···165
　　二、MES 的基础数据需求 ···166
　　三、MES 的数据采集需求 ···167
　　四、MES 系统的实施 ···169

第四节　高级排程系统 APS ·· 170
　　一、高级计划排程系统概述 ··· 170
　　二、APS 与 MES 的协同使用 ·· 172
　　三、实施 APS 基础 ··· 172
　　四、APS 运行流程 ··· 173
　　五、APS 在包装印刷行业实施要点 ·· 174
第五节　设备数据采集系统 MDC ··· 175
　　一、MDC 数据采集的定义 ··· 176
　　二、MDC 数据采集的范围 ··· 177
　　三、MDC 数据采集体系架构 ·· 177
　　四、MDC 数据采集的特点 ··· 178
　　五、MDC 数据采集产品类型 ·· 179
第六节　仓储管理系统 WMS ··· 180
　　一、仓库管理系统 WMS 核心功能特点 ······································· 181
　　二、印刷 WMS 设计要点 ··· 183

第六章　包装印刷智能管理系统的设计

第一节　系统设计 ·· 185
　　一、生产流程 ·· 185
　　二、设计原则 ·· 187
　　三、系统架构特性 ·· 187
　　四、数据层设计 ··· 189
第二节　系统功能 ·· 190
　　一、业务平台 ERP ··· 191
　　二、生产控制 MES ··· 193
　　三、智能物流 WMS ·· 194
第三节　系统实施 ·· 194
　　一、实施原则 ·· 194
　　二、生产过程信息处理 ··· 196
　　三、生产数据连接的实现 ·· 198

参考文献 ·· 208

第一章
包装印刷智能化技术概述

人工智能技术的发展是工业4.0阶段的基本要素，人工智能相关应用与技术升级，必须与相关行业和具体企业进行有机结合，才能充分体现人工智能技术的先进性和有效性。我国近些年在众多制造行业开展了人工智能技术的赋能，随着包装印刷行业的发展，许多包装印刷企业开始了人工智能智造的革新与改造。包装印刷行业迫切需要一大批既懂印刷设备、印刷工艺、印刷材料、印刷色彩管理的技术人员，又能与人工智能智造相关环境架构进行互通、互补，维护智能智造企业制造现场的复合型专业人才。

第一节 概 论

一、包装印刷智能化的概念

1. 包装印刷行业的智能化

近年来，包装印刷行业正发生着巨大的变革。第一，行业的数字化转型，以 ERP（企业资源计划 Enterprise Resource Planning）、MES（生产执行系统 Manufacturing Execution System）为代表的信息系统为印刷包装企业实现了基础的数字化管理。第二，AGV（自动导向车 Automated Guided Vehicle）、工业机器人、智能仓库等全自动设备被广泛应用。这些变化大大提高了印刷企业的自动化程度，在方方面面使得印刷生产更加高效、产品质量更高，对人工的依赖越来越少。在此基础上，人们开始思考，包装印刷行业是否达到了智能制造的水平，未来会不会有更好的智能化的发展。但是不可否认的是，智能化已经是印刷行业的必由之路。

包装印刷的智能化可分为硬件软件两大方面，数字化是智能印厂的"软"实力，以印刷 ERP、MES、APS（高级生产计划排程系统 Advanced Planning and Scheduling）为代表的印刷行业软件实现了印厂各环节的高效协同、提质增效。通过印刷软件在全业务、全流程的深度应用，实现产品研发、工艺设计、生产、仓储物流、经营决策等全面的数字化管理。在此基础上，通过集成设备自动化生产线，以设备智能化为依托，打通生产数据流、产品数据流，实现生产全过程透明化、可追溯。硬件方面则比较依赖印刷企业的上游设备厂商来提供高度自动化、智能化的设备，如全自动品检机等。

印刷企业将"软硬"结合，来达到智能化的最佳效果。首先，广泛应用 MES、

APS、ERP、PLM（产品生命周期管理 Product Lifecycle Management）等印刷行业软件，实现生产环节的高效协同、可视化和透明化。通过视觉检测系统筛选不良品，提高检测效率。在仓储物流环节，通过 WMS 系统，实现库位精确定位管理、状态全面监控，充分利用有限仓库空间；实时掌控库存情况，合理保持和控制企业库存；实现产品生产或销售过程的可追溯。

全流程实时洞察。从生产排产指令的下达到完工信息的反馈，实现闭环。通过建立生产指挥系统，实时洞察工厂的生产、质量、能耗和设备状态信息，避免非计划性停机。智能工厂不仅生产过程应实现自动化、透明化、可视化、精益化，在产品检测、质量检验和分析、生产物流等环节也应当与生产过程实现闭环集成。一个工厂的多个车间之间也要实现信息共享、准时配送和协同作业。包装印刷是典型的离散型制造企业，十多道工序，生产系统复杂，缺乏标准化体系，工艺路线技术参数多变。结合企业的产品和生产特点，持续提高生产、检测和工厂物流的柔性自动化程度。依靠高度柔性的、以计算机系统控制为主的生产设备，按照不同的产品种类、个性化需求，灵活切换不同设备、批量化转换不同配置，实现生产系统与生产设备的协同运作，从而达到提高生产效率、提高产品质量、降低生产成本的最终目的。

2. 现代印刷设备的新技术与数据化智能化

（1）无轴传动技术

高宝、海德堡、西研、德兰特-格贝尔等公司都推出了无轴传动平版印刷机。无轴传动的特点：可以简化印刷机的传动装置，省去皮带传动尤其是齿轮传动机构，机器运转和操作、安装调试、维护保养等以每个色组为单位，这样结构简单，运转平稳，即使在高速的情况下也能保证印刷质量。另外，由于操作十分方便、节省时间，免去了机油润滑，同时降低了机器噪声。同时，因为去掉了驱动组合（驱动轴、离合器轴等），从而大大降低了印刷机制造成本。

（2）无水平版技术

卷筒纸无水平版印刷技术近年得到了大力推广，卷筒纸无水平版印刷技术的市场份额将会进一步扩大，高宝、罗兰等公司都推出了卷筒纸无水平版印刷机。其特点主要表现在以下三个方面：一是完全根除了润湿机构，使墨路控制更加简单；二是大幅度降低了印刷机高度，制造成本与厂房高度也可随之下降；三是彻底根除了润湿液，纸张在印刷过程中就不会出现遇水伸缩的现象，印刷网点边缘高度清晰，大墨量区域的油墨转移可达到很高的实地密度。

（3）无侧规技术

应用到高宝利必达 105 型机上的无侧规技术是将侧规定位放置在递纸环节上，为前规定位赢得时间，保证纸张有足够的定位时间和定位精度，是单张纸胶印机中一种独特的定位系统。无侧规定位系统是指，在纸张到达前规前，通过安装在输纸台两侧的光电感应装置对纸张位置进行监测，并将信息反馈到中央控制器，再传送给递纸滚筒的控制牙排伺服电机完成牙排位置的侧向定位。由于没有侧规，可有效减少25%的调机准备时间。

（4）不停机输纸、收纸

高速胶印机为了减少更换纸堆的时间，提高机器效率，设置有不停机输纸和收纸装置。高宝最近推出的全自动不停机输纸功能进一步提高了生产效率。

（5）自动换版装置

自动换版装置是利用能装载一定数量印版的版盒，通过自动控制系统进行上版、卸版，完全无须人工干预，大大减少辅助时间，提高工作效率。不停机换版可以在其他印刷机组正常工作的情况下，更换不印刷的印刷机组的印版，并在换版的同时清洗水墨系统及进行各种预置，大幅减少了辅助时间。

对于多色机，停机时印版滚筒的相位角不同，同相位换版技术使换版工作可以同时进行，不受印刷机组数量的限制，整个换版过程与更换1块印版的时间相等，极大地缩减了更换印版的时间。如高宝 DriveTronicSPC 同步印版滚筒驱动装置能在1分钟内实现同步换版，大幅缩短换版时间；并通过印版叼口中成像的套准标记，实现每色印版滚筒的零误差套准，保证印品的套印准确。

（6）自动清洗装置

自动清洗装置减少了辅助工作时间，提高了生产效率，同时能及时清洗橡皮布，保持橡皮布表面的清洁，延长其使用寿命。清洗剂可循环使用，节约了生产成本。自动清洗橡皮滚筒或压印滚筒一次仅需1分钟，所需时间是人工擦洗的1/6。

自动清洗装置通过独立的喷嘴杆，将洗涤液和水直接喷入刷洗辊清洗滚筒和墨辊，2个喷嘴杆由中央供水箱供水和洗涤液。刷洗辊与滚筒旋转方向相反，每次旋转进行横向串动，保证橡皮布的彻底清洗。洗完后自动自洁循环装置将刷洗辊和喷嘴杆上残留的油墨和洗涤液清洗干净。该装置和废料盘与机器分离，可轻松拆卸。自动清洗装置可彻底清洗作业面，减少停机时间，并保护环境。循环清洗系统可同时清洗墨辊。

（7）自动检测装置

自动检测装置可通过高速摄像机，对印刷品进行视频检测，根据质量标准，进行每一印张的质量监控，对印张标识和识别，并剔除有缺陷的印张，将其转到收纸装置的另一个纸台上，从而减少成品中的废品。色彩测量和控制可以扫描和测量位于印张边缘或是印张中部的印刷控制条。印刷控制条不仅非常小，而且有多个组合灰平衡调整所需要的测量块，是目前单张纸胶印机中最佳的质量控制方法。

二、包装印刷智能化建设

1. 智能化整体规划设计

（1）功能分区：整体功能区规划，包括办公区、生产车间、仓储库房、物流方向、生活区、预留区等,如图1-1所示。

(2) 设备排位设计:根据产品工艺路线要求和企业经营发展规划,统筹产能平衡,优化产线布局,减少物料无效搬运。

(3) 物流设计:结合产品特征,设计智能仓库、AGV及RGV(有轨制导车辆Rail Guided Vehicle)自动转运、自动物流线等。

(4) 人员流向设计:涵盖现场操作人员、管理人员、外来参观人员等非物流线路设计,以完全规范为主体设计思想。

(5) 辅助设施设计:考虑环保等要求,设计废纸边自动回收系统,减少废料搬运、净化车间环境、提高过程品质管理水平。

(6) 以软件为中心的物流驱动:利用"MES + WMS"系统,以工单为生产纽带,排产到每台设备,并根据实时的生产节拍拉动立体库的备料,指挥AGV叉车的物料运输,并全面跟踪和驱动质量、设备和人员为生产执行服务。

(7) 可视化看板:设计参观通道,方便客户参观,提升企业形象;设置中央控制中心,将工厂整体生产情况与设备运行情况进行集中呈现,方便管理者及时了解工厂动态,便于监控。

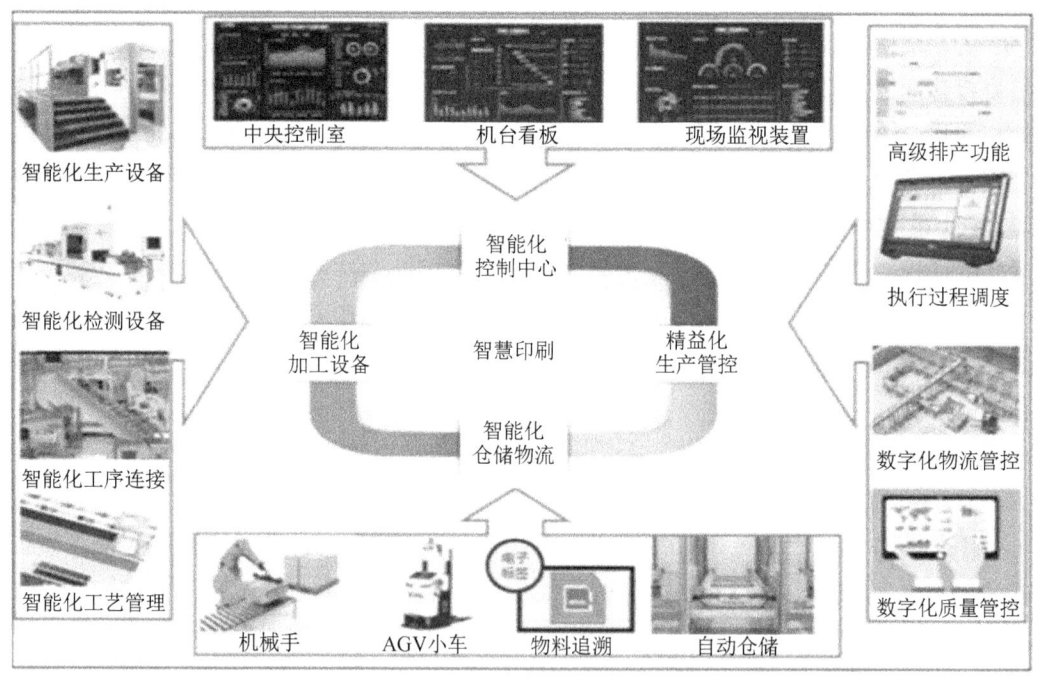

图1-1 智能化印刷厂设计

2. 智能化印刷厂建设原则

(1) 规范性:以MES规范中控和生产数据、流程设计及集成模式,协助印刷企业建立从数据到流程的标准化运营模式。

（2）先进性：项目要配合印刷企业进行资源整合、流程优化和技术整改，有效提高管理水平和工作效率。既要满足公司目前的经营管理要求，又可以支撑未来一定时期的企业发展要求。

（3）集成性：做到 ERP、MES、WMS 等系统的无缝集成，做到统一调度数据共享，用软件系统将智能设备互联互通，形成一个整体。

（4）成熟性：采用成熟技术，在成熟技术中选择先进的 IT 技术和架构；过时和落后的技术会给企业后续的扩展和维护带来成本上的风险。

（5）扩展性：具备良好的扩展性，能够适应未来组织和流程改进的需要，项目技术生态良好，市场上具备良好的人力资源储备。

（6）稳定性：项目需要的硬件设施均采用优良的硬件和货架结构，确保底层硬件和 AGV 的稳定运行。

智能化印刷厂规划设计原则如图 1-2 所示。

图 1-2　智能化印刷厂规划设计原则

案例：数字化驱动的 POD 生产流程

某公司建立了数字化驱动的智能化 POD 生产线，整条生产线所有的设备均是市面上最先进的连线式智能化设备，同时接入研发的印后生产线控制器，使其达到自动化生产效果。在此以一本无线精装书籍为例，介绍某公司数字化驱动的 POD 生产流程。数字化驱动的 POD 生产流程如图 1-3 所示。

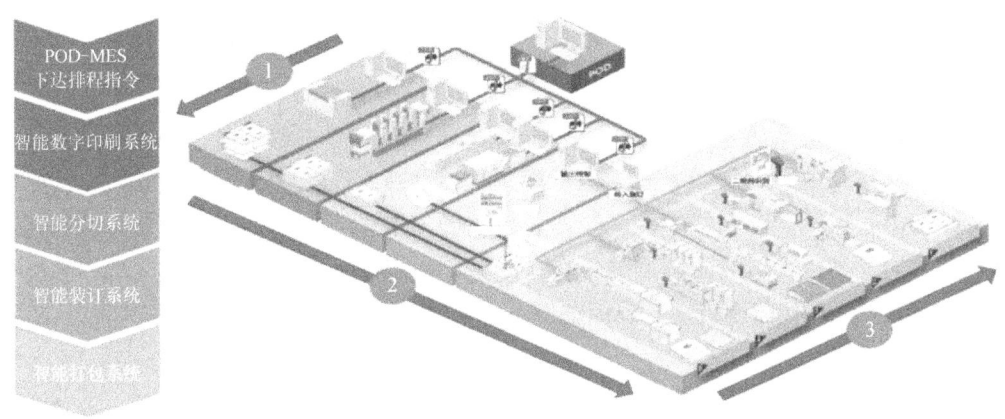

图 1-3　数字化驱动的 POD 生产流程

（1）POD-MES 下达排程指令

由 POD-MES 下单，并反馈产品信息，智能 AI 印前处理系统根据 POD-MES 下达排程指令并向数字印刷系统、智能装订系统传输 JDF 文件及向智能分切系统传输 JMF 文件。

（2）数字印刷

数字印刷机系统接受 JDF 文件，并根据 JDF 文件参数，确认纸张信息、印刷数量及印刷文件后进行印刷。

（3）智能分切

印刷完成后，印刷品自动进入智能分切系统，通过扫描二维码确认产品信息，印后生产线控制器根据 JMF 文件参数控制智能分切系统对印张自动进行精确分切。

（4）智能装订

分切好的印张进入开敞式的进料飞达，料斗在机器运行时动态调整。自动夹取后的印张精确地在校准装置处对齐，然后根据 JDF 文件参数自动设定其位置并在压书过程中对齐。随后印张传输到压书站，折成"4P"然后配页并组成书帖。同时 Giga Lynx 双向顺序查帖照相系统通过读取条码或者图像来控制书帖顺序。

（5）智能打包

压好的书帖传送到切书机的入口，读取条形码后，识别产品，自动调出产品 JDF 文件参数，三面切进行自动化、智能化设置，实现快速生产。

第二节　包装印刷智能化的主要特征

一、包装印刷智能生产的特征

1. 稳定灵活

现代印刷机简化了机械本身的结构，朝着光、电、液、气、计算机一体化交叉的方向发展，因此在平稳的印刷生产过程中，印刷速度的再度提高将成为现实，目前现代印刷机的印刷速度最高超过 20000 转/时，卷筒纸印刷机为 1000 米/分。

现代印刷机在高速运转的情况下，要保持良好的印刷质量和灵活性。因此，印刷机在设计理念上敢于创新，采用了共轴或无轴传动技术、空气导纸传输技术、超窄缝与无缝技术、输纸真空吸气带传动技术、全新的集中输墨技术、气压传动的离合压技术、联机的上光技术、双面印刷技术、自动控制技术、无水平版印刷技术等。正是这些技术的应用，现代印刷机在高速的情况下仍能获得良好的印刷质量和灵活性。

2. 高效多色

现代印刷机在保证印刷质量的情况下，进一步提高了效率和印刷色数。现代印刷机采用了自动清洗墨辊、橡皮布滚筒和压印滚筒机构、不停机的输纸与收纸机构、全新的集中输墨技术、自动控制技术，再加上印前技术的应用，印件开印前的预调准备时间也大幅缩短，由原来 2 个小时左右变为目前只需 10 分钟左右，同时印刷色数达十色或十二色也已经不足为奇了。

3. 自动控制智能化

现代平版印刷机均有自动化程度很高的控制系统，如海德堡 SpeedmasterXL 105 型机的 CP2000、罗兰 700 型机的 PECOM、高宝利必达 106 型机的可乐奇 MC、小森丽色龙 40 型机的 pressstation、三菱 DIAMOND 3000 型机的 COMRAC、BEIREN 300 型机的 CP 等，它们都具备水墨平衡自动控制、印刷质量的自动监测与控制、纸张尺寸预置控制、自动或半自动装版自动控制，以及对印刷机随时进行控制、监测和诊断的全数字化电子显示系统，等等。

4. 数字网络集中化

用来自印前系统的数字化文件直接在印刷机的版面上成像的技术，对印刷机的发展具有重要意义。最现代的激光技术构成了这种"直接成像技术"的基础，已经出现海德堡速霸 SM74DI 型机、小森 Project D 型机等。同时网络技术的应用和发展，还可以在整个印刷车间、印前系统、管理信息系统、生产管理部门、业务部门等部门内构建一个完整的数字网络环境，真正实现印刷的数字化和网络化。另外也正是随着数字化和网络化的发展以及印刷市场对印刷解决方案的需求，现代印刷机与印前设备、印后设备有机地结合在一起，形成可以完成印刷解决方案的印刷系统。

5. 操作与管理一体化

现代印刷机自动化程度很高，实现了从纸张搬运、自动装卸印版等到印刷结束整个印刷过程及操作系统的全自动化，一台或几台印刷机只需要一两个操作人员已经成为现实，自动化程度的提高可减少操作人员的数量，降低成本，以及使操作人员的精力和时间更多地投入印刷质量的控制方面上去。

二、包装印刷智能化的发展

智能装备行业具有产业关联度高、技术资金密集的特点，是各行业智能生产、技术进步的重要保障，在基础技术水平不断提高的作用下，智能装备行业发展迅速，目前已经广泛应用于消费电子、医疗、汽车、新能源等多个领域。对于下游应用企业来说，智能装备的核心价值体现在降低生产成本、提高生产效率上。一方面，智能装备能够有效降低应用企业的劳动力需求，减少人工成本，通过自动化降低产品的不合格率，减少因产品质量造成的损失，降低整体生产成本。另一方面，智能装备能够通过科学合理排产，优化生产过程，改善生产工艺，加快生产速度。智能装备系下游应用企业实现智能制造的基础，而智能制造产业的推进则为智能装备提供了广阔的应用市场。

1. 机器视觉和功能检测技术发展带动智能装备行业快速发展

智能装备旨在提供外部闭环控制机制，进行自动误差补偿，并且保证制造流程的正确完成。智能制造的典型特征为动态感知、实时分析、自主决策和精准执行,工业机器人本身不具有智能特征,机器视觉和功能检测相关基础技术的演进为智能装备发展奠定了坚实的技术基础。

(1) 机器视觉

在整个智能制造系统中,原始信息的采集是最为基础的工作,原始信息推动着整个系统的决策、执行和学习。机器视觉技术具有高度的灵活性,能适应各种生产环境,获取检测对象的图像以进行原始信息采集,并进行分析、处理。机器视觉既可以引导定位进行尺寸量测及外观检验,完成不合格的产品的精确剔除,又可以指导机器人实现更好的定位和筛选组装工作,与整个智能制造流程密切相关。机器视觉技术依靠光学成像、机械运动、电气控制、分析算法、应用软件等核心技术,使得智能检测、组装设备具备高精度的 2D/3D 模型获取能力,图像处理、图像识别、认知决策等人工智能和抽象理解能力,并且能够完成复杂工业的精密运动任务,从而实现智能检测、测量、定位和识别等功能。

(2) 功能检测

功能检测是智能制造系统的重要组成部分,通过对计算机软件、算法、机构设计、控制理论、物理学、化学等学科及工艺的运用,利用软件算法配合自动化设备的使用对产品的各项待测参数进行读取,从而验证待测产品,确认产品的特性以满足设计需求,实现生产效果的优化,为客户达到提质降本增效的效果。功能检测包含对待检测产品各类物理及化学属性的测试,目前被广泛应用于消费电子、汽车电子、医疗电子、工业电子及相关电子零部件产品的电、信号(无线射频)、声、光、传感、恒压力、磁性等方面的性能检测。以消费电子产品为例,其功能多样化和设计复杂化导致产品检测种类繁多、精度要求高,各类功能检测广泛应用在生产的各个环节中。

2. 下游应用行业需求状况与发展

近年来,精密光学、计算机软件算法、机械运动、电气控制等软、硬件技术的演进为智能制造的自感知、自决策、自执行、自适应、自学习功能奠定了深厚的底层技术基础。居民可支配收入的增加带动了消费升级转型,推动了消费电子、新能源、医疗等应用领域市场需求的增长,需求端市场规模的扩大形成了以高效率、高品质为导向的智能制造产业的原始驱动力。

3. 行业发展态势及未来发展趋势

(1) 国家政策进一步促进智能装备行业的发展

国家政策大力支持工业智能,工业自动化前景广阔,智能装备行业也有较大的发展空间。《智能制造发展规划(2016—2020 年)》提出 2025 年前,推进智能制造实施"两步走"战略:第一步,到 2020 年,智能制造发展基础和支撑能力明显增强,传统制造业重点领域基本实现数字化制造,有条件、有基础的重点产业智能转型取得明显进展;第二步,到 2025 年,智能制造支撑体系基本建立,重点产业初步实现智能转型。该规划还提出了加快智能装备发展，国家大力推动工业智能发展，智能装备生产企业迎来更多的市场机会。《中小企业数字化赋能专项行动方案》旨在提升中小企业应对危机的能力，夯实可持续发展基础，提出了针对中小企业典型应用场景，引导有基础、有条件的中小企业加快传统制造装备联网、关键工序数控化等数字化改造，应用低成本、模块化、易使用、易维护的先进智能装备和系统，优化工艺流程与装备技术，建设智能生产线、智能车间和智能工厂，实现精益生产、敏捷制造、精细管理和智能决策。

（2）产业结构化升级，智能制造产业链协同发展

随着国内制造升级，全球高端制造产能向我国转移，我国已步入后工业时代。高技术产业和服务业日益成为国民经济发展的主导，工业由低端向高端发展，技术密集型和高端装备产业的占比加大。我国制造业在政策和市场共同影响下，坚持走产业结构化升级、实现数字化、网络化和智能化的智能制造的目标。我国制造业通过用机器智能装备代替人工，提高对产品生产过程中的质量控制水平，减少误判、漏判情况的发生，有效地提高产品品质。智能制造的实现是一个逐级推进的过程，涉及设计、生产、物流、装配、调试、服务等产品全生命周期，并涉及从装备硬件到网络软件的复杂架构，智能装备、物流仓储、软件专业供应商间将不断加强协同创新，以强化智能制造系统解决方案供应能力。

（3）新技术不断在智能制造中深度应用

智能装备行业的基础技术涉及物理、材料、机械运动、电气化、自动化、人工智能等多学科。在应用上相互交叉，相关学科的不断发展也为智能检测、组装装备的发展奠定了基础。随着智能检测、组装装备的不断成熟和运算能力的提升，软件算法在各应用领域解决方案、深度学习能力的不断完善，智能检测、组装装备在除消费电子以外的汽车制造、半导体和新能源等领域应用的广度和深度均在提高，并加快在医药、食品饮料等其他领域的渗透。未来智能制造不断地将新的技术应用到制造业中，与制造业进行深度融合。其中物联网与云计算、人工智能（AI）等新技术的作用将尤为凸显。未来物联网与云计算将会更加广泛地部署到制造行业，从而减少人工干预、提高工厂设施整体协作效率、提高产品质量一致性。人工智能也将更加广泛地应用到智能制造行业中。

第三节 包装印刷智能化的主要内容

一、智能化包装印刷设备的使用

1. 智能化物流搬运机器人

AGV属于一种无人驾驶且拥有搬运功能的自动导航装置，其能够依据预设好的程

序,并依照车载传感器给定的位置信息,沿着规划好的路线自动进行移动与停靠,已被广泛应用到许多生产物流场合以及具备自动化功能的立体仓库货库的自动搬运中。物流业只需将物流搬运机器人布置好,后期定期检查搬运机器人,几乎完全解放了人力,这种工作方式不仅能减少物流业的消耗,而且能够适应当代行业发展潮流。AGV的组成包括内部车身、步行控制系统、通信系统和声光报警系统等。随着经济与科技的发展,传统物流搬运将被时代淘汰,新型的物流搬运机器人将崭露头角。若将AGV充分运用于物流搬运机器人中,将会大幅提高物流行业的发展水平,也将推动中国经济的发展。

2. 工业机器人

工业机器人是面向工业领域的多关节机械手或多自由度的机器装置,具有柔性好、自动化程度高、可编程性好、通用性强等特点。在工业领域,工业机器人的应用能够代替人进行单调重复的生产作业,或是在危险恶劣环境中的加工操作。国际上,工业机器人的定义主要有如下两种。国际标准化组织(ISO)的定义:工业机器人是一种具有自动控制的操作和移动功能,能完成各种作业的可编程操作机。美国机器人协会(RIA)的定义:一种可以反复编程和多功能的,用来搬运材料、零件、工具的操作机;或者为了执行不同的任务而具有可改变的和可编程的动作的专门系统。在智能制造领域,工业机器人作为一种集多种先进技术于一体的自动化装备,体现了现代工业技术的高效益、软硬件结合等特点,成为柔性制造系统、自动化工厂、智能工厂等现代化制造系统的重要组成部分。机器人技术的应用转变了传统的机械制造模式,提高了制造生产效率,为机械制造业的智能化发展提供了技术保障;优化了制造工艺流程,能够构建全自动智能生产线,为制造模块化作业生产提供了良好的环境条件,满足现代制造业的生产需要和发展需要。

二、智能化管理的概念

在智能工厂的热潮下,印刷企业都在围绕自己的中长期发展战略,结合自身产品、工艺、设备和产品结构的特点,从解决企业自身紧迫矛盾出发,在推进规范化、标准化的基础上,逐步推进智能工厂的建设。

智能化管理是利用电子商务技术,实现业务订单的自动处理机制,提高与客户的沟通效率,优化客户体验。利用人工智能技术,赋予人员、物料、生产作业编码信息,自动采集设备的状态和工艺参数、车间环境、能耗等信息,并通过网络系统存储数据、自动计算智能安排生产,实现经营和生产过程中所有动态信息集成处理,做出最科学合理的安排。

三、包装印刷智能化管理简介

印刷行业生产经营整体流程如图1-4所示,涉及销售部、核价部、工艺部、生产部、核算部、生产及物料控制、外发加工部、采购部、材料仓库、成品仓库、质检部、财务部等，将整个印刷企业系统高效地管理起来。

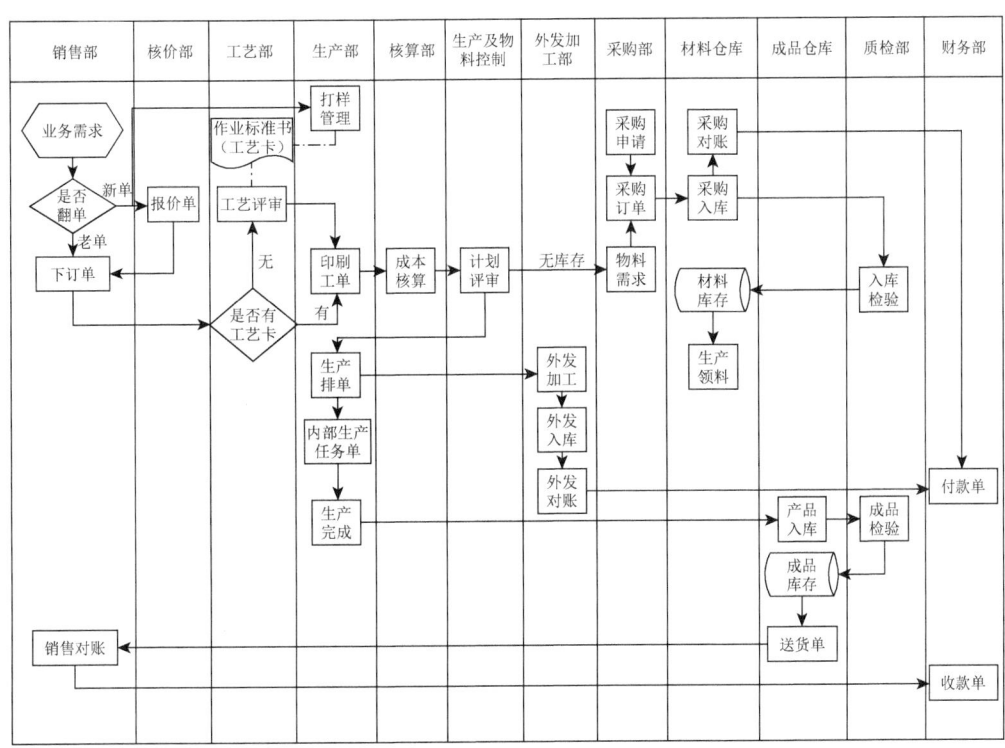

图1-4 印刷行业生产经营整体流程

1. 销售管理子系统

（1）销售管理子系统的整体框架。

销售管理子系统的整体框架如图1-5所示。

（2）本子系统重点报表与管理信息。

重点报表如下。

①订单生产进度查询：查询每个客户订单的生产进度。

②订单收款进度查询：查询每个订单的收款进度。

③订单利润分析表：统计每个订单销售利润情况（包括销售金额、标准成本金额、实际成本金额、利润）。

④销售人员绩效考核：统计每个业务人员订单利润情况（包括销售金额、标准成本金额、实际成本金额、利润）。

⑤销售分析报表：全面分析公司销售数据的报表，包括每个客户的销售比例、产品分类销售额比例、销售人员销售比例。

⑥VIP客户积分报表：针对VIP管理模块，自动统计每个客户积分（按约定的付款条件付款的金额）。

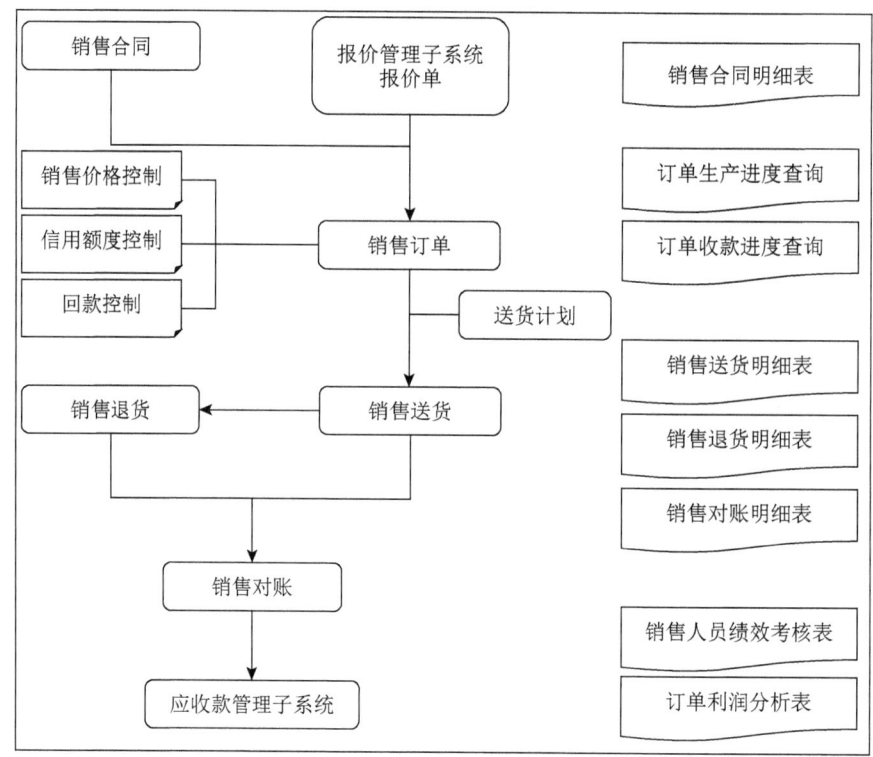

图1-5 销售管理子系统的整体框架

⑦销售对账表：与客户对账的依据，包括销售送货明细与退货明细重要管理信息。

2. 报价管理子系统

报价管理子系统把繁重、复杂的估价变得极其方便、简单、适用。系统利用计算机快速和准确的功能，快速得出最优化的报价方案，并有效地对有关报价资料进行管理和核对，大大降低了人工报价出错的可能性。

（1）多类型报价：可以根据设定的工序和常用规格，报出各式各样的印件价格，包括样本、包装盒、提袋、标签等。

（2）多数量报价：是指可以针对同一个产品，给出不同数量段的报价。

（3）多客户类型报价：不同的客户，同样的产品给出不同的价格，如直接客户、间接客户、VIP客户价格有一定差别。

3. 采购管理子系统

（1）采购管理子系统的整体框架

采购管理对采购过程中物流运动的各个环节及状态进行跟踪管理，是印刷企业资金流的重点，如何在最小库存量的情况下保证生产的需要，从而减少资金积压，本子系统中的采购计划可以准确计算出可用库存与库存警戒线，能够做到合理的价格分析、准确的计划采购量。采购管理子系统的整体框架如图1-6所示。

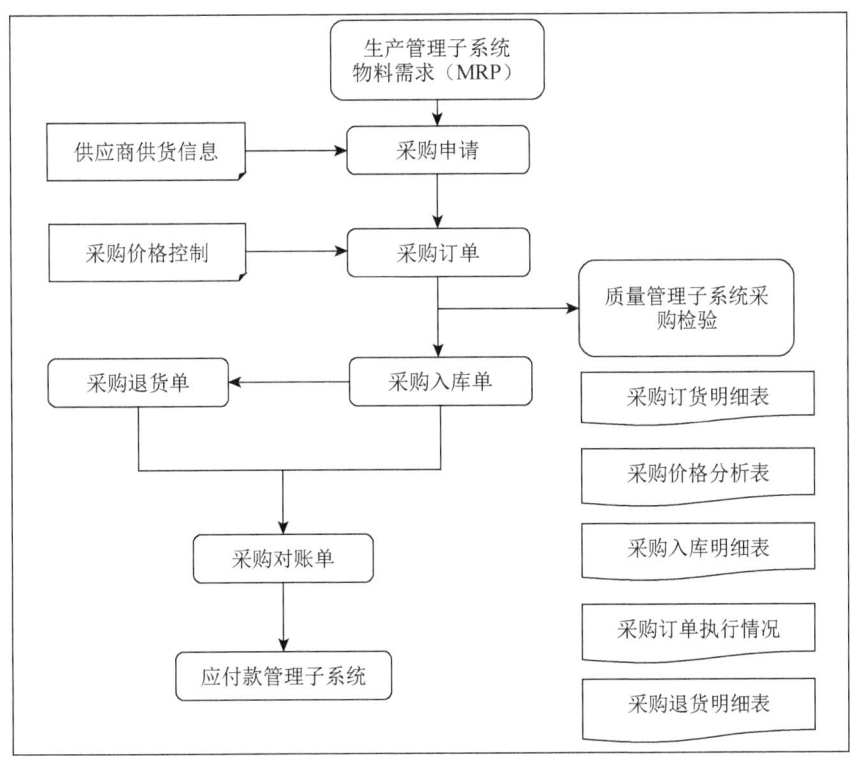

图 1-6　采购管理子系统的整体框架

（2）本子系统重点报表与管理

重点报表如下。

①采购订单执行情况表：查询每个采购物料的到货情况、付款情况、退货情况。

②采购价格分析表：对采购价格进行波动分析，快速定位价格变化的物料以及提供不同供应商的价格对比。

③供应商准时交货情况表：统计供应商准时交货情况，以评估供应商。

④采购订单预警表：对未到货的采购订单物料，提前预警。

⑤到货明细表：到货明细表可以按照采购入库查询存货的到货、入库明细。

⑥采购明细表：采购明细表可以查询采购对账的明细情况，包括数量、价税、损耗等信息。

⑦暂估入库明细表：已入库但未对账的物料明细表。

⑧结算明细表：结算明细表可以查询已结算的物料明细情况。

重要控制点如下。

①采购价格控制：当价格发生任意变化时，提示审核，以确保每批物料的采购都在价格可控的情况下发生。

②采购数量控制：正常情况下严格按工单采购，如果采购量大于工单需求量，提示审核，常规备料按最小库存量提示采购。

4. 生产管理子系统

（1）生产管理子系统的整体框架

生产管理子系统是整个ERP的灵魂部分，用户可以从订单数据快速导入生成生产工程单，完善各工序的工艺参数。通过优化合理的生产排单，用户可使企业资源得到最高效的运用。按照车间生产单指导生产部门生产。生产管理子系统的整体框架如图1-7所示。

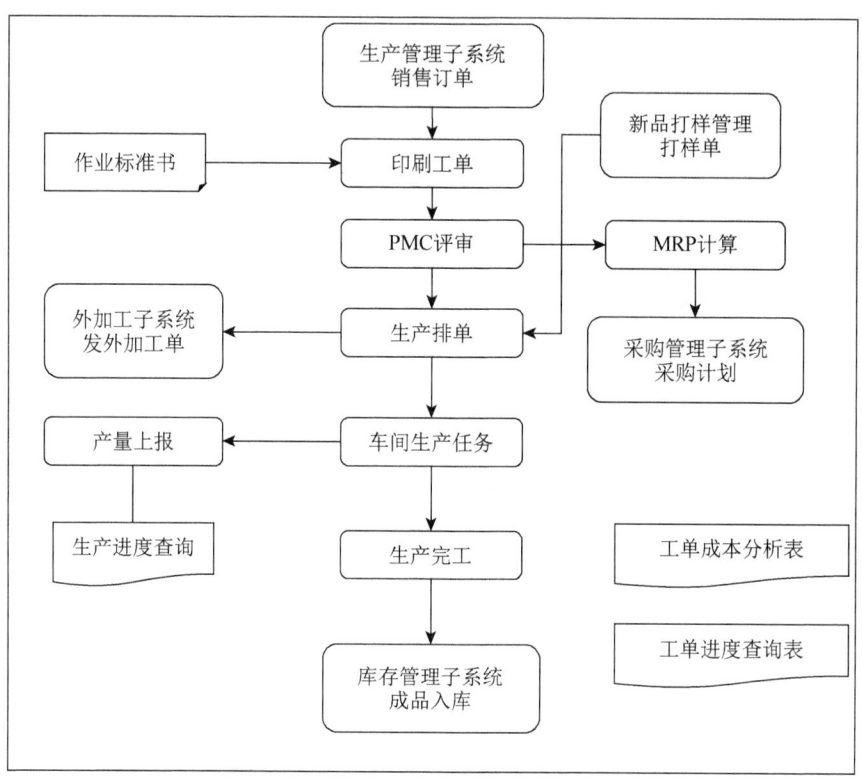

图1-7　生产管理子系统的整体框架

（2）新品打样管理

重点报表如下。

①打样汇总表（总体分析）：查询一个时间段内的打样情况表。

②客户打样汇总表（只打样未下单）：按客户查询一个时间段内只打样，并未下单的打样情况表。

③销售人员打样汇总表（只打样未下单）：按销售人员查询一个时间段内只打样，并未下单的打样情况表。

重要控制点如下。

①打样成功率：以下订单为依据，考核打样成功率，杜绝只打样、不下单的情况。

②打样成本统计：统计一个时间段内的打样成本。

（3）生产损耗控制

重点报表如下。

①工序损耗分析表：统计每道工序的理论损耗情况。

②工序损耗对比表：统计每道工序的理论损耗与实际损耗对比情况。

③损耗预警表：显示所有超出理论损耗的工序，以查明原因。

重要控制点如下。

损耗控制：通过实时产量上报，达到每道工序损耗控制，及时补料，解决错误的时间越早，所带来的损失就越少。

（4）印刷版/刀模/菲林/原始文件管理

重点报表如下。

①印版耗用情况表：统计一个时间段内版材的使用量。

②刀模管理：统计并查询可用的刀版信息，以备重用。

③菲林管理：统计并查询可用的菲林信息，以备重用。

④文件管理：可针对工单上传此工单用到的所有相关文件，以方便以后查找重要控制点。

⑤提高刀模重复利用率：随时匹配适用刀模。

⑥文件管理：按工单来管理相关电子文档，以后只要找到此工单，就能调用所用过的原始文件。

（5）重点报表与重要控制点

重点报表如下。

①生产施工单：建立完整的生产施工单数据库，可随时查找历史印刷工单情况。

②生产补单：建立完整的生产补单数据库，可随时查找历史印刷工单情况。

③生产排单：根据订单交期和设备生产能力，对每台设备进行生产预排，安排每日工作量。

④工单生产进度查询表：生产单进度查询，可反映此生产单当前的生产状态。

⑤工单收款进度查询表：生产单收款情况查询，可反应出此生产单当前的收款状态。

⑥生产任务单（工序）：用来记录每个工序每天的生产任务表，与全局设备状态（OEE）接口。

⑦生产用纸需求表：根据印刷工单的需求量和当前库存量，自动生成采购计划表，以提示采购人员进行采购。

⑧工单成本分析：分析每张工单的标准成本、实施成本、工资成本。

重要控制点如下。

成本控制：通过设定毛利率，低于这个利润率的单子无法通过，须主管审核。

5. 材料仓库管理子系统

（1）材料仓库管理子系统的整体框架

《材料仓库管理子系统》是印智软件供应链的重要产品，能够满足采购入库、材料出库、其他出入库、盘点管理等业务需要，提供库存查询、出入库跟踪管理、可用量管理等全面的业务应用。材料仓库管理子系统的整体框架如图1-8所示。

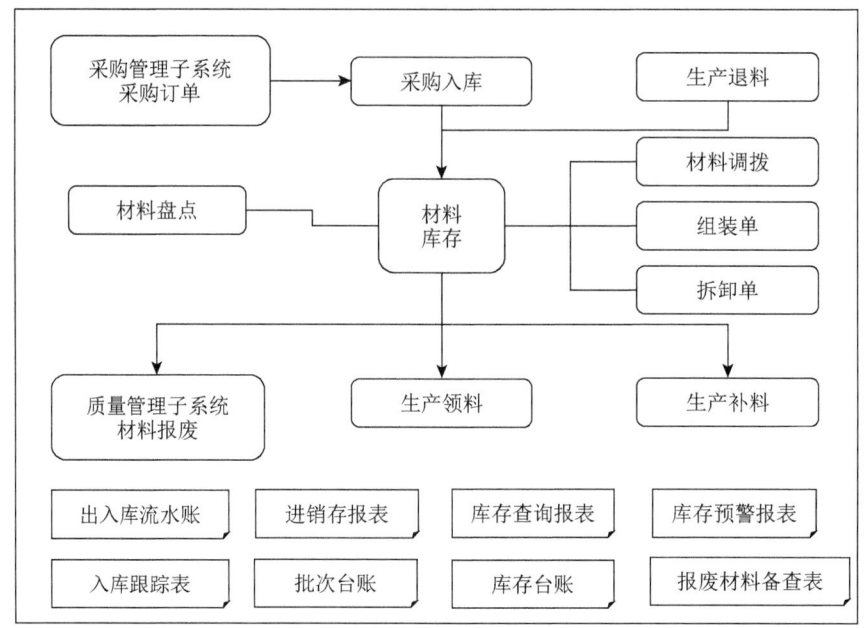

图1-8 材料仓库管理子系统的整体框架

（2）材料仓库管理子系统重点报表与控制点

重点报表如下。

①出入库流水账：出入库流水账可查询任意时间段或任意情况下的存货出入库情况。

②进销存报表：反映各仓库各存货各种收发类别的收入、发出及结存情况。

③库存查询报表：材料库存是根据物料编号、物料组、仓库编号选择相应的物料，查询该物料的结存和最后一次使用的数量。

④库存预警报表：库存预警可以对公司库存起到监督的作用，当出现库存不足、库存超量时，就会发生库存预警。

⑤入库跟踪表：材料库存是根据物料编号、物料组、仓库编号选择相应的物料，查询该物料的结存和最后一次使用的数量。

⑥库存台账：本功能用于查询各仓库各存货各月份的收发存明细情况。

⑦批次台账：用于查询批次管理的存货的各仓库各月份各批次的收发存明细情况。

⑧报废材料备查表：可以查询不合格品的记录和处理情况。

⑨可用量查询表：查询目前物料数量可用库存＝库存数量＋采购在途量－开单已占量－最小安全库存。

⑩采购入库明细表：建立完整的纸张入库数据库，可随时查找历史纸张入库单情况。

⑪采购退货明细表：建立完整的纸张退货数据库，可随时查找历史纸张退货单情况。

⑫补料明细表：建立完整的纸张初料数据库，可随时查找历史纸张补料单情况。

⑬领料明细表：建立完整的纸张领料数据库，可随时查找历史纸张领料单情况。

⑭材料盘赢盘亏表：用来进行仓库存货的实物数量和账面数量核对工作的单据，用户可使用空盘点单进行实盘，然后将实盘数据录入系统，与账面数据进行比较对材料进行盘点，将错误的库存更正过来，自动生成损益。

重要控制点如下。

①按单领料：严格按单领料，控制材料成本，补料需要主管审核。

②按单采购：严格按单采购材料（常规材料备库存除外），多采购需要主管审核。

6. 应收账款管理子系统

（1）应收账款管理子系统的整体框架

应收账款管理系统，通过销售对账、送货单、收款单等单据的录入，对企业的往来账款进行综合管理，及时、准确地提供客户的往来账款余额资料，提供各种分析报表，如账龄分析表、欠款分析、回款情况分析等，通过各种分析报表，帮助用户合理地进行资金的调配，提高资金的利用率。应收款管理子系统的整体框架如图1-9所示。

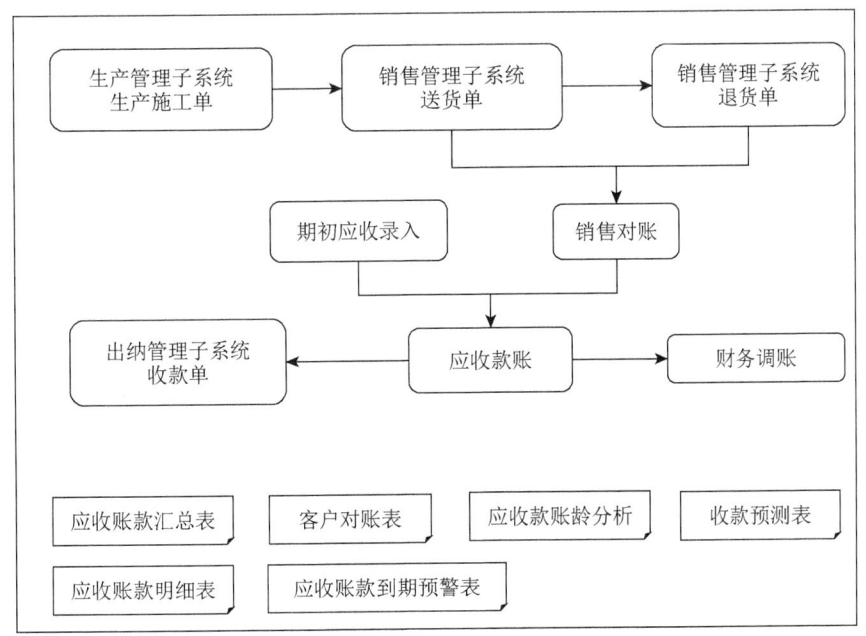

图1-9　应收款管理子系统的整体框架

(2)本子系统重点报表与控制点

根据对客户往来款项核算和管理的程度不同,系统提供了应收账款核算模型"详细核算"和"简单模型"客户往来款项两种应用模式。

①详细核算模式重点报表如下。

如果销售业务以及应收款核算与管理业务比较复杂,或者需要追踪每一笔业务的应收款、收款等情况,或者需要将应收款核算到产品一级,那么可以选择"详细核算"方案。该方案能够帮助用户了解每一客户每笔业务详细的应收情况、收款情况及余额情况,并进行账龄分析,加强客户及往来款项的管理。

②"简单核算"模式重点报表如下。

如果企业销售业务以及应收账款业务比较简单,或者现销业务很多,则可以选择"简单核算"方案。该方案着重于对客户的往来款项进行查询和分析。

重要控制点如下。

回款控制:如果没有按时回款,根据信用额度和付款条件,对于回款做严格控制。

7. 应付账款管理子系统

(1)应付账款(发外加工)子系统整体框架

应付款管理系统,通过发外对账、付款单等单据的录入,对企业的往来账款进行综合管理,及时、准确地提供供应商的往来账款余额资料,提供各种分析报表,帮助用户合理地进行资金的调配,提高资金的利用效率。应付账款(发外加工)子系统整体框架如图1-10所示。

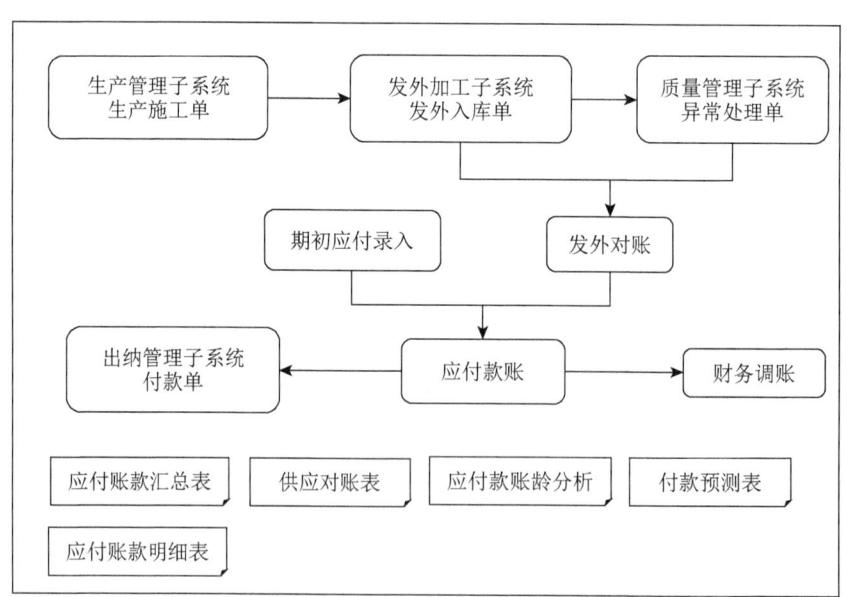

图1-10 应付账款(发外加工)子系统整体框架

(2) 应付账款（材料）子系统整体框架

应付款管理系统，通过采购对账、付款单等单据的录入，对企业的往来账款进行综合管理，及时、准确地提供供应商的往来账款余额资料，提供各种分析表，帮助用户合理地进行资金的调配，提高资金的利用效率。应付账款（材料）管理子系统整体框架如图1-11所示。

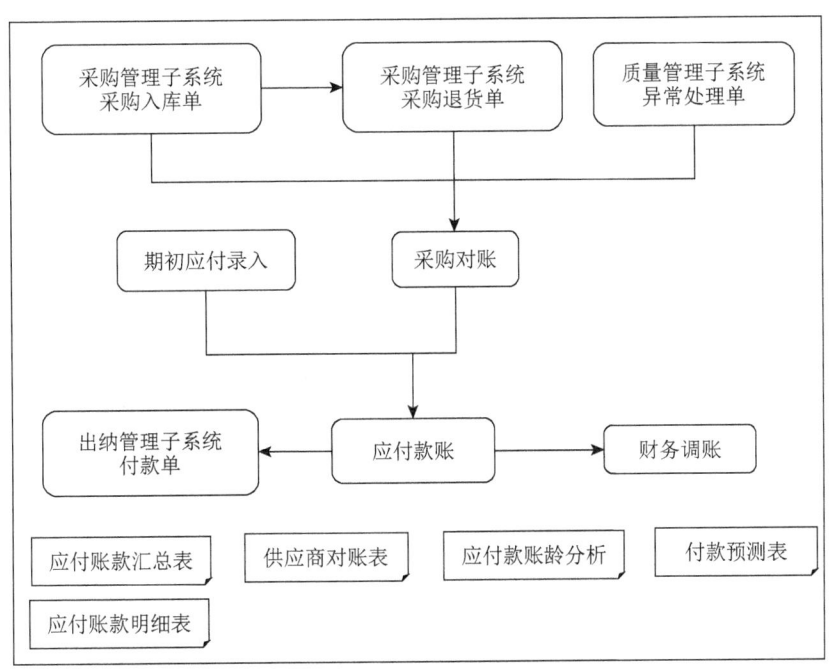

图1-11 应付账款（材料）管理子系统整体框架

(3) 本子系统重点报表

①应付账款明细表：可在此查看供应商、订单物料等在一定期间内发生的应付及付款的明细情况。

②应付账款到期预警表：可在此查看供应商在一定期间内发生的到期应付情况。

③应付账款汇总表（按供应商）：可在此查看供应商应付款的汇总情况。

④应付账款汇总表（按加工商）：可在此查看加工商应付款的汇总情况。

⑤应付款账龄分析：可通过本功能分析供应商应付款余额的账龄区间分布。

⑥付款预测表：可在此预测一下将来的某一段日期范围内，要付给供应商的付款情况。

⑦供应商对账表：对账表主要查看查询时间段内供应商的采购金额和付款金额。可以通过本功能选择客户，能够查看该供应商在你查询的时间内金额的往来明细情况。

8. 出纳管理子系统

(1) 出纳管理子系统的整体框架

《出纳管理子系统》的设计目的：及时地了解掌握某期间或某时间范围的现金收支

记录和银行存款收支情况，并做到日清月结，随时查询、打印有关出纳报表。出纳管理子系统的整体框架如图1-12所示。

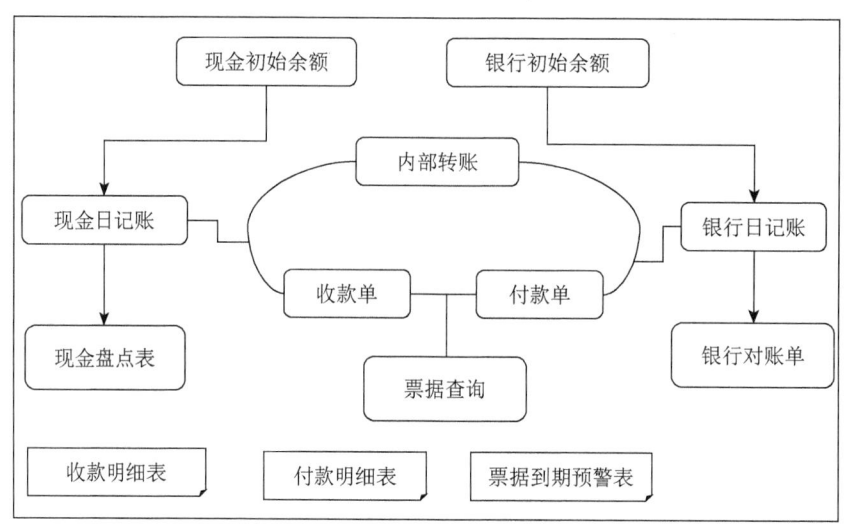

图1-12　出纳管理子系统的整体框架

（2）本子系统重点报表

①收款明细表：可在此查看所有的收款情况。

②付款明细表：可在此查看所有的付款情况。

③现金日记账：现金日记账反映的是公司每天现金往来的流水账，主要功能是查看公司收入和支出的现金额数，查看结余，此报表根据收款、付款、转账三种单据形式自动生成。

④银行日记账：银行日记账是反映每天各个银行或个人卡上款项往来的流水账，功能主要是查看公司银行户头上收入和支出的金额，查看结余，此报表根据收款、付款、转账三种单据自动生成。

⑤应收票据查询：应收票据表示的是收到客户的还未到账的支票，包括承兑汇票、转账支票等，当到期时，在系统中还需做财务转账，才能完成银行款项增加，本张应收票据消除。

⑥应付票据查询：应付票据表示的是付给供应商的支票，包括承兑汇票、转账支票等，当到期时，在系统中还需做财务转账，才能完成银行款项减少，应付票据消除。

9. 质量管理子系统

（1）全面质量管理（TQM）定义

TQM是指企业中所有部门、所有组织、所有人员都以产品质量为核心，把专业技术、管理技术、数理统计技术集合在一起，建立起一套科学严密高效的质量保证体系，控制生产过程中影响质量的因素，以优质的工作、最经济的办法提供满足用户需要的产品的全部活动。开始于识别顾客的质量要求，结束于顾客对他手中的产品感到满意。全面质量管理就是为了实现这一目标而指导人、机器、信息的协调活动。质量管理子系统整体框架如图 1-13 所示。

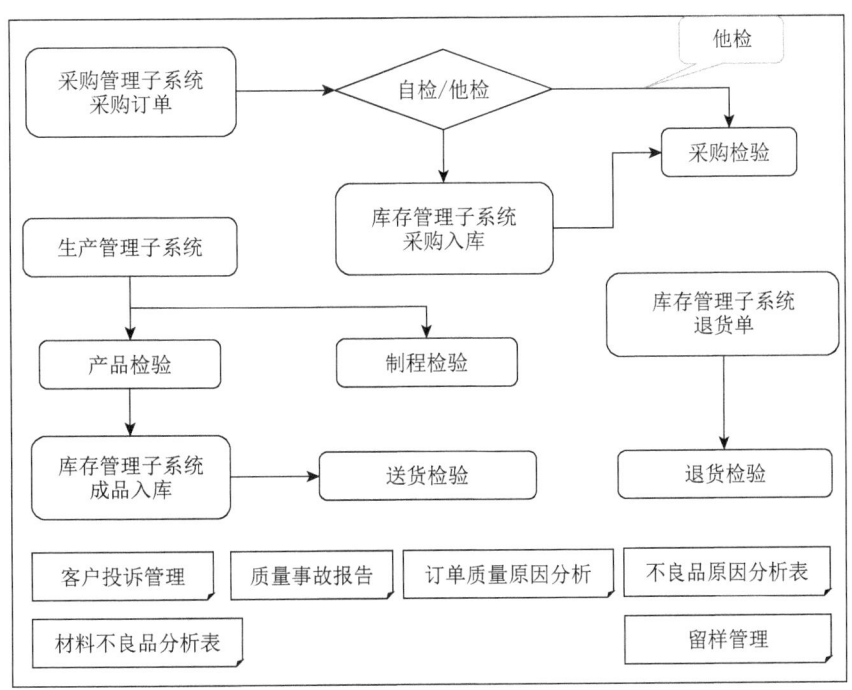

图 1-13 质量管理子系统整体框架

首先，质量的含义是全面的，不仅包括产品服务质量，而且包括工作质量，用工作质量保证产品或服务质量；其次，TQM 是全过程的质量管理，不仅要管理生产制造过程，而且要管理采购、设计直至储存、销售、售后服务的全过程。作为全面质量管理核心阶段，质量检验阶段是供应链管理体系中一个不可分割的有机组成部分，主要分七种类型的检验：来料检验 IQC（采购检验、委外检验）、成品检验、制程检验 IPQC、在库检验、发货检验 QA、退货检验。还可以进行留样的处理，并记录留样的检验情况。

（2）本子系统重点报表
①产品检验明细表。
②制程检验明细表。
③送货检验明细表。
④采购/来料检验明细表。
⑤退货检验明细表。
⑥不良品原因分析表。
⑦材料不良品分析表。
⑧订单质量原因分析表。

第二章
包装印刷智能设备的主要配件

第一节 传感器

一、传感器概述

1. 传感器的定义及作用

（1）传感器的定义

《传感器通用术语》（GB/T 7665—2005）对传感器的定义为：能感受被测量并按照一定的规律转换成可用输出信号的器件或装置，通常由敏感元件和转换元件组成。也可以说：传感器是一种检测装置，能感受到被测量的信息，并能将检测感受到的信息按一定规律变换成为电信号或其他所需形式的信息输出，以满足信息的传输、处理、存储、显示、记录和控制等要求。传感器是实现自动检测和自动控制的首要器件，有时也可以称为换能器、检测器、探头等。当输出为规定的标准信号时，则称为变送器。

人可以通过五官（视、听、嗅、味、触）接收外界的信息，经过大脑的思维（信息处理），做出相应的动作。同样，如果用计算机控制的自动化装置来代替人的劳动，则可以说计算机相当于人的大脑，而传感器则相当于人的五官，被称为"电五官"。外界信息由它提取，并转换为系统易于处理的电信号，再由计算机对电信号进行处理，发出控制信号给执行器，执行器对外界对象进行控制。如图2-1所示为人与机器的机能对应关系。

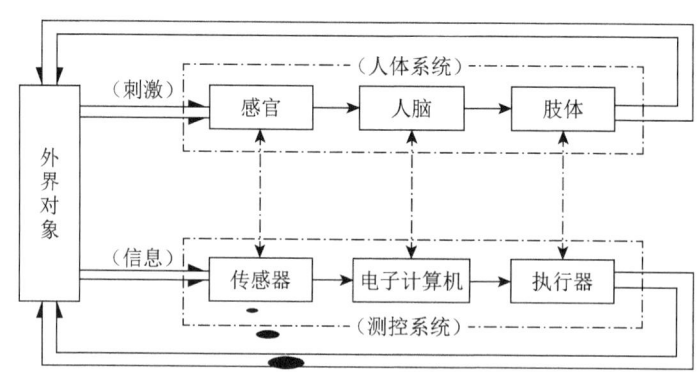

图2-1 人与机器的机能对应关系

（2）传感器的作用

传感器与被测对象直接连接，它位于自动检测系统的最前沿，是信号直接采集者,是获取准确信息的关键器件。因此,传感器性能的好坏将直接影响检测的结果及控制的精确度。

在现代工业生产尤其是自动化生产过程中,要用各种传感器来监视和传递生产过程中的各个参数,使设备工作在正常状态,并使产品达到合格的质量。在计算机控制系统中,为了收集和测量诸多参数,广泛采用了各种传感器。它的主要功能是把被测参数的非电信号转换成电信号。这些信号被转换成统一的标准电平后送入计算机。传感器的应用已渗透到各个领域。从茫茫的太空到浩瀚的海洋,以至各种复杂的工程系统,几乎每一个现代化项目,都离不开各种各样的传感器。

2.传感器的组成及分类

(1)传感器的组成

传感器通常由敏感元件、转换元件、转换电路、辅助电源四部分组成,如图2-2所示。敏感元件是指传感器中能够灵敏地感受被测变量并做出响应的部分。转换元件是指传感器中能将敏感元件输出的非电量转换成适于传输和测量的电信号的部分。转换元件就是完成非电信号转换成电信号的工作,也称传感元件。转换电路是指将传感器输出的微弱电信号转换成易于处理的电信号的部分。常用的转换电路有放大电路、电桥电路、脉冲调宽电路、谐振电路等,它们将电阻、电容、电感等电参量转换成电压、电流或频率,将非标准信号转换为标准信号,以便与带有标准信号的输入设备或仪表相配套。辅助电源为转换电路在工作时,提供外部能量。

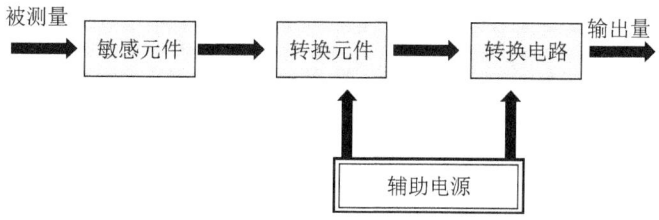

图2-2 传感器组成示意图

(2)传感器的分类

传感器因为材料、功能、原理、制造工艺的不同,形成了庞大的种类体系。在工程测量中,一种信号可以用不同类型的传感器来检测,而同一种类型的传感器也可测量不同的信号。

因为传感器的种类多,以致很难形成非常有效的分类方法。但大体概括起来,可按以下几个方面进行分类。

①按被测参数可分为位移传感器、压力传感器、温度传感器、流量传感器、速度传感器、加速度传感器、气体传感器、湿度传感器及转矩传感器等。

②按输出信号的类型可分为开关型传感器、模拟式传感器和数字式传感器。开关型传感器输出的是开关量("1"和"0"或"开"和"关");模拟式传感器的输出量

是与被测量成一定关系的模拟信号，如果需要与计算机配合或用数字显示，还必须经过模/数（A/D）转换电路；数字式传感器的输出量是脉冲或代码，是数字量，可直接与计算机连接或用数字显示，读取方便，抗干扰能力强。

③按工作原理可分为电阻式传感器、电容式传感器、电感式传感器、霍尔式传感器、压电式传感器、光电式传感器等。这种分类的优点是对传感器的工作原理表达得比较清楚，而且类别少，较为系统。

二、光电传感器

光电传感器是以光电器件作为转换元件的传感器。作为各种光电检测系统中实现光电转换的关键元件，可把光信号（红外、可见及紫外光辐射）转变成为电信号，既可用于检测直接引起光量变化的非电量，也可用来检测能转换成光量变化的其他非电量。

光电传感器具有非接触、响应快、性能可靠等特点，因此在工业自动化装置和机器人中获得广泛应用。近年来，新的光电器件不断涌现，特别是 CCD（感光耦合组件 Charge-coupled Device）图像传感器的诞生，为光电传感器的进一步应用翻开了新的一页。

1. 光电效应及其光电元件

光电检测的理论基础是光电效应。用光照射某一物体，可以看作物体受到一连串能量为 hf 的光子的轰击，组成这物体的材料吸收光子能量而发生相应电效应的物理现象称为光电效应。

光电管的特点是灵敏度高、光电特性线性较好，但现在使用较少；光敏电阻的特点是价格便宜、光电特性非线性、响应时间长、受温度影响大，使用在要求不高的场合；光敏晶体管的特点是光电特性线性好、受温度影响小、响应时间短，用于模拟量、数字量的测量或要求快速响应的场合；光电池的特点是短路电流光电特性线性好、受温度影响较小，硅光电池频率响应较好，可用于模拟量、数字量的测量。

2. 光电传感器的结构

光电传感器实际上是由光电元件、光源和光学元件组成一定的光路系统，并结合相应的测量转换电路而构成。必须特别指出的是在应用时要注意光源与光电元件在光谱特性上应基本一致，即光源发出的光应该在光电元件接受灵敏度最高的频率范围内。光电传感器在一般情况下，由三部分构成，它们分别为发送器、接收器和检测电路，如图 2-3 所示。

发送器对准目标发射光束，发射的光束一般来源于半导体光源，发光二极管（LED）、激光二极管及红外发射二极管。光束不间断地发射，或者改变脉冲宽度。接收器由光电二极管、光电三极管、光电池组成。在接收器的前面，装有光学元件如透镜和光圈等。在其后面是检测电路，它能滤出有效信号和应用该信号。

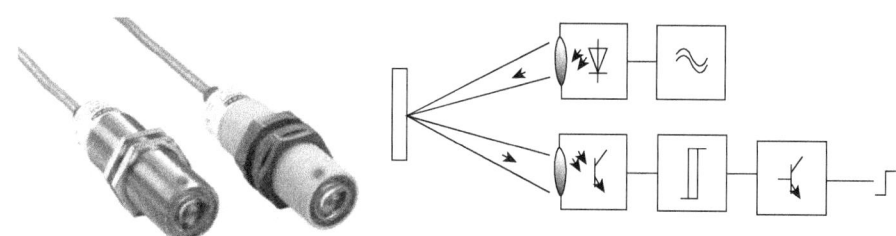

图2-3 光电传感器的内部构成示意图

发射器带一个校准镜头,将光聚焦射向接收器。光敏二极管是现在最常见的传感器。光电传感器光敏二极管的外型与一般二极管一样,只是它的管壳上开有一个嵌着玻璃的窗口,以便于光线射入,为增加受光面积,PN结的面积做得较大,光敏二极管工作在反向偏置的工作状态下,并与负载电阻相串联,当无光照时,它与普通二极管一样,反向电流很小称为光敏二极管的暗电流;当有光照时,载流子被激发,产生电子-空穴,称为光电载流子。

此外,光电传感器的结构元件中还有发射板和光导纤维。角反射板是结构牢固的发射装置,它由很小的三角锥体反射材料组成,能够使光束准确地从反射板中返回。它可以在与光轴0到25的范围改变发射角,使光束几乎是从一根发射线,经过反射后,仍从这根反射线返回。

3. 光电传感器分类和工作方式

光电传感器按其输出量性质可分为模拟输出型光电传感器和数字输出型光电传感器两大类。无论是模拟输出型还是数字输出型,依据被测物与光电元件和光源之间的关系,光电式传感器的应用均可分为四种基本类型:光辐射本身是被测物,由被测物发出的光通量到达光电元件上(辐射方式);恒光源发出的光通量穿过被测物,部分被吸收后到达光电元件上(透射方式);从恒光源发射到光电元件的光通量遇到被测物被遮挡了一部分,由此改变了照射到光电元件上的光通量(遮挡方式);恒光源发出的光通量到达被测物,再从被测物体反射出来投射到光电元件上(反射方式)。须注意的是由于背景光及温度等因素对光电元件的影响较大,在模拟量的检测中一般应有参比信号和温度补偿措施,用来削弱或消除这些因素的影响,而数字量检测一般不需要参比信号和温度补偿措施。

三、激光传感器

1. 激光传感器的原理

(1)激光简介

激光是20世纪60年代出现的最重大的科学技术成就之一。它发展迅速,已广泛应用于国防、生产、医学和非电测量等各个领域。激光与普通光不同,需要用激光器产生。激光器的工作物质,在正常状态下,多数原子处于稳定的低能级 $E1$,在适当频率的外界光线的作用下，处于低能级的原子吸收光子能量受激发而跃迁到高能级 $E2$。光子能量 $E=E2-E1=hv$，式中 h 为普朗克常数，v 为光子频率。反之，在频率为 v 的光的诱发下，处于能级 $E2$ 的原子会跃迁到低能级释放能量而发光，称为受激辐射。激光器首先使工作物质的原子反常地多数处于高能级（粒子数反转分布），就能使受激辐射过程占优势，从而使频率为 v 的诱发光得到增强，并可通过平行的反射镜形成雪崩式的放大作用而产生强大的受激辐射光，简称激光。

激光具有以下 3 个重要特性。

①高方向性（高定向性，光速发散角小），激光束在几千米外的扩展范围不过几厘米；

②高单色性，激光的频率宽度比普通光小 10 倍；

③高亮度，利用激光束会聚最高可产生达几百万摄氏度的温度。

（2）激光传感器工作原理

激光传感器是利用激光技术进行测量的传感器，它能把被测物理量（如长度、流量、速度等）转换成光信号，然后应用光电转换器把光信号变成电信号，通过相应电路的过滤、放大、整流得到输出信号，从而算出被测量。激光传感器发展迅速，在现代科技、医疗、汽车方面都运用广泛。它由激光器、激光检测器和测量电路组成。激光传感器是新型测量仪表，它的优点是能实现无接触远距离测量，速度快，精度高，量程大，抗光、电干扰能力强等。

激光传感器工作时，激光发射二极管首先对准目标发射激光脉冲。激光被目标反射后向四面八方散射。部分散射光返回传感器接收器，被光学系统接收后在雪崩光电二极管上成像。雪崩光电二极管是一种具有内部放大功能的光学传感器，因此可以检测极微弱的光信号并将其转换为相应的电信号。最常见的是激光测距传感器，它可以通过记录和处理从发出光脉冲到接收光脉冲的时间来确定目标距离。由于光速太快，激光传感器可以准确测量传输时间。

2. 激光传感器实用案例

如图 2-4 所示是某厂家的系列激光传感器外观图。

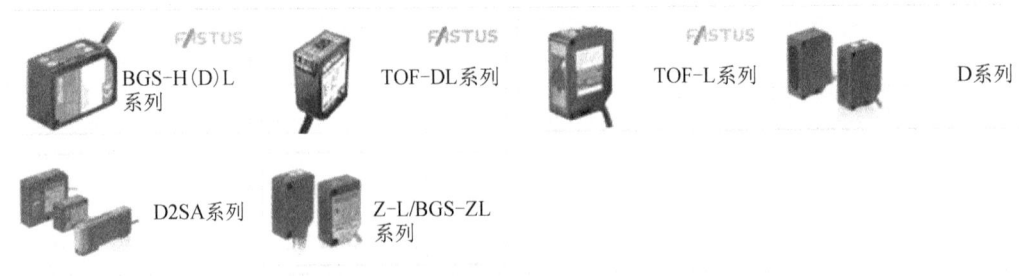

图 2-4　各种激光传感器

目前，各种不同用途的激光传感器在工业生产领域得到广泛应用，也有大量实际应用案例,如图 2-5 至图 2-7 所示。

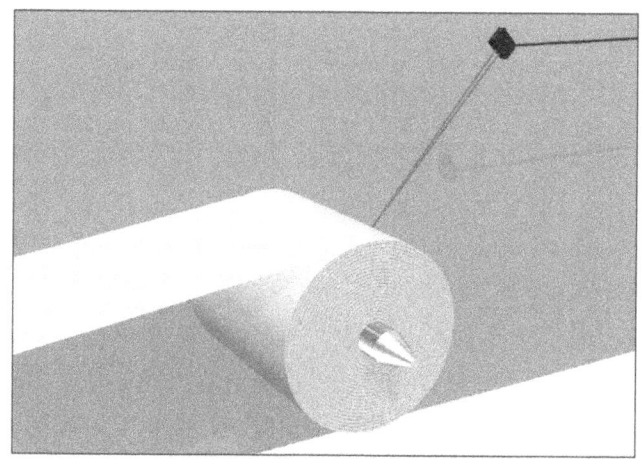

图 2-5　卷筒纸的剩余量检测

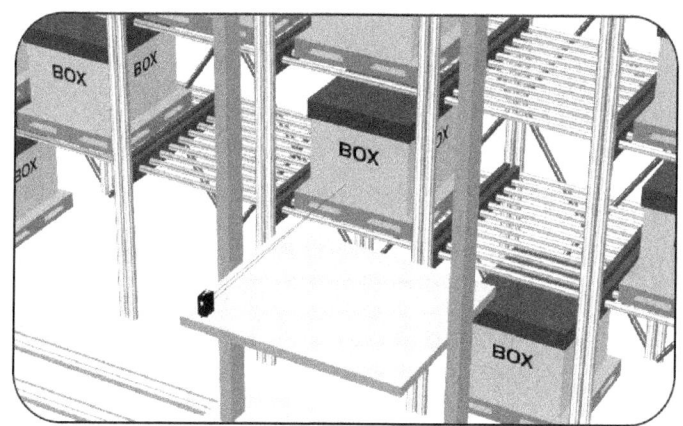

图 2-6　自动仓库的物品检测

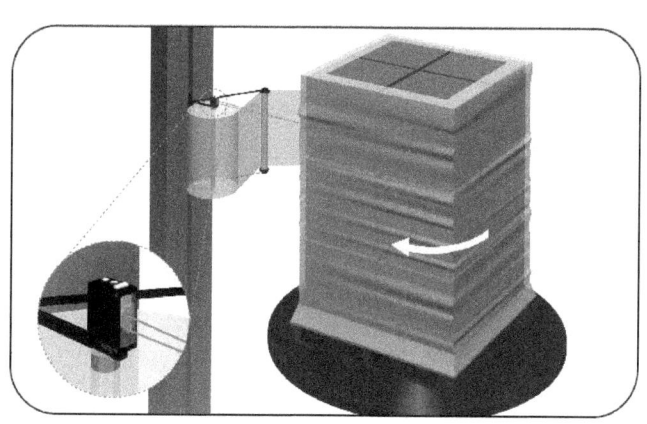

图 2-7　自动缠绕机的高度检测

四、条形码传感器

1. 条形码及条形码识别

条形码或条码(barcode)是将宽度不等的多个黑条和空白,按照一定的编码规则排列,用以表达一组信息的图形标识符。常见的条形码是由反射率相差很大的黑条(简称条)和白条(简称空)排成的平行线图案。条形码可以标出物品的生产国、制造厂家、商品名称、生产日期、图书分类号、邮件起止地点、类别、日期等许多信息,因而在商品流通、图书管理、邮政管理、银行系统等许多领域都得到了广泛的应用。常用的条形码有 ENA 条形码、UPC 条形码、二五条形码、交叉二五条形码、库德巴条形码、三九条形码和 128 条形码等编码方式。

要将按照一定规则编译出来的条形码转换成有意义的信息,需要经历扫描和译码两个过程。物体的颜色是由其反射光的类型决定的,白色物体能反射各种波长的可见光,黑色物体则吸收各种波长的可见光,所以当条形码扫描器光源发出的光在条形码上反射后,反射光照射到条码扫描器内部的光电转换器上,光电转换器根据强弱不同的反射光信号,转换成相应的电信号。

2. 条形码的扫描

条形码的扫描需要扫描器,扫描器利用自身光源照射条形码,再利用光电转换器接收反射的光线,将反射光线的明暗转换成数字信号。白条、黑条的宽度不同,相应的电信号持续时间长短也不同。然后译码器通过测量脉冲数字电信号 0、1 的数目来判别条和空的数目。通过测量 0、1 信号持续的时间来判别条和空的宽度。此时所得到的数据仍然是杂乱无章的,要知道条形码所包含的信息,则需根据对应的编码规则(如 EAN-8 码),将条形符号换成相应的数字、字符信息。最后,由计算机系统进行数据处理与管理,物品的详细信息便被识别了。

3. 条形码技术的优点

条形码是迄今为止最经济、实用的一种自动识别技术。条形码技术具有以下 4 个方面的优点。

(1)输入速度快:与键盘输入相比,条形码输入的速度是键盘输入的 5 倍,并且能实现"即时数据输入"。

(2)可靠性高:键盘输入数据出错率为三百分之一,利用光学字符识别技术出错率为万分之一,而采用条形码技术误码率低于百万分之一。

(3)采集信息量大:利用传统的一维条形码一次可采集几十位字符的信息,二维条形码更可以携带数千个字符的信息,并有一定的自动纠错能力。

(4)灵活实用:条形码标识既可以作为一种识别手段单独使用,也可以和有关识别设备组成一个系统实现自动化识别,还可以和其他控制设备连接起来实现自动化管理。

另外，条形码标签易于制作，对设备和材料没有特殊要求，识别设备操作容易，不需要特殊培训，且设备也相对便宜。如图2-8所示为一种条形码阅读器。

图2-8　条形码阅读器

五、RFID（射频识别 Radio Frequency Identification）

1. RFID 概述

RFID技术是无线电射频技术的英文简称，该技术主要借助磁场或者是电磁场原理，通过无线射频方式实现设备之间的双向通信，从而实现交换数据的功能，该技术最大特点就是不用接触就可以获得对方的信息。

从结构上来看，无线射频识别系统是一种简单的无线系统。最基本的无线射频识别系统由电子标签（Tag）、读写器（Reader）、应用系统软件3个部分组成。

RFID电子标签由耦合组件及芯片构成，每个电子标签都有独特的电子编码，放在被测目标上以达到标记目标物体的目的。RFID读写器不仅能够读取电子标签上的信息，而且能够写入电子标签上的信息。应用软件系统能把接收的数据进一步处理成人们所需要的数据。

从概念上来看，RFID技术与条码技术差不多，但是它们之间也是有差别的。它们的不同是：条码技术是把已经编码的条形码放在被测物体上，然后采用特定的读写器进行扫描，这种技术是利用光信号将信息从条形磁传输到读写器中；而无线射频识别技术是把电子标签放在被测物体上，然后采用特定的RFID读写器识别，这种技术是利用频率信号完成电子标签和读写器之间的通信。

无线射频识别技术不难操作和控制，操作起来十分简单，而且在实际应用中也特别实用。它比较适合用在自动化控制方面。RFID系统不仅能够支持只读工作模式，而且能够支持读写工作模式。在识别过程中，不用人工手动操作，也不用和被测目标接触。无线射频识别系统能够在恶劣的工作环境下正常运作。短距离的射频产品不受油污、灰尘等环境的影响，它可以代替条形码，并且具有批量识别的优势。

2. RFID 的应用

RFID的应用领域包括零售、制造、服装、医疗、身份识别、防伪、资产管理、交通、食品、动物识别、图书馆等。如图 2-9 所示展示为物料（如纸垛）在传送带上被 RFID 读头读取物料信息的过程。

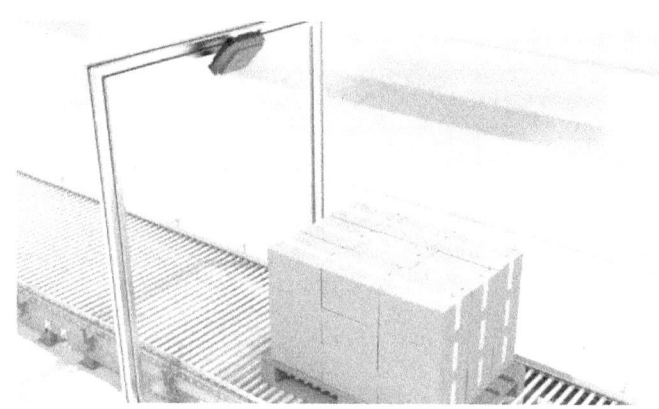

图 2-9　RFID 读头读取物料信息示意图

六、图像传感器

1. 图像传感器概述

图像传感器，或称感光元件，是一种将光学图像转换成电子信号的设备，它被广泛地应用在数码相机和其他电子光学设备中。图像传感器利用光电器件的光电转换功能将感光面上的光像转换为与光像成相应比例关系的电信号。与光敏二极管、光敏三极管等"点"光源的光敏元件相比，图像传感器是将其受光面上的光像，分成许多小单元，将其转换成可用的电信号。典型图像传感器的核心是 CCD（电荷耦合器件 Charge-coupled Device）单元或标准 CMOS（互补金属氧化物半导体 Complementary Meta-oxide Semiconductor）单元。CCD 和 CMOS 传感器具有类似的特性，它们被广泛应用于商业摄像机上。如图 2-10 所示为"点"的、一维"线"的和二维平面图像的光电转换传感器示意图。

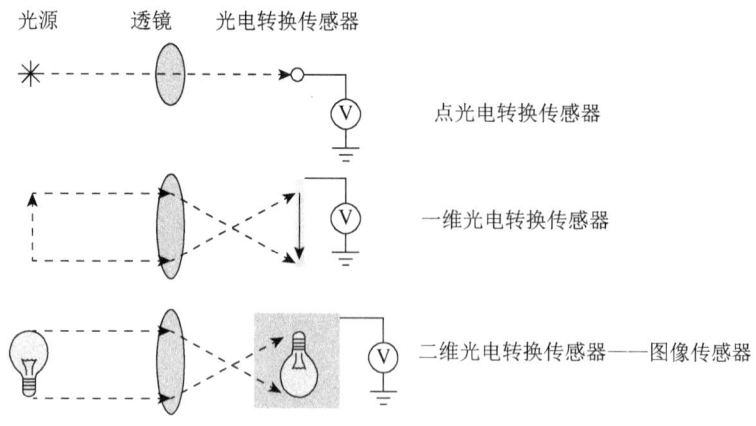

图 2-10　光电转换传感器示意图

在图像传感器类别中，CCD 是应用在摄影摄像方面的高端技术元件，CMOS 则应用于较低影像品质的产品中，如图 2-11 所示，它的优点是制造成本较 CCD 更低，功耗也低得多，这也是市场上很多采用 USB 接口的产品无须外接电源且价格便宜的原因。尽管在技术上有较大的不同，但 CCD 和 CMOS 两者性能差距不是很大，只是 CMOS 摄像头对光源的要求高一些，但现在该问题已经基本得到解决。目前 CCD 元件的尺寸多为 1/3 英寸或者 1/4 英寸，在相同的分辨率下，宜选择元件尺寸较大的。

图 2-11　Sony IMX028 CMOS 传感器

2. 图像传感器技术参数

了解 CCD 和 CMOS 芯片的成像原理和主要参数对于产品的选型是非常重要的。同样，相同的芯片经过不同的设计制造出的相机性能也可能有所差别。CCD 和 CMOS 的主要参数有以下 4 个。

（1）像元尺寸

像元尺寸是指芯片像元阵列上每个像元的实际物理尺寸，通常的尺寸包括 14μm、10μm、9μm、7μm、6.45μm、3.75μm 等。像元尺寸从某种程度上反映了芯片对光的响应能力，像元尺寸越小，能够接收到的光子数量越多，在同样的光照条件和曝光时间内产生的电荷数量越多。对于弱光成像而言，像元尺寸是芯片灵敏度的一种表征。

（2）灵敏度

灵敏度是芯片的重要参数之一，它具有两种物理意义。一种是指光器件的光电转换能力，与响应率的意义相同。即芯片的灵敏度指在一定光谱范围内，单位曝光量的输出信号电压（电流），单位可以为纳安/勒克斯（nA/Lx）、伏/瓦（V/W）、伏/勒克斯（V/Lx）、伏/流明（V/lm）。另一种是指器件所能传感的对地辐射功率（或照度），与探测率的意义相同。单位可用瓦（W）或勒克斯（Lx）表示。

（3）光谱响应

光谱响应是指芯片对于不同光波长光线的响应能力，通常用光谱响应曲线给出。从产品的技术发展趋势看，无论是 CCD 还是 CMOS，其体积小型化及高像素化仍是业界积极研发的目标。因为像素尺寸小则图像产品的分辨率越高、清晰度越好、体积越小，其应用面越广泛。

3. 图像传感器应用

如图 2-12 所示是图像传感器在某个 AI 深度学习＋传统视觉检测图像处理系统中的应用案例，该系统的典型应用特点是：学习数据无须注释，只需归类 OK/NG 图像样本即可，有少量数据即可学习，约 100 张 OK&20 张 NG 图像，混合型视觉系统，"AI 外观检查"&"传统视觉检测"。

检测金属部件细微的损伤和残缺

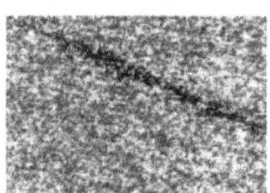
检测金属铸件的外观缺陷

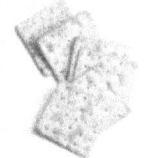
检测饼干的异物和破损

检测布料/纤维的污垢和裂缝

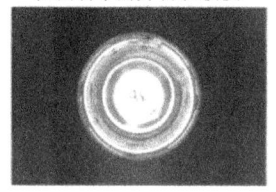
检测食品玻璃瓶口的外观缺陷

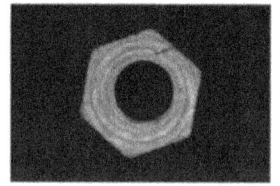
检测螺帽的外观缺陷

图 2-12　图像传感器典型应用

第二节　气动元器件

在印刷领域，印前、印刷和印后设备都需要气源，作为工作动力，如胶印机离合压、飞达走纸、收纸堆叠、糊盒模切的走纸等，需要的气压一般为 0.5～1.0MPa。压缩机是一种通过对气体进行压缩，从而产生压缩空气的机器。压缩空气的供给停止后，工厂生产也将随之停止，因此压缩机还被比喻为"工厂的心脏"，在生产现场扮演着非常重要的角色。

压缩机的压缩方式可以大致分为容积式和涡轮式。容积式是指将气体限制在固定空间内，并通过外力缩小体积，从而获得压力的一种压缩方式；涡轮式是指向气体赋予流速，并将流速转换为压力的一种压缩方式。容积式可分为往复式和旋转式。往复式适用于获得高压空气，涡轮式适用于获得大量的低压空气量。旋转式介于两者之间，特别是螺杆式是普通工业用途中最流行的类型。典型压缩机主要有五种：活塞式压缩机、滚动转子式压缩机、涡旋式压缩机、螺杆式压缩机、涡轮式压缩机，在智能印刷中常用的为螺杆式压缩机。

一、气源处理装置

气源处理组合单元需要过滤空气中的压缩机油、冷凝水和灰尘颗粒。气源处理装置包含过滤器、压缩空气干燥器、排水阀、油雾器、增压阀、减压阀、分支模块、带安全功能的开关和软启动阀、压力和流量传感器。通过模块化的结构，自由组合装配，可为每个应用场合找到适用的解决方案。采用简单的连接技术替换单个模块时，不需要拆卸整个组合，节省了维护时间。

1. 气源处理装置选择原则

不同的应用所需空气的洁净等级不一样。空气的洁净度等级，根据标准 ISO 8573—1：2010《压缩空气第一部分：污染物和纯度等级》中明确定义固体颗粒、含水量、含油量三项指标对应的净化等级如下：

（1）固体颗粒净化等级：颗粒尺寸等级 0～5，颗粒浓度等级 6～7；

（2）湿度和液态水净化等级：湿度等级 0～6，液态水浓度等级 7～9；

（3）含油量净化等级：含油量 0～5 个等级。

从上面的国际标准的压缩空气中三个主要指标来看，净化等级的数字越低，代表相对应的压缩空气品质越高。

过滤器根据过滤颗粒的大小，常用的型号有 40μm、5μm、1μm 精细、0.01μm 超精细、活性炭过滤器等，将一个 1μm 精细过滤器设置在 0.01μm 超精细过滤器的前面，这将有助于延长超精细过滤器的使用寿命以及维护周期。

压力露点的作用：一个是可以露点除湿，二是要根据工艺要求控制压缩空气中的水分含量。压力露点 -40℃ 对应的压力，一般指的是 0.8MPa 或 1.0MPa，因为正常使用的空压机基本也就压缩至 0.8MP 左右，压力越大，露点越高，压力越低，露点越低，选型时最高压力露点满足后，其余压力下的露点值都可以满足了。

2. 气源处理装置的结构

气源处理装置内单个元件的前后顺序与安全性和功能性相关，不能在气流方向上以随意顺序来装配，需要遵循一定的限制和规则：

①在气流方向上，只允许排列相同或较小压力调节范围的减压阀。

②在气流方向上，只允许以升序的过滤精度来安排过滤器。

③在气流方向上，油雾器不允许排列在过滤器、水分离器或膜片式空气干燥器的上游。

④在气流方向上，超精细过滤器须安装在活性炭过滤器或膜片式空气干燥器的上游。

⑤流量传感器不能直接安装在减压阀的下游,两者之间必须安装一个分支模块。

⑥在气流方向上,软启动/快速排气阀必须是最末一个气源处理元件。

3. 气源处理装置应用

案例1:用于过滤未润滑的压缩空气

如图2-13所示,按照气源流向,从左向右,各元件依次为:手控3/2二位三通阀(常断)→手动排水过滤器→带压力表的调压阀→不带显示压力开关分支模块→油雾器,功能如下:①气源压力可被接通或关断;②关断后,气源处理装置排气;③在分支模块端口去除过滤未润滑的压缩空气;④输出压力在压力调节范围内无限可调;⑤电控压力监测,带可调开关压力。

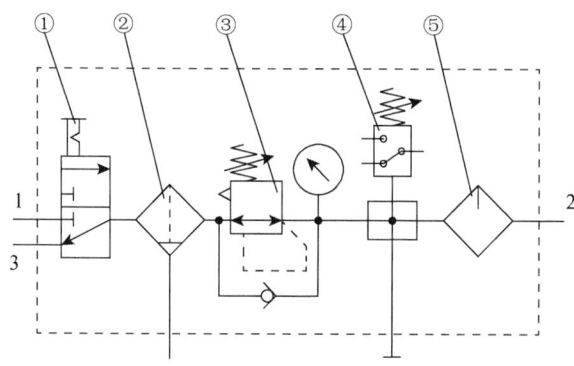

1.手控3/2二位三通阀(常断);2.手动排水过滤器;3.带压力表的调压阀;
4.不带显示压力开关分支模块;5.油雾器

图2-13 用于过滤未润滑的压缩空气

案例2:全自动冷凝水排放装置

如图2-14所示,按照气源流向,从左向右,各元件依次为:自动排水过滤器→带压力表调压阀→油雾器→电控3/2两位三通阀(常断)→节流阀→气控2/2两位两通阀(常断)

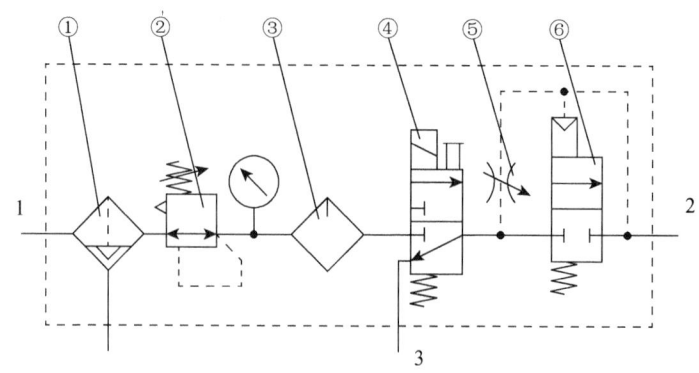

1.自动排水过滤器;2.带压力表调压阀;3.油雾器;4.电控3/2两位三通阀(常断);
5.节流阀;6-气控2/2两位两通阀(常断)

图2-14 全自动冷凝水排放装置

二、气缸

在气动系统中,将压缩空气的能量转变为机械能,实现直线、转动或摆动运动的传动装置称为气动执行元件。气动执行元件有产生直线往复运动的气缸,在一定角度范围内摆动的摆动马达以及产生连续转动的气动马达三大类,本节主要介绍气缸。

气缸是气动自动化中使用最为广泛的一种执行元件。根据使用条件、场合的不同,其结构、功能和形状也不一样。在基本结构上分为单作用式和双作用式两种。前者的压缩空气从一端进入气缸,使活塞向前运动,靠另一端的弹簧力或自重等使活塞回到原来位置;后者气缸活塞的往复运动均由压缩空气推动。气缸一般用 $0.5 \sim 0.7$ MPa 的压缩空气作为动力源,行程从数毫米到数百毫米,输出推力从数十千克到数十吨。随着应用范围的扩大,还不断出现新结构的气缸,如带行程控制的气缸、气液进给缸、气液分阶进给缸、具有往复和回转 90°两种运动方式的气缸等,它们在机械自动化和机械人等方面得到了广泛的应用。

1. 气缸的结构和工作原理

(1) 双作用气缸

气缸一般由缸筒、前后缸盖、活塞、活塞杆、密封件和紧固件等零件组成,如图 2-15 所示。缸内有与活塞杆相连的活塞,活塞上装有活塞密封圈。为防止漏气和外部灰尘的侵入,前缸盖装有活塞杆的密封圈和防尘圈。这种双作用气缸被活塞分成有杆腔(简称头腔或前腔)和无杆腔(简称尾腔或后腔)。气缸缸盖上未设置缓冲装置的气缸称为无缓冲气缸,缸盖上设置缓冲装置的气缸称为缓冲气缸,如图 2-15 和图 2-16 所示。

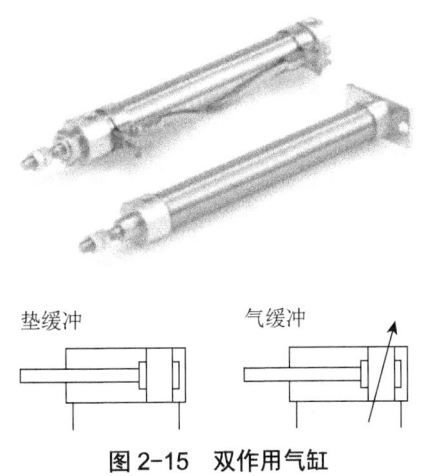

图 2-15 双作用气缸

当从无杆腔端的气口输入压缩空气时,若气压作用在活塞上的力克服了运动摩擦力及负载等各种反作用力,则气压力推动活塞前进,有杆腔内的空气经其出气口排入大气,使活塞杆伸出。同样,当有杆腔端气口输入压缩空气,其气压力克服无杆腔的反作用力及摩擦力时,则活塞杆退回至初始位置。通过无杆腔和有杆腔做交替进气和

包装印刷智能技术与应用

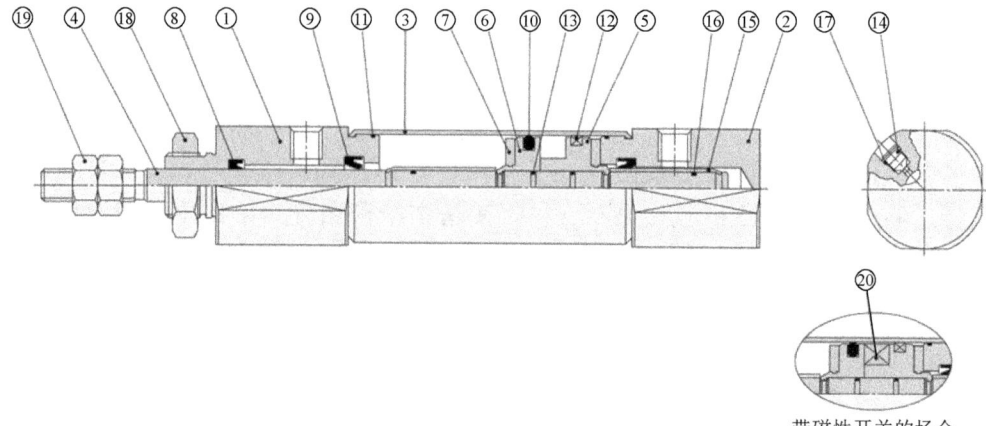

1. 有杆侧缸盖；2. 无杆侧缸盖；3. 缸筒；4. 活塞杆；5. 活塞A；6. 活塞B；7. 缓冲垫聚氨酯；
8. 杆密封圈NBR；9. 单向型密封圈；10. 活塞密封圈；11. 缸筒静密封圈；12. 耐磨环；
13. 活塞静密封圈；14. 缓冲针阀；15. 缓冲套；16. 缓冲套静密封圈；17. 针阀密封圈；
18. 安装用螺母；19. 杆端螺母；20. 磁环

图 2-16　单杆双作用气缸的结构

排气，活塞杆伸出和退回，气缸实现往复直线运动。在气杠两端可选配磁环，检测活塞杆的动作是否到位，方便控制。

（2）单杠单作用气缸

单杠单作用气缸如图 2-17 所示。

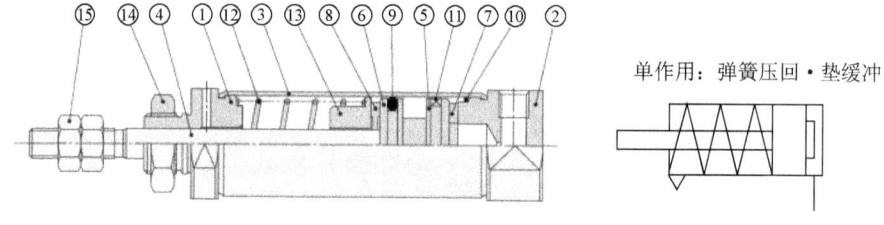

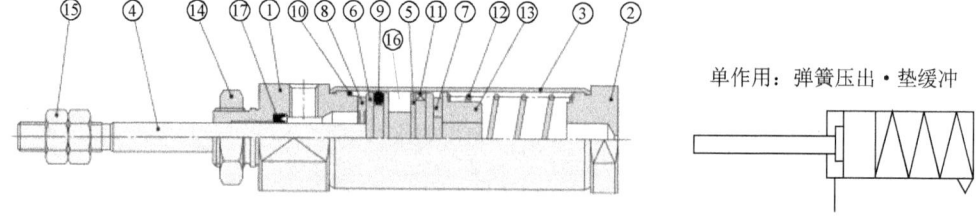

1. 有杆侧缸盖；2. 无杆侧缸盖；3. 缸筒；4. 活塞杆；5. 活塞A；6. 活塞B；7. 缓冲垫A聚氨酯；
8. 缓冲垫B聚氨酯；9. 活塞密封圈；10. 缸筒静密封圈；11. 耐磨环；12. 复位弹簧；13. 弹簧座；
14. 安装用螺母；15. 杆端螺母；16. 磁环；17. 杆密封圈NBR

图 2-17　单杆单作用气缸的结构

单向作用方式常用于小型气缸，其结构如图 2-17 所示。在气缸的一端装有使活塞杆复位的弹簧，另一端的缸盖上开有气口。除此之外，其结构基本上与双作用气缸相同。其特点是，弹簧压缩后的长度使气缸全长增加。

2. 气缸的应用

案例 1：自动物料运输中，周转箱提升换轨

要求：到达辊轮输送滑梯末端的物品装入周转箱，由气缸 A 举起，并由第二气缸 B 推入另一输送滑梯，气缸 B 只可在气缸 A 到达下端点位置后，才开始回行行程。启动信号是利用一手动按钮产生，每一次信号启动一个工作循环，如图 2-18 所示时序和如图 2-19 所示控制回路。

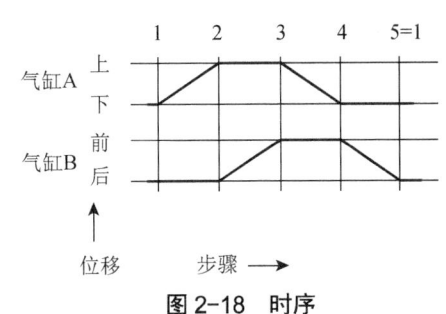

图 2-18 时序

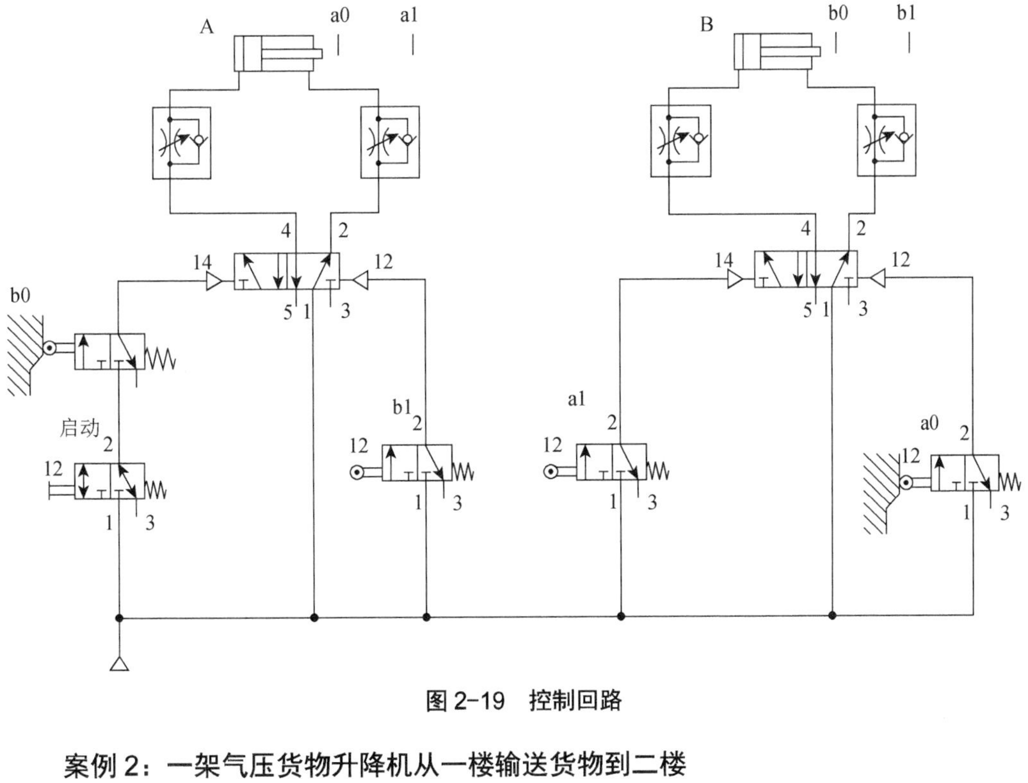

图 2-19 控制回路

案例 2：一架气压货物升降机从一楼输送货物到二楼

运行条件：

不管是楼上或楼下，升降机均是从外面控制。

升或降信号仅当升降机到达最终位置之一及双门关闭时才能产生作用。

各设置一闭锁气缸将门锁住，只有最终的相关位置到达时才可开启。

如遇提升失败，二门都必须开锁，如此时升降机在二楼，必须有另一气缸将升降机保持在二楼。

如图2-20所示为升降机控制回路，其中元件的命名：

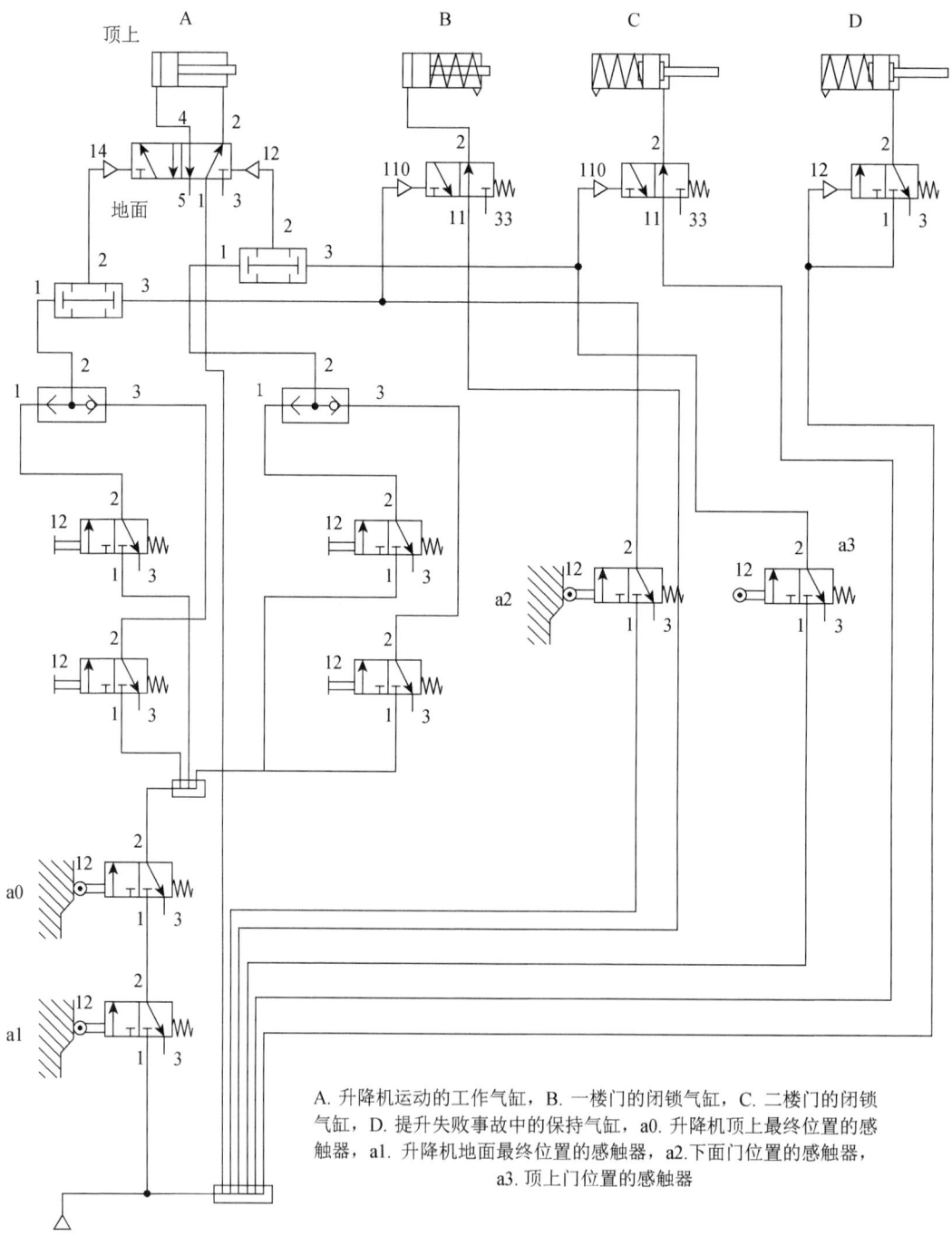

A. 升降机运动的工作气缸，B. 一楼门的闭锁气缸，C. 二楼门的闭锁气缸，D. 提升失败事故中的保持气缸，a0. 升降机顶上最终位置的感触器，a1. 升降机地面最终位置的感触器，a2. 下面门位置的感触器，a3. 顶上门位置的感触器

图2-20 升降机控制回路

三、电磁控制阀

控制阀是指在气动系统中控制气流的压力、流量和流动方向，并保证气动执行元件或机构正常工作的各类气动元件。控制和调节压力的元件称为压力控制阀；控制和调节流量的元件称为流量控制阀；改变和控制气流流动方向的元件称为方向控制阀。

从控制方式来分，气动控制可分为断续和连续控制两类。在断续控制系统中，通常要用压力控制阀、流量控制阀和方向控制阀来实现程序动作；在连续控制系统中，除了要用压力、流量控制阀，还要采用伺服、比例控制阀等，以便对系统进行连续控制。控制阀动作的触发主要有气动控制、电磁阀控制、手动控制、机械控制等，本节主要介绍电磁控制阀，简称电磁阀。

1. 电磁阀结构和工作原理

电磁阀由电磁铁和基本阀组成。电磁铁是电磁阀的主要部件之一，其作用是利用电磁原理将电信号转换成阀芯（动铁心）的位移。用电磁力来获得轴向力，使阀心迅速移动换向的控制方式称为电磁操作，按电磁力作用于主阀阀心的方式分为直动式和先导式两种。按所用电源，有直流和交流两种。电磁阀是气动控制元件中最主要的元件，品种规格繁多，结构各异。

（1）直动式电磁阀

直动式电磁阀是利用电磁力直接推动阀杆（阀芯）换向，根据阀芯复位的控制方式可分为单电控和双电控。特点是结构简单、紧凑、换向频率高。但用于交流电磁铁时，如果阀杆卡死就有烧坏线圈的可能。阀杆的换向行程受电磁铁吸合行程的限制，因此只适用于小型阀。

（2）先导式电磁阀

先导式电磁阀是由小型直动式电磁阀和大型气控换向阀构成。按先导电磁阀气控信号的来源可分为自控式（内部先导）和外控式（外部先导）两种。

（3）控制电压和频率

常用电磁铁的额定电压有 AC220V、DC24V，DC12V 等，允许电压偏差值为 $\pm 10\%$，小型直流电磁铁的电压允许偏差值为 $-15\% \sim +10\%$。交流电磁铁的特性因频率不同而变，但当频率为 50Hz 或 60Hz 时，其特性相差甚小，可以通用。

（4）基本阀的通口数

基本阀的机能就是对气体的流动产生通、断作用。一个基本阀具有同时接通和断开功能，可以使其中一个回路处于接通状态而另一个回路处于断开状态，或者几个回路同时被切断。为了表示这种切换性能，可用基本阀的通口数（通路数）来表达。

①二通阀：如图 2-21 所示，二通阀有两个通口，即进气口为 1，工作口为 2，只能控制流道的接通和断开。根据 1 → 2 通路静止位置所处的状态又分为常通式和常断式二通阀。如图 2-21 所示，左右两个方框不是两个腔体，分别表示通电和未通电时的

状态，左边方框是表示通电后流体流动的方向和端口，右边方框是表示不通电的时候流体流动的方向和端口，这种双状态的画法是把管路连接画在不通电的情况下，即画在右边方框。

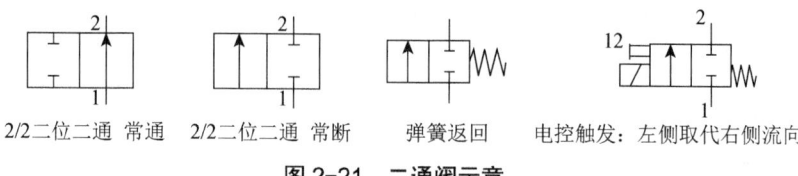

图 2-21 二通阀示意

②三通阀：有三个通口，进气口为 1，工作口为 2，排气口为 3。根据 1→2、2→3 通路静止位置所处的状态也分为常通式和常断式两种三通阀。

按标准 GB/T 32215—2015《气动控制阀和其他元件的气口和控制机构的标识》规定：主气口由一位数字来识别，具体标识分别是：进气口为 1，工作口为 2，排气口为 3；控制机构，先导控制口和电气连接线都用两位数字标识，图 2-22 中的 12，其第一位数字是 1，第二位数字表示当相应控制机构动作时与主气口 1 连接的主气口的编号。

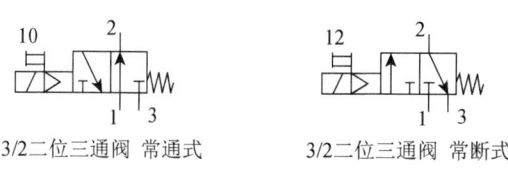

图 2-22 三通阀示意

③四通阀：有四个通口，除 1、2、3 外，还有输出口 4。其流路为 1→2、4→3 或 1→4、2→3，同时切换两个流路，主要用于控制双作用气缸，如图 2-23 所示。

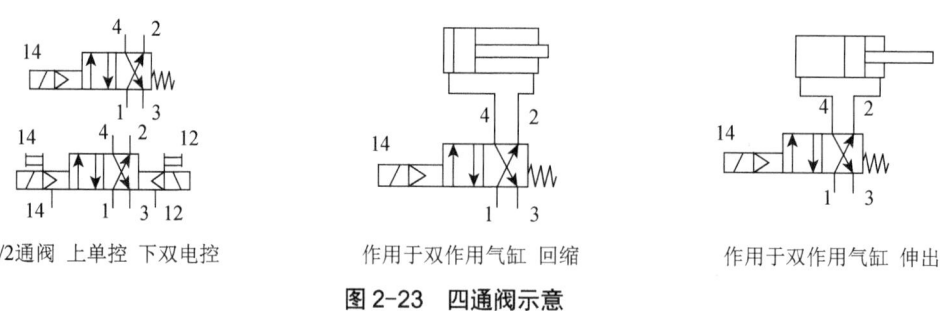

图 2-23 四通阀示意

④五通阀：有五个通口，除 1、2、4 外，还有两个排气口 3、5。其流路为 1→2、4→5 或 1→4、2→3。这种阀与四通阀一样作为控制双作用气缸用，也可作为双供气阀（选择阀）用，即将两个排气口分别作为输入口 1、2，如图 2-24 所示。

第二章　包装印刷智能设备的主要配件

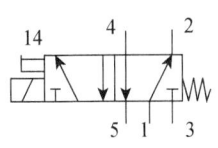
5/2 五通二位电磁阀

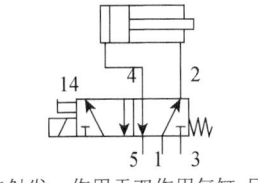
未触发：作用于双作用气缸　回缩

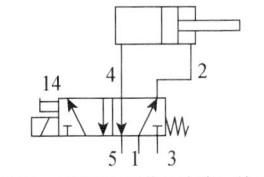
触发：作用于双作用气缸　伸出

图 2-24　五通阀示意

（5）基本阀的位数

位数是指基本阀的切换状态数，有两种切换状态的阀称作二位阀，有三种切换状态的阀称作三位，有三种以上切换状态的阀称作多位阀。如图 2-25 所示的方框表示阀的工作位置，有几个方框就表示有几"位"。方框内的箭头表示气流处于接通状态，但箭头方向不一定表示气流的实际方向。

①二位阀：有两种，一种是取消操纵力后能恢复到原来状态的称为自动复位式，另一种是不能自动复位的阀（除非加反向的操纵力），这种阀称为记忆式。

②三位阀：三位阀中，中间位置状态有封闭、卸压、加压三种状态。

根据电磁体与基本阀的组合：常用的有二通电磁阀、三通电磁阀、四通电磁阀和五通电磁阀、二位单电控电磁阀、二位双电控电磁阀、三位双电控电磁阀（见图 2-25）等多种组合形式。

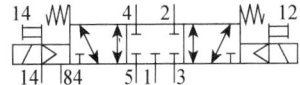 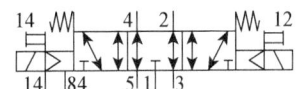 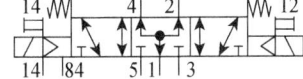

图 2-25　三位阀示意

2. 电磁阀的连接方式

电磁阀的连接方式有板式连接、管式连接、阀岛连接和法兰连接。板式连接装卸方便，修理时不必拆卸管道，这对复杂的气路系统十分重要。管式连接多用于简单的气路系统中，或采用快速接头的系统中。法兰连接主要用于大通径的阀，如公称通径在 32mm 以上的阀。

阀岛是将多个电控阀集成在汇流排上的控制元器件，集成了信号的输入、输出、控制。通过一个中央电压和压缩空气供应系统组合在一起，阀岛的所有阀共同获得电气和气动供应，节省了单独的管线和插接式接头，减少了布线工作。

现场总线型阀岛与外界的数据交换只需通过一根两股或四股电缆实现，默认连接至可编程逻辑控制器（PLC），将大量阀的通信和自动化系统汇总到一个设备中，从而大大简化了软件安装工作，因为阀不再需要单独编程，而是以集合体的形式统一编程。既节省接线时间，减小设备体积，还增强了抗干扰能力，使数据传输更为可靠，常用的三种通信协议有 PROFINET、EtherCAT 和 IO-LINK。阀岛（见图 2-26）成了气动自动化的核心元件之一，便于与现场 MES 系统集成。

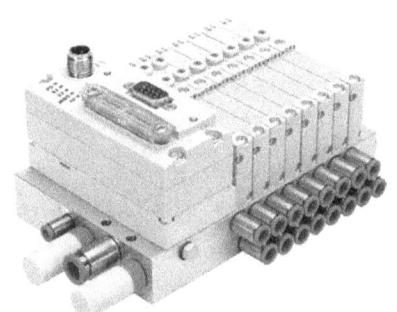

图 2-26 带多针插头接口和现场总线接口的阀岛

3. 电磁阀的应用

单向阀让压缩空气从压缩机进入气罐，当压缩机关闭时，阻止压缩空气反方向流动；安当储气罐内的压力超过允许限度，全阀可将压缩空气排出；方向控制阀通过对气缸两个接口交替地加压和排气，来控制运动的方向；速度调节阀能简便实现执行元件的无级调速。

用 3 位中封式或中止式换向阀进行气缸活塞的中间停止的场合，由于空气是可压缩的，停止在正确精密的位置很困难。另外，阀和缸不能保证零泄漏，故不能长时间保持在中间停止位置。

案例 1：使用气体增压器的增压回路

根据输出压力侧受压面积小于输入压力侧受压面积的原理，得到大于输入压力的增压装置。它可以通过内置换向阀实现连续供给。如图 2-27 所示为采用气体增压器的增压回路。五通电磁阀通电，气控信号使三通阀换向，经增压器增压后的压缩空气进入气缸无杆腔。五通电磁阀断电，气缸在较低的供气压力作用下缩回，可以达到节能的目的。

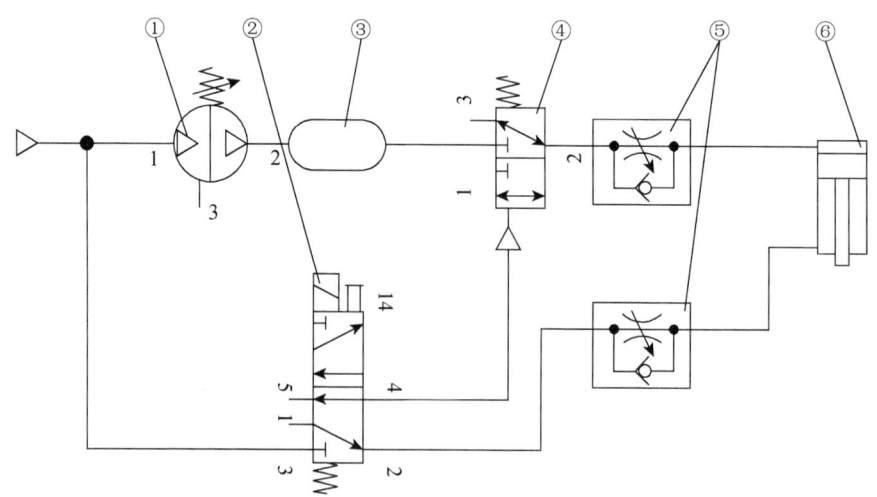

1.增压器；2.5/2二位五通电磁阀；3.气罐；4.3/2二位三通阀；5.可调单向阀；6.单作用气缸

图 2-27 采用气体增压器的增压回路

案例2：印刷中的张力控制回路

为使印刷卷纸收卷的张力恒定，需要保证压紧力恒定，如图2-28所示为由减压阀和气缸组成的张力控制回路。气缸的输出力精度取决于缸的动摩擦力及减压阀精度。为保证控制精度，应选择摩擦力小的气缸及精密减压阀。装置启动时，为了给带材一个初始张力，采用五通中位加压的电磁阀。当装置进入正常运转时，根据控制要求，给电磁铁A或B通电，便能进行张力控制。

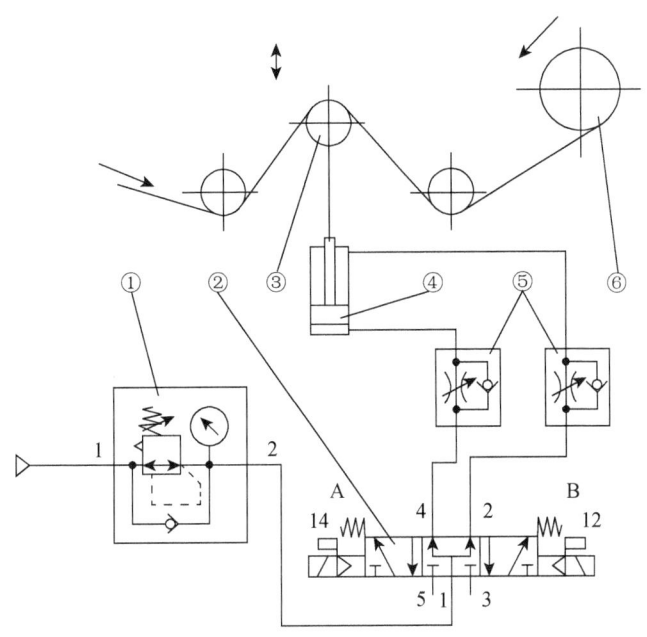

1. 带压力表的调压阀；2. 5/3三位五通电磁阀；3. 浮动辊；4. 单作用气缸；5. 可调单向阀；6. 卷曲辊

图2-28 印刷中的张力控制回路

四、真空吸附装置

在智能印刷物流运转、分拣、贴标应用中，对真空吸附装置的要求如下。

①不抛料（抛料率在容许范围内）；

②不滑移（真空吸力不足会导致检测后元器件在运动中位置滑移）；

③不粘料（元器件贴装到位后与吸嘴可靠分离）。

1. 真空吸附基本原理

真空吸附的原理是利用真空系统与大气压力差形成的力实现物件抓取和移动。以大气压为作用力，在吸盘与工件之间形成密闭容积内，通过真空源抽出一定量的气体分子来使压力降低，使吸盘的内外形成压力差，在这个压力差的作用下吸附工件。吸盘由真空泵抽成真空状态，当 $P_1 S/t - mg > 0$ 时，元件能够被吸起。真空吸力为 $F = P_1 S$，其中，P_1 为真空度；S 为吸盘的总面积；t 为安全系数；m 为元件质量；g 为重力加速度，这里忽略了空气阻力。

实际在吸盘吸起元件时还要克服元件与载体（如料带）的摩擦力，当吸盘吸起元件向上移动时，由于加速度会产生牛顿力，所以，必须保证真空吸力 F 足够大，才能完成真空吸附的任务。真空吸附系统的设计可分为吸盘的机械结构设计、气动回路系统设计、气动控制系统设计三大部分，根据设计进行选型、加工、安装和维护。广泛应用于不同场合，如升降、拾放、移动、插入、传送、抓取、保持、叠加、夹紧、传输、重新定位、旋转等。

2. 真空吸附装置结构元件

（1）真空泵与真空发生器

在原理上，真空泵同空气压缩机几乎没有差异，区别在于连接在进口端还是出口端。真空发生是利用空气或水喷射出气流或水流的流体动能，从一个容积中（如吸盘或类似空腔）抽吸出空气，使其建立真空（负压）。这两种真空形成方法的主要差别是：通常真空泵要连接一个气罐，使其随时都有高的抽吸流量，甚至还高于泵的工作能力。而对于真空发生器来说，不需要附带气罐。

如图 2-29 所示为单极真空发生器的结构原理，由先收缩后扩张的喷嘴、扩散管和吸附口等组成。压缩空气从输入口供给，在喷嘴两端压差高于一定值后，喷嘴射出超声速射流或近声速射流。由于高速射流的卷吸作用，将扩散腔的空气抽走。使该腔形成真空。在吸附口接上真空吸盘，便可形成一定的吸力，吸起各种物体。出口端流量以标准容积表示。真空发生器有时也用水来代替压缩空气抽吸空气。

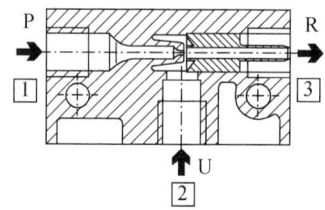

1. 进气/喷嘴；2. 真空/吸盘连接；3. 排气/扩散口

图 2-29　单极真空发生器的结构原理

大的喷嘴和扩压管能形成高的流量，但是有限的真空，小喷嘴和扩压管产生高的真空，但是容积和流量受限制。真空发生器常设计成二级扩散管形式，采用二级式真空发生器与单级式产生的真空度是相同的，但在低真空度时吸入流量增加约一倍。这样，在保持低真空度的应用场合，吸附动作响应快，如用于吸取透气性工件时特别有效。

（2）真空吸盘

真空吸盘是利用吸盘内形成的负压（真空）来吸附工件的一种气动元件，常用作机械手的抓取机构。其吸力为 1～10kN，适用于抓取薄片状的工件，如塑料片、硅钢片、纸张（盒）及易碎的玻璃器皿等，要求工件表面平整光滑、无孔和无油污。吸盘常采用丁腈橡胶、硅橡胶、氟橡胶和聚氨酯等材料制成碗状、杯状或者钟形，根据工件的形状和大小，可以在安装支架上安装单个或多个真空吸盘。可选的吸盘规格直径为 2～125mm，通过各种附件，如高度补偿器、真空安全阀、L 形转接头，来实现各种不同的工作应用。

（3）真空开关

一般在真空组件里内置真空开关，其用途有如下四项：①真空系统的真空度控制，②有无工件的确认，③工件吸着确认，④工件脱离确认。

（4）控制阀

真空组件里常用两种电磁阀，真空发生用电磁阀和真空释放用电磁阀。如图 2-30 所示为一种真空吸盘回路原理图。真空发生电磁阀 A 通电，此时供气通路接通，压缩空气流入真空发生器产生真空，可以用来吸附工件。当被吸附的工件到位需要释放时，真空发生电磁阀 A 和释放电磁阀 B 同时动作（A 断电，B 通电）。此时，停止产生真空，同时压缩空气经 B 从吸附口流向吸盘，将工件快速释放。由此可见，真空发生用的电磁阀 A 的作用是接通供气，真空释放电磁阀 B 的作用是加快工件释放。

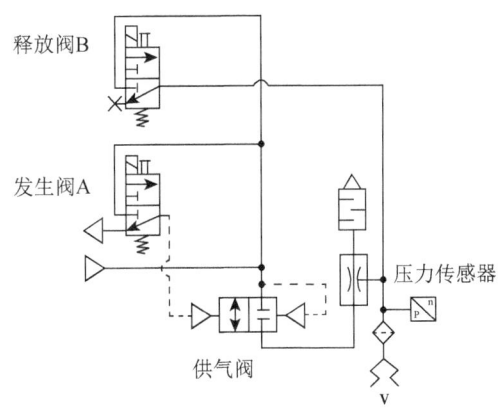

图 2-30　真空吸盘回路原理

3. 真空吸附装置应用

真空系统主要根据真空发生装置分为真空泵系统、真空发生器系统两种。

真空泵是吸入口形成负压，排气口直接通大气，两端压力比很大的抽出气体的机械。真空泵吸附回路如图 2-31 所示。

真空发生器是利用压缩空气的流动而形成一定真空度的气动元件，为形成良好的真空效果，可选用成套的真空发生器组件：真空发生器+消声器+抽吸过滤器+真空开关。真空发生器吸附回路如图 2-32 所示。

真空回路中，应选用真空压力下不变形/不变瘪的管子，可使用硬尼龙管（T 系列）、软尼龙管（TS 系列）和聚氨酯管（TU 系列），管接头要使用可在真空状态下工作的。

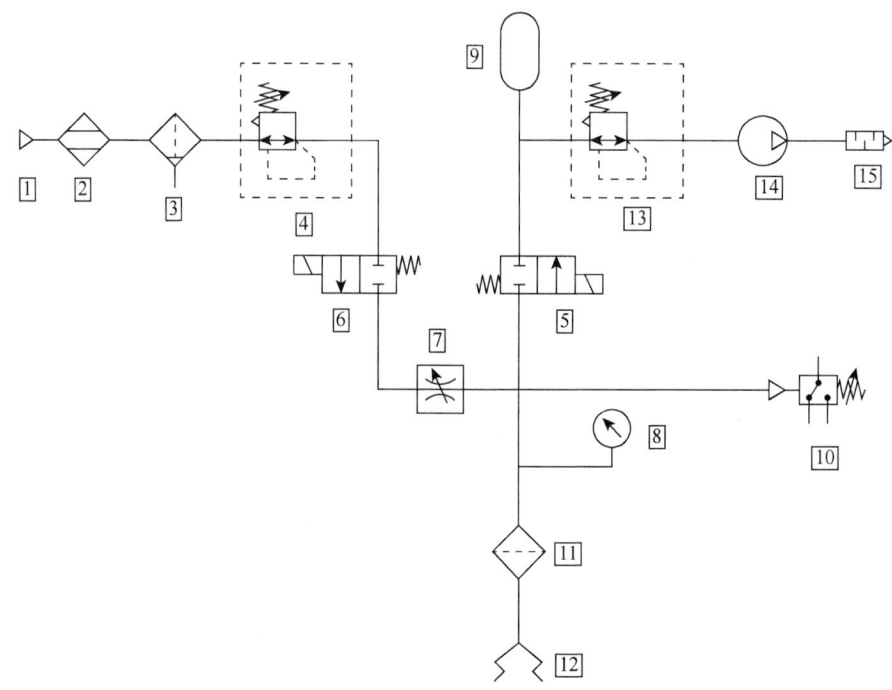

1. 气源；2. 干燥器；3. 手动排水过滤器；4. 调压阀；5. 真空切换阀；6. 真空破坏阀；
7. 节流阀；8. 真空表；9. 真空罐；10. 真空压力开关；11. 真空过滤器；12. 真空吸盘；
13. 真空调压阀；14. 真空泵；15. 消声器

图 2-31　真空泵吸附回路

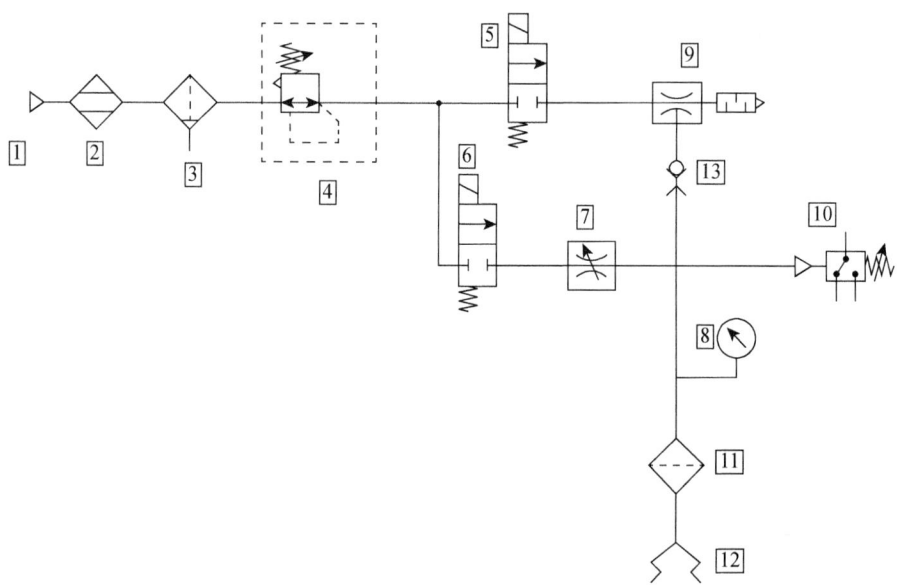

1. 气源；2. 干燥器；3. 手动排水过滤器；4. 调压阀；5. 供给阀；6. 真空破坏阀；
7. 节流阀；8. 真空表；9. 带消声器的真空发生器；10. 真空压力开关；
11. 真空过滤器；12. 真空吸盘；13. 单向阀

图 2-32　真空发生器吸附回路

两种真空发生装置及其应用场合如表 2-1 所示。

表 2-1 真空发生装置

	真空泵		真空发生器	
最大真空度	可达101.3kPa	能同时获得大值	可达88kPa	不能同时获得大值
吸入流量	可很大		不大	
结构	复杂		简单	
体积	大		很小	
重量	重		很轻	
寿命	有可动件,寿命较长		无可动件,寿命长	
消耗功率	较大		较大	
价格	高		低	
安装	不便		方便	
维护	需要		不需要	
配套件复合化	困难		容易	
真空的产生及解除	慢		快	
真空压力脉动	有脉动,需设真空罐		无脉功,不需真空罐	
应用场合	适合连续、大流量工作,不宜频繁启停,适合集中使用		需供应压缩空气,宜从事流量不大的间歇工作,适合分散使用,改变材质可耐热、耐腐蚀	

4. 真空吸附装置实例

在目前的智能印刷真空吸附装置中,主要多采用真空发生器为核心部件的系统。现在的真空发生器集成度高,可靠性佳,如图 2-33 所示为 FESTO 集成式真空发生器 OVEM,它包含换向阀、节流阀、止回阀、真空压力开关、真空过滤器、真空表、消声器等组件。

(1)用真空传感器监控抽空时间和真空度,并通过显示屏显示,提高了过程的可靠性,减少停机时间。

(2)单独可控的喷射脉冲确保工件的安全放置。为节省能源,集成的止回阀防止在真空关断后出现压降,易于维护。

(3)集成的真空过滤器上配备了检视窗,能确切看到什么时候需要对 OVEM 进行维护,开放式消声器降低噪声水平,也最大限度地降低了维护要求。

(4)易于操作,布局清晰,所有控制元件都位于一侧。IO-Link® 让调试和参数设置变得非常简单,M12 多针插头简化了电气安装。

(5) 功能集成降低了装配成本。

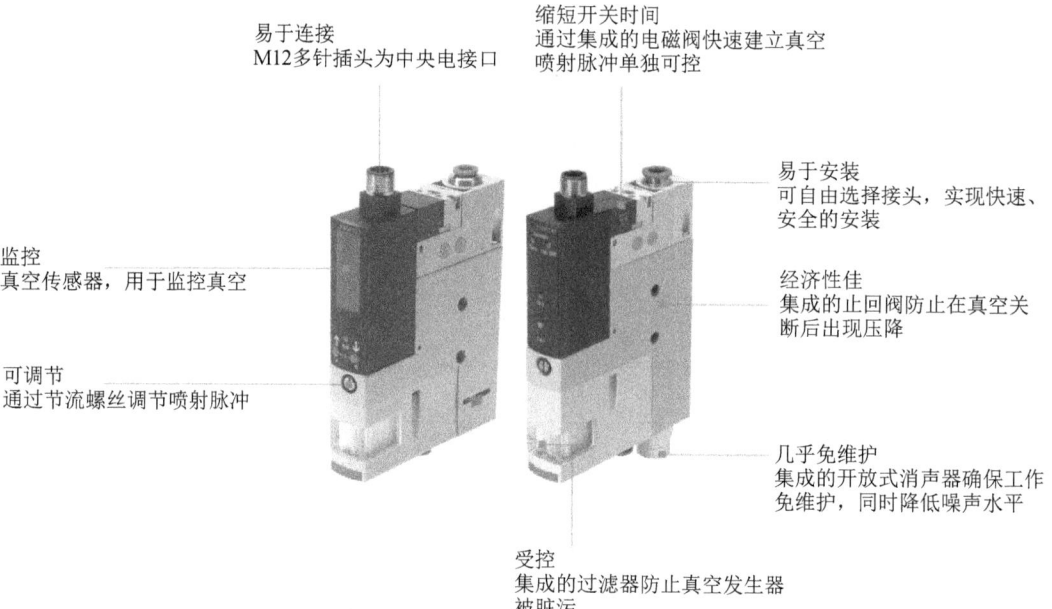

图 2-33 FESTO 集成式真空发生器 OVEM

第三节　马达

马达是将电能转换成机械能设备的总称。在工业应用中，马达用于提供动力，驱动各种设备，现阶段大多数的马达，例如直流（DC）马达和交流（AC）马达，都按照弗莱明左手定则及其产生的洛伦兹力运行。本节重点介绍在智能印刷相关设备中常用的两种类型的马达，即伺服马达、步进马达。

一、伺服马达

伺服马达（servo motor）是自动控制装置中将电信号转换成转轴的角位移或角速度的高精度执行机构。伺服马达主要靠脉冲来定位，接收到 1 个脉冲，就会旋转 1 个脉冲对应的角度，从而实现位移。伺服马达本身具备发出脉冲的功能，每旋转一个角度，都会发出对应数量的脉冲，与接受的脉冲形成了呼应，或者叫闭环。如此一来，伺服系统就会知道发了多少脉冲给伺服马达，同时又接收了多少脉冲回来，就能够很精确地控制马达的转动，从而实现精确的定位，最高精度可以达到 0.001mm。

伺服马达分交流伺服和直流伺服两大类。其中交流伺服马达的优点：速度控制特性好，整个调速区控制平稳，效率高于 90%，温升少，位置控制精度高（视编码器精度而定），在额定工作区域，可实现恒转矩，低惯性，低噪声，无刷磨损，免维护（适用于无尘、爆炸环境)。

交流伺服系统已成为现代高性能伺服系统的主要发展方向,本节主要介绍 AC 伺服马达。

1. 伺服马达的构造

AC 伺服马达在转轴的反输出侧搭载有编码器,通过检测转子的位置和速度,可执行高分辨率、高响应定位运行。如图 2-34 所示,主要组成部件包括绕线定子、永磁转子、编码器、转轴、轴承、马达外壳等。

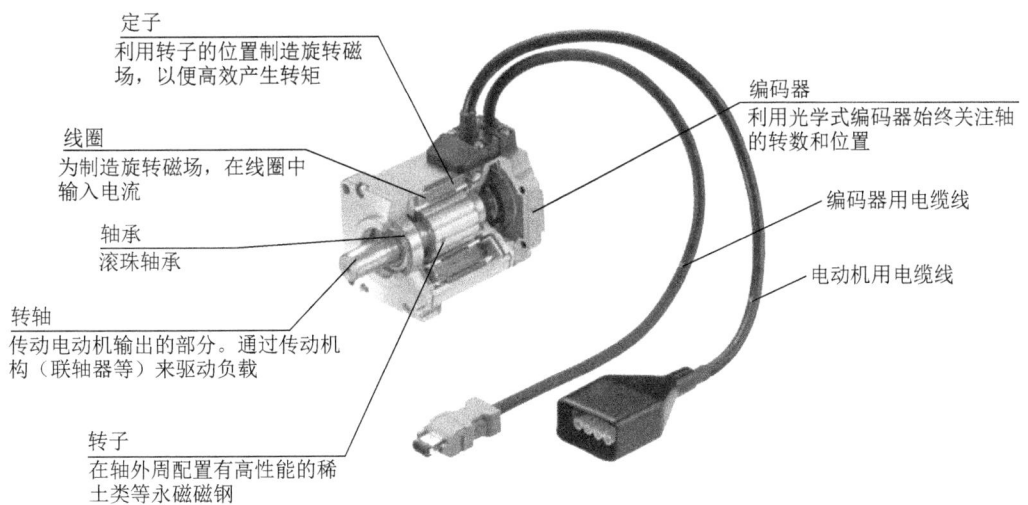

图 2-34　伺服马达的构造

AC 伺服永磁马达是目前工业中常用的伺服马达,定子线圈 U/V/W 三相采用正弦波控制,形成旋转磁场(同步速度),驱动永磁转子旋转,通过内置的编码器反馈信号和驱动程序的目标值,来调整转子的旋转角度和速度,与直流伺服电动机相比主要优点:无刷换向器,运行更可靠,免维护;大大降低了定子绕组产生的热量;惯性小,系统快速响应良好;高速,高扭矩的工作状态;体积小,重量轻,功率相同。

对 AC 伺服马达的选择,在满足控制电压、功率、速度、扭矩、惯量,安装框架尺寸的情况下,需要考虑以下部件的参数。

(1) 编码器

编码器是检测马达转速和位置的传感器。常用的光电编码器的发光二极管发出的光线穿过切口圆盘上的位置检测模式,由受光元件读取。受光元件上集成有数十个光电晶体管,绝对位置检测用模式因编码器的旋转角度不同而全部不同。编码器搭载 CPU,对绝对位置检测用模式进行分析,通过串行通信将该当前位置数据传送到伺服驱动器。根据构造的不同,可以分为绝对式编码器与增量式编码器两类。

绝对式编码器可检测马达旋转一圈内的绝对位置,并输出旋转角度的绝对位置。

它的码盘被分成很多同心的通道，每一个通道，称为一个"码道"。每一个码道都有一个单独的输出电路，用来表示一个二进制的位。通过二进制位的组合，就能唯一确定一个数值。

绝对式编码器分为单圈和多圈，单圈只能记录一圈之内的运动，多圈可以记录很长的旋转或者直线位移。通常，通电后先发送旋转圈速信息至驱动器，再输出当前位置信号，最终输出的是一组二进制数的编码。

绝对编码器由机械位置决定的每个位置是唯一的，无须记忆，更无须找参考点，而且不用一直计数，断电重启不用回到零位，即可知道目标所在的位置。这样，提高了编码器的抗干扰特性、数据的可靠性。例如，东方马达的AC伺服马达NX系列使用了20bit的绝对式编码器，实现了在低速领域的低振动，松下的伺服马达MINAS A6系列采用23bit（8388608分辨率）7线串行绝对式编码器，安川伺服马达SGMX系列采用26bit增量/绝对值共用型，如图2-35所示。

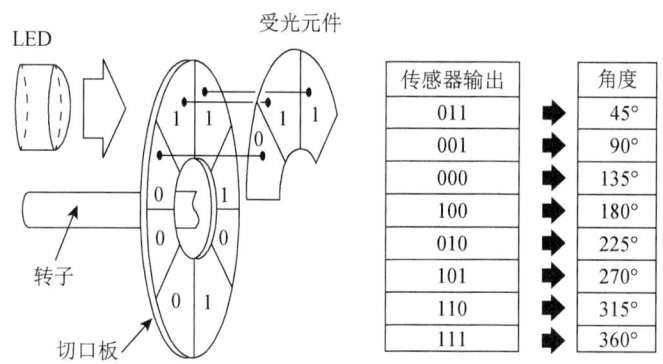

图 2-35　位绝对编码器构造

例如，20bit的含义是：每转一圈有 2^{20}=1048576 个脉冲，分辨率只和一圈的脉冲数有关，而和总的圈数无关，也就是说这个编码器的分辨率是 360°/1048576=0.00034°。

多圈绝对式编码器有带电池和无电池二种。带电池绝对式编码器可保存多圈数据，在更换电池后，设备最初启动时，在原点位置进行编码器清零动作，需要将多圈数据的值置0。

无电池的多圈绝对式编码器与时钟原理相同，由多个齿轮构成，齿轮内有磁铁，各齿轮中的磁铁的指向与时钟的指针作用相同，通过检测磁铁的指向，来检测出马达位置，属于机械式编码器。

有的无电池式绝对值编码器将位置数据记录存储在非易失性存储器内，实现了免维护。采用无电池式绝对值编码器可减少维护工时，解决电池耗尽引起的装置故障。

增量式编码器（Incremental encoder）是用于检测马达的旋转量、转速、旋转方向的编码器。根据对应角度的变化，输出相应的脉冲信号。通常，直接发送检测出的波形，因此停电时当前位置无法保存。通常增量式编码器输出三组脉冲 A、B 和 Z（有的叫 C 相）相。A、B 两组脉冲相位差 90º，可以判断出旋转方向和旋转速度。而 Z 相脉冲又叫作零位脉冲（有时也叫索引脉冲），为每转一周输出一个脉冲，Z 相脉冲代表零位参考位，通过零位脉冲，可获得编码器的零位参考位，专门用于基准点定位，断电重启必须回到参考零位，才能找到需要的位置。

增量式编码器的信号输出有正弦波（电流或电压）、方波（TTL、HTL）等多种形式，并且都可以用差分驱动方式，含有对称的 A+/A-、B+/B-、Z+/Z- 三相信号，由于带有对称负信号的连接，电流对于电缆贡献的电磁场为 0，信号稳定衰减最小，抗干扰最佳，可传输较远的距离。例如，对于 TTL 的带有对称负信号输出的编码器，信号传输距离可达 150 米。对于 HTL 的带有对称负信号输出的编码器，信号传输距离可达 300 米。

增量式编码器转轴旋转时，有相应的脉冲输出，其计数起点可以任意设定，可实现多圈无限累加和测量。编码器轴转动一圈会输出固定的脉冲数，脉冲数由编码器码盘上面的光栅的线数所决定，编码器以每旋转 360° 提供多少通或暗的刻线称为分辨率，也称解析分度，或称作多少线，一般在每转 5～10000 线，当需要提高分辨率时，可利用 90° 相位差的 A、B 两路信号进行倍频或者更换高分辨率编码器。例如，台达的 ADSA-A2 系列伺服电机配备 20bit 的增量型编码器，输出的脉冲信号需要连接到 PLC 的高速计数器中，如图 2-36 所示。

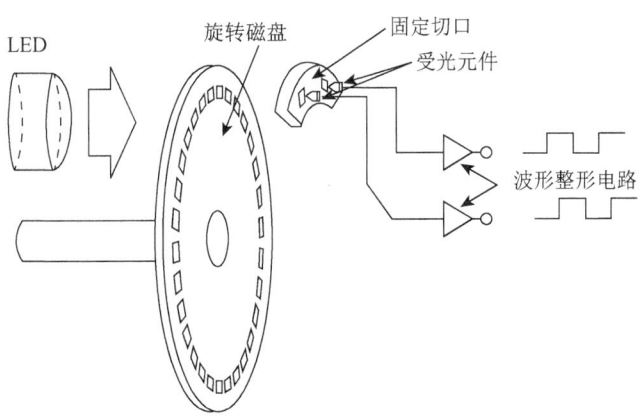

图 2-36　增量式编码器构造

（2）再生电阻容量选择

再生电能是指将机械侧（含伺服马达）的旋转能量返还到伺服控制器的电能。吸收再生电能，对伺服控制器内部平滑电容器进行充电，超过电容器可充电的能量后，再通过再生电阻消耗再生电能（称为电阻再生功能）。

以下情况下，伺服马达在再生状态下运行，再生电能的场合：

①加速、减速运行时的减速停止期间；

②在垂直轴上进行连续的下降运行；

③从负载侧连续运行伺服马达的状态（负性负载状态）下的连续运行。

再生电阻包括内置和外置再生电阻，内置再生电阻是伺服单元内置的再生电阻，仅部分伺服单元已内置。外置再生电阻是伺服单元外置的再生电阻，用于无法通过伺服单元内部的平滑电容器和内置再生电阻完全消耗。

（3）电磁刹车

电磁刹车在马达未励磁的状态下可作为位置保持用途使用或者在紧急停车时，可以防止重力轴自由下落，请勿作为停止旋转中负载的制动用途使用。由于不是以制动为目的的制动带用摩擦衬片，因此如果反复制动会因磨损而间隙变大，导致无法正常工作。

电磁刹车构造如图2-37所示。在励磁线圈上施加电压（常规电压24V或者90V）时，电枢受电磁铁吸引而压迫螺旋弹簧使制动开放，马达轴即可自由旋转。在未施加电压的状态下电枢会释放，制动带用摩擦衬片受螺旋弹簧挤压至制动轴套，马达轴被固定。

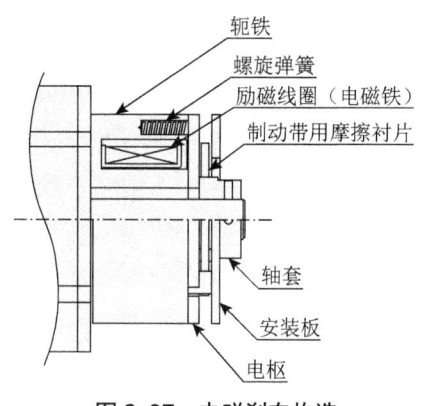

图2-37　电磁刹车构造

（4）伺服马达配减速机

伺服马达配减速机是为了提高转矩，当负载很大时，一味地提高伺服马达的功率是很不划算的事情，所以在需要的速度范围内选适用的减速比的伺服减速机，那样才是合理的，伺服减速机本身就起到降速和提高输出扭矩的作用。

一般来说，伺服系统制造商不生产减速机，因此伺服马达配置的减速机基本上是专门配套的减速机，在使用中减速机与伺服马达的连接方式如下。

抱紧的方式：伺服马达的输出轴伸入减速机里面，外框架通过法兰连接。减速机内有个可变形的抱箍，操作减速机上的锁紧螺丝，就可以让抱箍把伺服马达的轴抱紧。

通过外置联轴器：需要伺服电轴带键槽。外置联轴器还可以采用柔性联轴器（软轴）。软轴驱动功率一般不超过 5.5kW，转速可达 20000r/min。

2. 伺服马达控制方式

（1）AC 伺服马达的控制配置

AC 伺服马达的控制配置如图 2-38 所示，对来自外部的脉冲信号（脉冲序列输入型时）和伺服马达的编码器检测到的运转量进行计数，将其差分（偏差）输出到速度控制部。这个计数器被称为偏差计数器。在马达旋转过程中，偏差计数器出现积存脉冲（＝位置偏差），将该积存脉冲控制为0。

通过定位环（偏差计数器）实现了保持当前位置的（伺服锁定）功能。

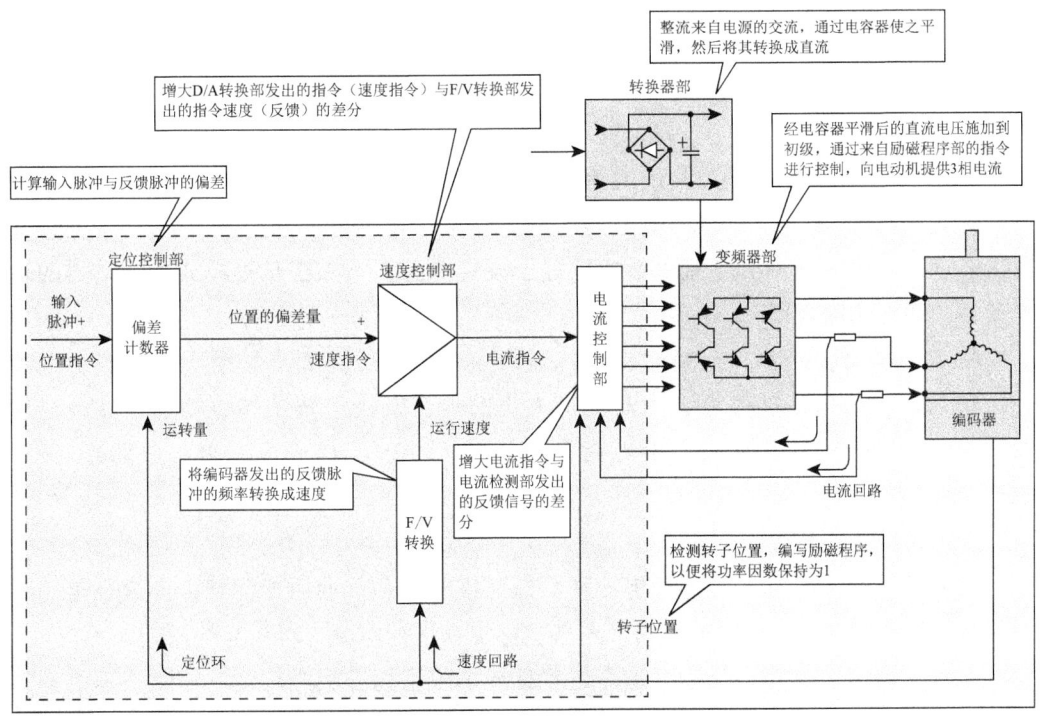

图 2-38　AC 伺服马达的控制配置

AC 伺服马达由马达和编码器以及驱动器 3 个要素构成，驱动器的作用是对位置指令和编码器的位置、速度信息进行比较，控制驱动电流。AC 伺服马达通过编码器的位置、速度信息检测马达的状态，在马达停止运行时，能够向控制器侧输出警报信号，检测出异常状态。AC 伺服马达必须根据机构的刚性及负载条件来调整控制系统的参数，但近年来采用了实时自动增益调整，这种调整变得非常简单，使调节轻松自如。

AC 伺服马达具体运行分为三个环的控制，即电流环、速度环、位置环，形成 3 个闭环负反馈 PID 调节系统，如图 2-39 所示。

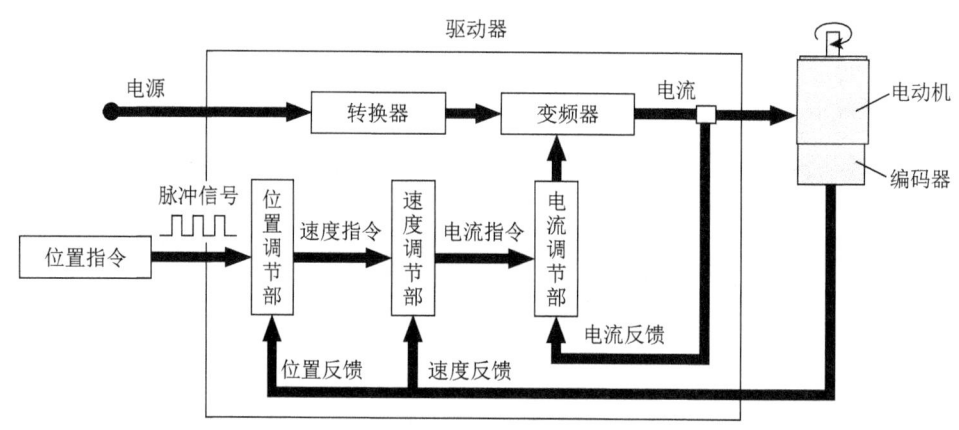

图 2-39　AC 伺服马达控制环

（2）转矩控制方式

转矩控制就是电流环控制，电流环处于最内侧，此环完全在伺服驱动器内部进行，通过霍尔装置，检测驱动器给马达的各相输出电流，负反馈给电流的设定进行 PID 调节，从而达到输出电流尽量接近等于设定电流，所以在转矩模式下驱动器的运算最小，动态响应最快。

特点：非速度控制，控制输出的转矩即为典型转矩控制，常用于张力控制等场合，输入为模拟量，模拟量大小与转矩大小的关系取决于转矩指令增益。如台达伺服的转矩指令 T_REF 输入：扭矩指令 $-10V \sim +10V$，代表 $-100\% \sim +100\%$ 额定扭矩。

（3）速度控制方式

速度控制时，包含速度环和电流环，任何模式都必须使用电流环，电流环是控制的根本，在控制速度和位置的同时，系统实际也在进行电流（转矩）的控制。

特点：马达按照给定的速度指令进行运转，应用场合相当广泛：需要快速响座的连续调速系统、多栏速度进行快速切换的系统、同步控制，通常速度给定为模拟量，即模拟量幅值的大小决定了给定速度的大小，正负决定马达的正反转。例如，台达伺服控制器的 V_REF 模拟指令输入：速度指令 $-10V \sim +10V$，代表 $-3000 \sim +3000r/min$ 的转速命令（预设），可借由参数改变对应的范围。

（4）位置控制方式

位置环：位置环位于最外侧，帮助伺服马达准确定位的。由于位置控制环内部输出就是速度环的输入设定，所以，在位置控制模式下，系统进行了所有 3 个环的运算，此时的系统运算量最大，动态响应速度也最慢。

特点：位置控制普遍应用在各种定位场合（如送料、定长裁切、套色印刷等方面），可以直接替换各种步进传动系统。一般情况下伺服通过接受脉冲指令来进行位置控制，脉冲的个数决定了位置，脉冲的频率决定了马达运行的速度。一个脉冲对应的位置当量，取决于机械结构和电子齿轮。

3. 伺服马达应用

闭环控制与系统构成示例：如图2-40所示为脉冲型驱动器驱动伺服马达时的系统构成示例。马达搭载编码器，向驱动器反馈马达轴的旋转位置/转速。驱动器通过演算从控制器发出的脉冲信号（位置指令/速度指令）与反馈信号（当前位置/速度）的误差，将此误差控制为0，进行马达旋转的控制，是通过使用马达、驱动器、编码器构成闭环控制，进行高精度定位运行的马达。

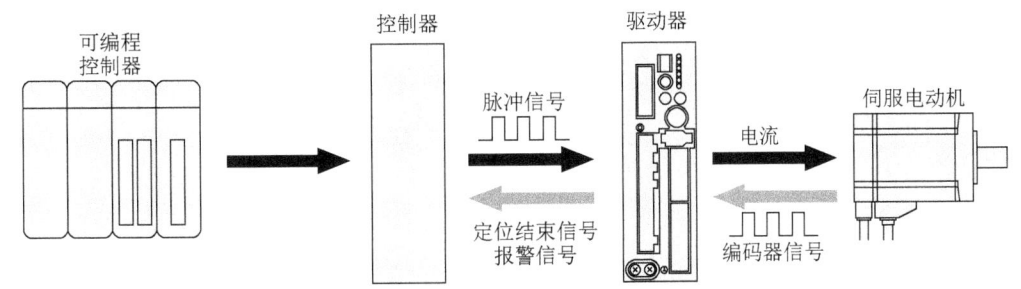

图2-40 AC伺服马达的闭环控制

伺服电机在要求精密控制的工业自动化设置中得到广泛应用，闭环控制是步进电机无法比拟的。在智能印刷设备中，常用的典型应用如下。

（1）工业机器人关节部位用伺服马达

控制器、伺服系统、减速机是工业机器人的三大核心部件，工业机器人现在普遍用的都是交流伺服系统。例如，Faunc Robot LR Mate200iD迷你6轴机器人，共有6个关节，每个关节处都配备了一台伺服电机。机器人的各种动作就是对各伺服电机编程去实现的，大家可以把它想象成我们人手的各个关节的动作。控制器就是我们人类的大脑，它会根据程序的设定，发出各种指令，伺服驱动就相当于人体的神经系统，把控制器发出的指令，传导给伺服电机，最后伺服电机根据指令，来实现机器人各个方向的运动。伺服的性能，主要看4个指标：编码器的精度、电机的过载能力、最高转速、速度频率响应的能力。

（2）AGV舵轮

AGV舵轮是一种用于控制AGV行驶方向的重要部件，是集成了驱动电机、转向电机、编码器、减速机等一体化的机械结构，集行走、牵引和转向功能为一体，可以荷载和牵引较重货物（见图2-41）。AGV舵轮控制器就是一个简易功能的工业级伺服，一般采用单DSP或者MCU架构，不使用FPGA。常用的是12位以上磁编，仓储式停车精度要求做到1mm。

包装印刷智能技术与应用

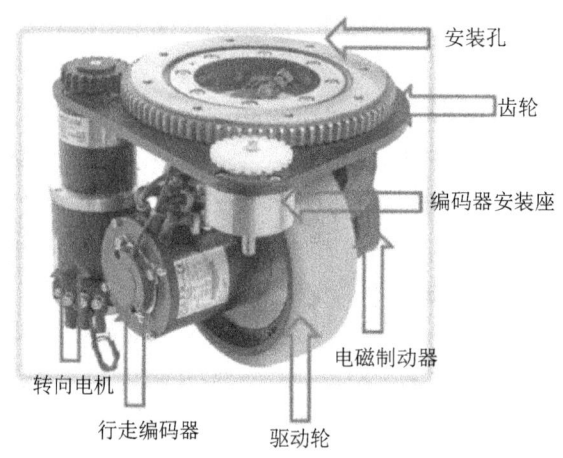

图 2-41　AGV 舵轮结构

AGV 舵轮的工作原理：驱动轮分别与伺服电机相连，通过电机驱动齿轮转动，齿轮再带动轴承和轮辋一起旋转，从而使整个舵轮转动。当 AGV 需要改变行进方向时，控制系统会发送信号给舵轮电机，使其旋转到相应的角度，从而改变车体的行进方向。

高性能 AGV 舵轮采用伺服电机作为运动执行机构，驱动电机配增量式编码器，转向电机配绝对值编码器和精密斜齿减速机，具有效率高、长寿命、传动平稳、控制精准等特点，速度波动优于 ±10r/min，角度精度优于 0.2°；调速范围宽，最低速度低至 1m/h。

（3）印刷机械中套准定位用伺服马达

在 Heidelbeg 印刷机中的横向、周向、对角套准伺服马达如图 2-42 所示，伺服马达自带减速机（增大扭矩）通过电位器或者测速编码器来反馈马达位置，输出模拟电压信号 0～5V，输入 PDCM 位置驱动模块，通过 A/D 模块转换为数字信号 0～4496。在中央控制台 CP2000 可以直接输入套准数值，在 -1.95～+1.95 之间，精确到 0.01mm，控制伺服电机运转，在横向套准位置 =0 时，电位器电压为 2.5V，对应的伺服数字信号值为 2500。

（4）自动装箱机输送系统定位驱动用伺服马达

在自动高速糊盒机的出口端，连接自动装箱机，将成品纸盒按照数量和堆叠要求装入纸箱，以方便产品的运输和存放。自动装箱机要求结构紧凑、操作简便、自动化程度高，而作为装箱机各不同装置的电机传动是由同一个上位机（通常是进口 PLC）进行协调控制，它们之间的速度和位置精度使用要求大不相同，用相对简单的方式实现对电机速度和位置的控制，满足高速响应、高精度定位的要求。

一套自动装箱机包括皮带输送装置、分离装置、整列装置、间隙输送填充装置、成箱打包装置，各装置都安装在同一主机架上。皮带输送装置一端与上道工序相连，依次是分离装置、整列装置、间隙输送填充装置、成箱打包装置，每一部件均单独动力驱动，能单独运转、调试。

第二章 包装印刷智能设备的主要配件

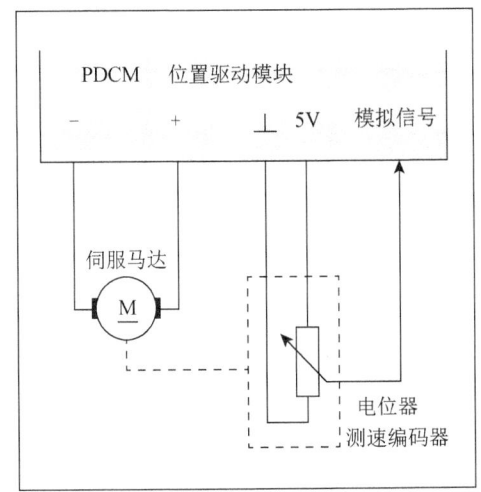 

图 2-42　印刷机套准伺服马达

二、步进马达

步进马达（Stepping Motor）是一种将电脉冲转化为角位移的执行机构。当步进驱动器接收到一个脉冲信号，它就驱动步进马达按设定的方向转动一个固定的角度（称为"步距角"），它的旋转是以固定的角度一步一步运行的，因而只要控制一定的脉冲数，即可精确控制步进马达转过的相应角度，实现准确定位；同时通过控制脉冲频率来控制马达转动的速度和加速度，实现调速。步进马达利用其没有积累误差（精度为100%）的特点，广泛应用于各种开环控制。

步进马达的主要特性如下。

（1）步进马达必须加驱动才可以运转，驱动型号必须为脉冲信号，没有脉冲的时候，步进马达静止，加入适当的脉冲信号，就会以一定的角度（称为步角）转动。转动的速度和脉冲的频率成正比，不需要反馈信号。

（2）步进马达具有瞬间启动和急速停止的优越特性，定位误差不累加。

（3）改变脉冲的顺序，可以方便地改变转动的方向。

（4）与数字控制系统的融合性强，容易制作控制电路。

因此，目前印后设备装订机、折页机、输送平台、5G 通信设备、智能机器人等设备都以步进马达为动力核心，本节主要介绍常用的混合型 HB 步进马达。

1. 混合型 HB 步进马达结构

兼具反应式步进马达（Variable Reluctance stepping motor，VR）、永磁式步进马达（Permanent Magnet stepping motor，PM）优点的复合型产品是当今拥有广泛用途的混合型步进马达（hybrid stepping motor），通称 HB 型（见图 2-43）。使用 VR 型构造，实现了精细分割的步距角加工，再加上永久磁铁，实现了扭矩增大。

057

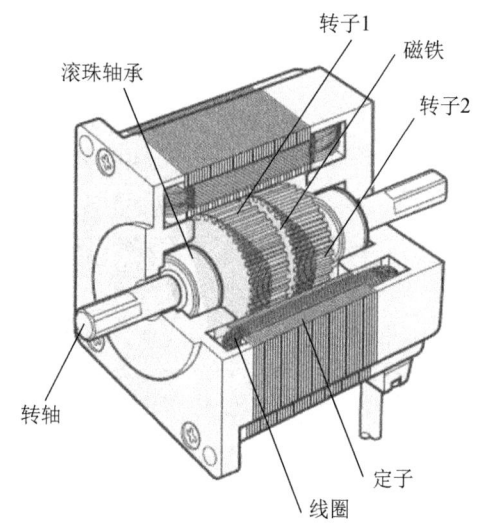

图 2-43　混合型步进马达的构造

步进马达转子由转子1、转子2、永磁磁钢3部分构成，如图2-44中的转子结构所示，永磁磁钢3（铁氧体永久磁铁石）被2个转子1、转子2（带齿的铁心）夹成了三明治形状，转子已被轴向磁化，若转子1为N极时，转子2则为S极。垂直于轴方向的截面上只会形成N或S中的其中一个磁极，这就是单极，两侧的硅钢板会被磁极感应，因此，称为感应器。

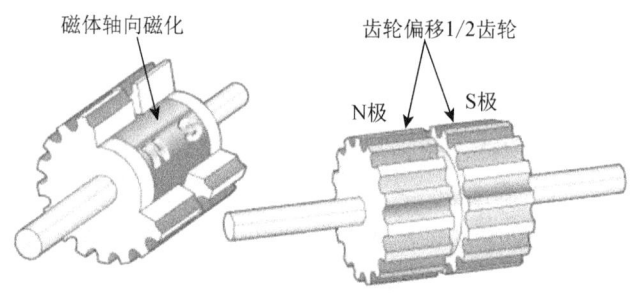

图 2-44　感应器型转子

励磁是指马达定子线圈通电时的状态。磁极是指励磁后变成电磁铁的定子突出部分。小齿是指转子和定子的小齿。转子在圆周上刻有齿，一般由50个小齿构成，转子1和转子2的小齿，从轴方向观察，安装时齿会偏移1/2齿距。

定子拥有小齿状的磁极，皆绕有励磁线圈，各极上也有与转子相同的齿。其线圈的对角位置的磁极相互连接着，通电时，线圈即会被磁化成同一极性（如对某一线圈进行通电后，对角线的磁极将磁化成S极或N极）。对角线的2个磁极形成1个相，A相和B相2个相位的机型称为2相步进马达、有A相至E相等5个相位的机型称为5相步进马达（见图2-45）。

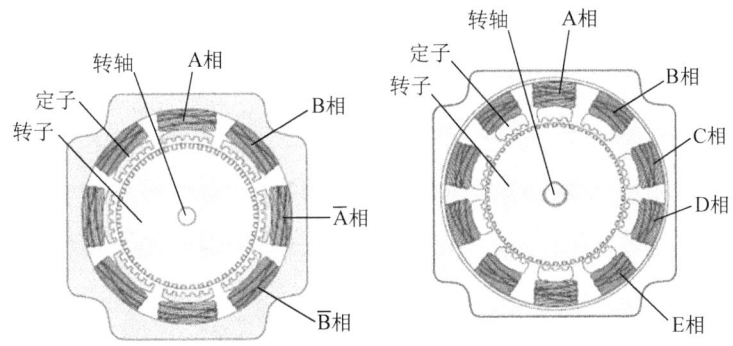

图 2-45 2 相、5 相步进马达构造

2. 混合型 HB 步进马达动作原理

如图 2-46 所示,定子绕组有 4 个,夹住转子相对的线圈之间作为 2 组线圈群进行结合。马达的线圈为 A 和 B 共二相,称为 2 相 HB 马达。线圈通电后,相对的 2 个极会相互变成 N 极和 S 极那样进行结合。将上下的线圈作为 A 相,左右的线圈作为 B 相。图中的转子有 15 个齿。白色转子位于靠近自己的一方,假设被永久磁铁磁化成 N 极。有颜色的齿位于里面,假设被磁化成 S 极。

在初始状态下,对 A 相通电,使得图中的上极变成 S,下极变成 N。由于前面的齿为 N,因此,会与 A 相的 S 极相吸,后面的齿为 S,因此,会与 A 相的 N 极相吸。

整步驱动(单相导通)时,按马达各相的加电顺序(1. A+,2. B+,3. A−,4. B−)来改变线圈的通电状态。最好预先在最上面的齿上标上参考标记,注意位置的变化。

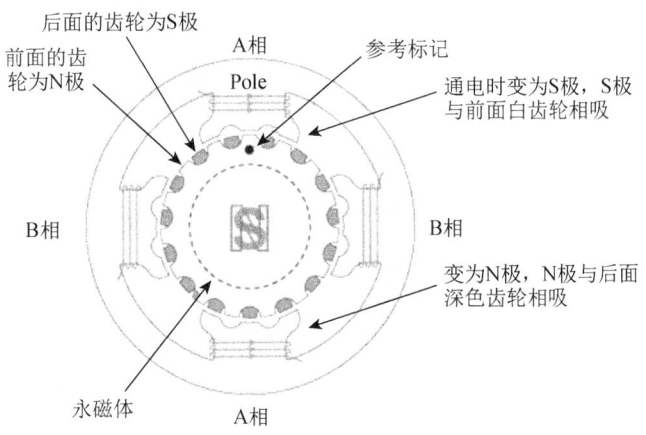

图 2-46 混合型 HB 马达构造简化

①对 B 相通电,使得右极变成 S,左极变成 N。靠近自己这边的白色齿会与右极相吸,位于里面的带颜色的齿会与左极相吸。参考标记会沿逆时针方向移动。

②按与初始状态相反的方向对 A 相通电 A−。靠近自己这边的白色齿会与下极相吸,位于里面的带颜色的齿会与上极相吸。参考标记会继续沿逆时针方向移动。

③按与①相反的方向对 B 相通电 B-。靠近自己这边的白色齿会与左极相吸，位于里面的带颜色的齿会与右极相吸。

④按与初始状态相同的条件对 A 相通电。参考标记相对初始状态会偏移 1 个齿。

这样，通过①～④共 4 步，转子会朝逆时针方向移动 1 个齿距。如果想让其顺时针方向旋转，则按④～①的顺序控制通电。步进马达的各绕组必须按一定的顺序通电才能正确工作，这种使马达绕组的通断电顺序按输入脉冲的控制而循环变化的过程称为环形脉冲分配。

见图 3.53 右，将线圈设成 5 组的马达为 5 相 HB 马达，线圈 10 个，50 个齿。与 2 相马达一样，将相向的线圈设成同极，防止发生径向负载。5 相马达的通电按以下顺序进行：

①将 A 相设成 N→②将 B 相设成 S→③将 C 相设成 N→④将 D 相设成 S→⑤将 E 相设成 N→⑥将 A 相设成 S→⑦将 B 相设成 N→⑧将 C 相设成 S→⑨将 D 相设成 N→⑩将 E 相设成 S，通过以上 10 步，转子移动 1 个齿的量，1 步移动 0.72°。

与 2 相马达相比，5 相马达具有每转的分割数较多、励磁状态的扭矩变化小等优点。2 相混合式步进马达步距角一般为 3.6°、1.8°，5 相混合式步进马达步距角一般为 0.72°、0.36°，5 相步进马达每旋转 1 次的脉冲数为 5 的倍数，变成 500 或 1000。与此对应的是，2 相步进马达则为 200 或 400。

3. 步进马达工作模式

原则上，各步进马达都可以在三种模式下工作：整步（单相或双相导通）、半步或微步驱动。当耗散功率（I^2R 损耗）一致时，在各驱动模式下，马达的保持转矩相同。这个理论特别适用于两磁极双相马达，这种马达的机械角与电气角相等。

（1）当整步驱动（单相导通）时，马达各相的加电顺序：1. A+，2. B+，3. A–，4. B–。

（2）当单相和双相导通交替进行时，在每个电气周期内可形成 8 个半步状态：1. A+，2. A+B+，3. B+，4. A–B+，5. A–，6. A–B–，7. B–，8. A+B–。如果每个半步都产生相同的保持转矩，在单相导通时，相电流增加到 2 倍。

（3）微步驱动的两大优势包括低噪声高精度，它们都取决于细分的步数。步数则由驱动器实际性能决定。

在实际的控制驱动板上，可以通过硬跳线的组合来选择不同的工作模式。

4. 步进马达应用

开环控制与系统构成示例如图 2-47 所示，为脉冲型驱动器驱动步进马达时的系统构成。

步进马达进行开环动作，驱动器根据从控制器所输出的脉冲信号控制步进马达同步，以设计的步距角（分辨率）进行运转。此类开环控制的步进马达相对于转矩波动的波动范围很小，同步性较高，可以在没有转子位置检测的情况下运行。

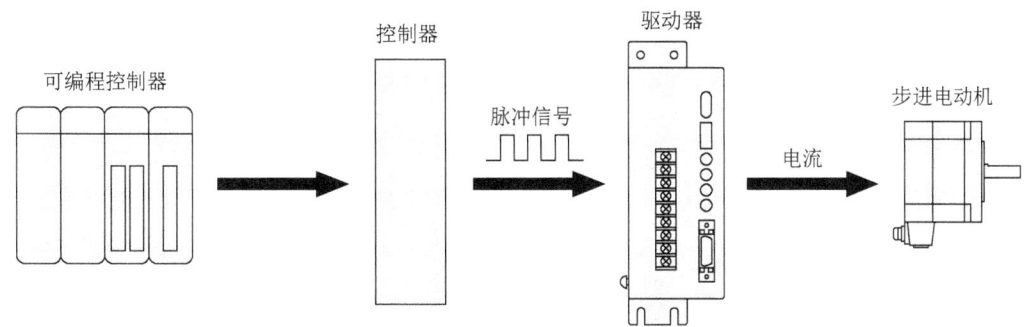

图 2-47　脉冲型驱动器驱动步进马达

步进马达具有同步性和高响应性,其中工业生产中实际应用如下。

(1) 机械手设备:稳定地对物料进行取、放。通过两台同步马达机同时相反方向转动,马达直连皮带机构分别带动机械手的两个手臂伸缩进行物料的取、放动作。开环控制的步进马达无须进行增益调整,设计仅用控制器、驱动器、马达构成开环控制方式就可以简单地进行"高精度定位运行"的同步马达。

(2) 步进马达实现多轴同步运行:采用开环控制,无须针对机构进行增益调整,可实现脉冲指令同步输入,多台马达可进行几乎相同的运行(见图 2-48)。

搭载免电池机械式绝对式编码器,无须外部限位传感器,可在不使用原点传感器的情况下,就能执行高速原点返回,提高原点返回的效率,有效缩短机器工作周期,控制更高效。

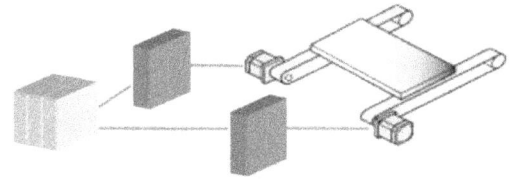

图 2-48　多轴同步运行

(3) 复合机器人将具有"手"功能的机械手与具有"脚"功能的 AGV 结合,将物料搬送、抓取组装等工序浓缩结合在了一个机构内。此类部分复合机器人通过对 AGV 配置传感器、相机和相应的软件识别环境,避开障碍物和人员。而机械手部分则可以通过步进马达的 EVENT JUMP 功能在机器人碰触障碍物时立即回弹,带来了双重保障,此类紧急判断的程序直接交给驱动器通过信号实现动作切换,无须上位指令也可使安全性得到保障。

(4) 电动夹爪,夹爪动作范围由驱动器转化为输出信号,由上位 PLC 进行确认,可判定工件的大小和有无。通过限制输入电流,控制转矩上限,可应对不同材质的工件,夹取过程中可减少工件因为加持力量过大而受损的情况。

（5）输送线进行产品包装加工时，保证停止位置一致（见图2-49）。步进马达运行输入OFF时的过转量固定，可以按照所设定的减速常数准确减速。马达停止时，即使工作物重量发生变化，只要相同的运行条件，减速移动量不会因惯性负载及摩擦负载而变化。因此，停止位置重现性提高，同时通过编码器反馈准确的位置信号。

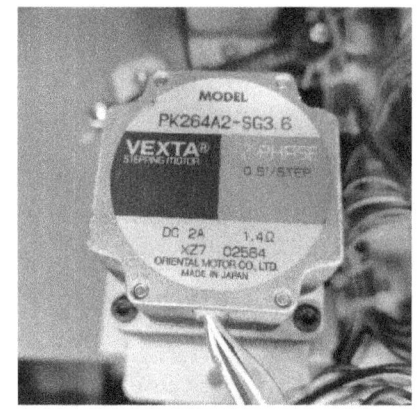 

图2-49　2相0.5°步进马达和驱动器

（6）点胶机装置，可以实现立体点胶。普通点胶机只能在一般平面上点胶，而应对曲面屏等更为立体复杂的工件，希望实现空间化的斜面点胶。2相步进马达PKP系列薄型马达带谐波减速机，更薄的机身长度，适用于狭小安装空间，更大转矩，满足输出转矩的要求。负载的固定可以直接安装至谐波减速机凸缘面，无须额外的连接部分，谐波减速机精度更高，不存在齿隙问题，能够准确完成动作，减少动作误差带来的影响，实现大惯性驱动。

第四节　可编程序控制器

一、PLC概述

PLC是20世纪70年代以来，在集成电路、计算机技术基础上发展起来的一种工业控制设备，可以实现逻辑控制、位置控制、过程控制和数据处理等诸多应用，已广泛应用于自动化的各个领域，是人工智能应用的关键设备之一。

根据国标GB/T 15969.1—2007《可编程序控制器　第1部分：通用信息》中的定义，PLC是一种用于工业环境的数字式操作的电子系统。这种用可编程的存储器作面向用户指令的内部寄存器，完成规定的功能，如逻辑、顺序、定时、计数、运算等，通过数字或模拟的输入/输出，控制各类型的机械或过程。

1. PLC 的构成

PLC 主要由存储器、处理单元（CPU）、输入模块、输出模块、通信模块和电源单元构成，如图 2-50 所示。输入模块将外围设备中的传感器信号进行转换并送至存储器和处理单元进行处理，处理单元执行用户程序进行相应处理并将控制输出送至输出模块，输出模块转换成合适的信号电平送至并驱动外围设备中的执行机构或显示设备。

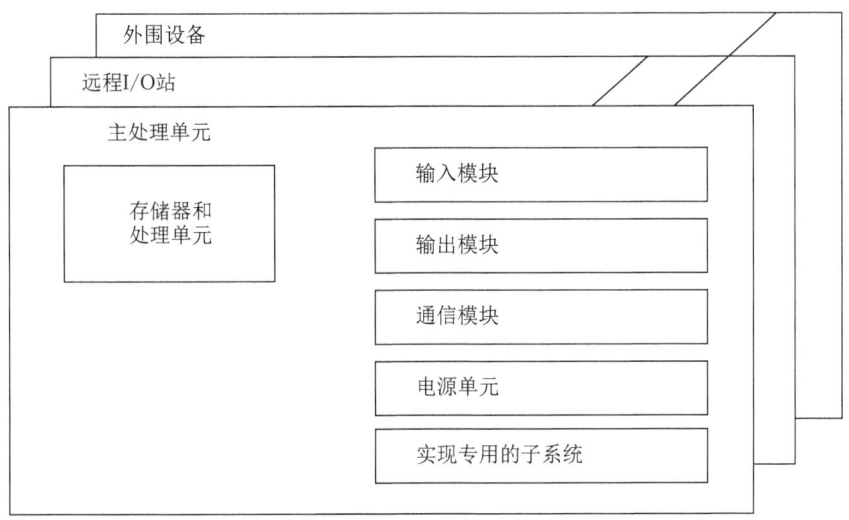

图 2-50　可编程序控制器硬件模型

存储器的主要功能是存储程序和数据，其中程序包括了系统程序和用户程序。系统程序是由 PLC 厂家编制，用于监控 PLC 的运行。用户程序是 PLC 的使用者根据控制要求编写的程序。

处理单元的主要功能包括接收用户程序和数据；诊断电源、PLC 工作状态及编码语法错误等操作系统功能的实现；接收输入信号，送入数据寄存器并保存；运行时按顺序读取、解释、执行用户程序，完成用户程序的各种操作；将用户程序的执行结果送至输出端。

输入模块的主要功能是把从机械/过程获得的输入信号和/或数据转换成合适的信号电平，以供处理。根据输入信号的不同，有直流输入和交流输入两种。

输出模块的主要功能是把存储器和处理单元的输出信号和/或数据转换成合适的信号电平，以驱动执行机构和/或显示设备。根据输出模块中的功率放大器件，可分为继电器输出、晶体管输出和晶闸管输出。

通信模块的主要作用为提供与其他系统如其他 PLC 系统、机器人控制器、计算机等进行的数据交换。

电源单元的主要作用为提供了 PLC 系统电源与主电源的转换和隔离。

远程 I/O 站由远程输入、输出模板组成，这些 I/O 模板通过通信方式将输入信号提供给 PLC 处理单元或接收 PLC 处理单元发出的输出信号。

外围设备是提供输入信号给 PLC 或 PLC 控制的各类设备，如开关、按钮、指示灯、电机接触器、蜂鸣器、电磁阀等。

2. PLC 的特点及功能

PLC 是专为在工业环境中应用而设计的工业计算机，因此主要具备以下特点。

①可靠性高、抗干扰能力强。

②编程简单、易于掌握，设计施工周期短。

③控制程序可变，硬件配置方便。

④功能完善，通常具备数字量 / 模拟量的输入 / 输出、逻辑和算术运算，定时、计数、顺序控制、功率驱动、通信、人机对话、自检、记录和显示等功能。

⑤体积小、重量轻、功耗低。

3. PLC 的分类

通常，PLC 可以根据输入 / 输出（I/O）点数、结构形式和功能等进行分类。

按 I/O 点数，PLC 可分为小型、中型和大型。I/O 点数在 256 点以下的为小型 PLC，其中 I/O 点数小于 64 点的为超小型或微型 PLC。I/O 点数为 256 点以上、2048 点以下的为中型 PLC。I/O 点数为 2048 以上的为大型 PLC。

按结构形式，PLC 可以分为整体式、模块式和紧凑式，如图 2-51 至图 2-53 所示。整体式是将 CPU、存储器、输入模块、输出模块和电源等部件集于一体，安装在一个金属或塑料的机壳内，具有结构紧凑、体积小且价格低等特点。通常机壳的上下两侧是输入输出接线端子，并配有反映输入输出状态的微型发光二极管。模块式是将 PLC 各组成部分分别做成若干个独立的模块，如 CPU 模块、I/O 模块、电源模块等，各模块做成插件式，插入机架底板的插座上。紧凑式是将各组成部分做成各自独立的模块，但不安装基板，各模块一层层地叠装，结合了整体式结构紧凑和模块式结构独立灵活的特点。

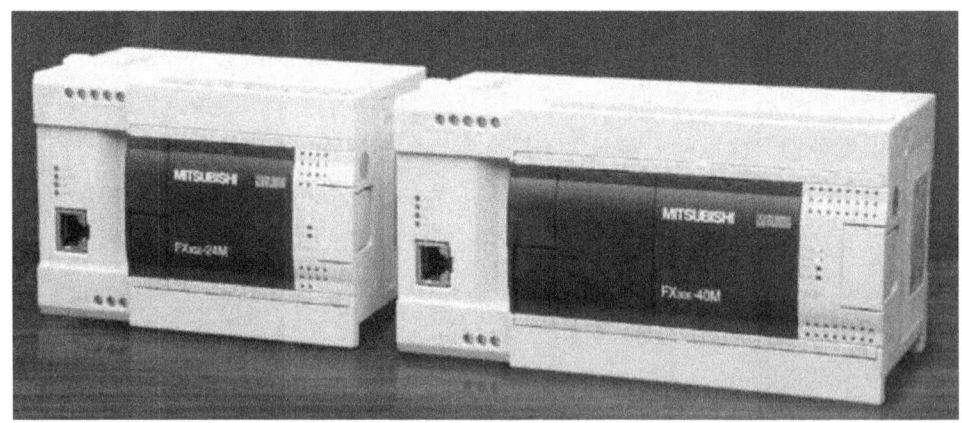

图 2-51　整体式 PLC 示例（三菱 FX 系列 PLC）

第二章　包装印刷智能设备的主要配件

图 2-52　模块式 PLC 示例（三菱 Q 系列 PLC）

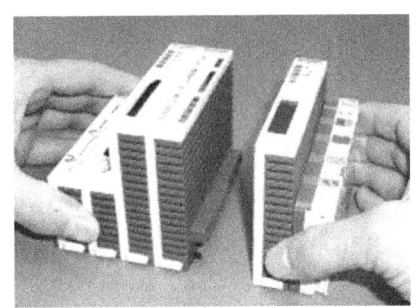

图 2-53　紧凑式 PLC 示例（倍福 CX1000 系列 PLC）

二、PLC 的编程语言

PLC 用户使用 PLC 的编程语言编写用户程序，以满足各种控制要求。目前，PLC 的常用编程语言包括梯形图（LD）语言、功能块图（FBD）语言、指令表（IL）语言、结构化文本（ST）语言、顺序功能图（SFC）。IL 和 ST 属于文本语言，另三种为图形语言，顺序功能图在《GB_T 15969.3—2017 可编程序控制器 第 3 部分：编程语言》中被定义为编程语言的公共元素。由于历史原因，各 PLC 厂家的编程软件不兼容其他厂家的 PLC 产品，同一种编程语言的程序所呈现的形式也不尽相同。为解决此问题，国际电工委员会制定了 IEC61131-3 标准期望改善此状况，PLCopen 组织（认证培训机构）正致力于此标准的推广。

1. 梯形图（LD）

梯形图是用图形符号在图中的相互关系来表示控制逻辑的编程语言。梯形图由电源轨线（母线）、连接元素、触点、线圈、函数和功能块等组成，通过连线将 PLC 指令的图形符号连接在一起，以表达所调用的 PLC 指令及其前后顺序关系，是目前最常用的 PLC 编程语言。

梯形图是一种图形化的编程语言，沿用了传统的电气控制原理图中的触点、线圈、串联和并联等术语和一些图形符号构成，左右的竖线称为电源轨线（母线），右母线可省略不画。

梯形图程序示例如图 2-54 所示。在 LD 程序中，最左边是主信号流，信号流总是从左向右流动的。

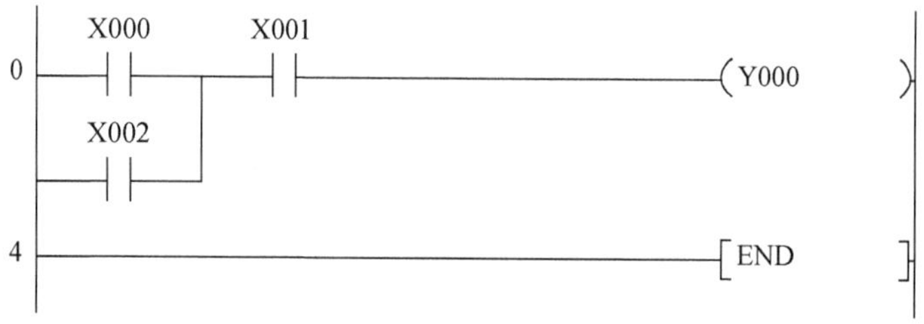

```
0 ──┤X000├──┤X001├──────────────(Y000)──
    │           │
    ├──┤X002├───┤
    │           │
4 ──────────────────────────────[END]
```

图 2-54　梯形图程序示例

2. 功能块图（FBD）

功能块图编程语言源于信号处理领域，是一种类似数字逻辑门电路的编程语言。该语言的基本图形元素用矩形框表示，矩形框左侧为输入，右侧为输出。各图形元素之间通过连接线连接以表示运算关系，图形元素的显示位置不影响其连接。功能块图常用于典型复杂算法控制，如 PID 调节等。功能块图程序示例如图 2-55 所示。

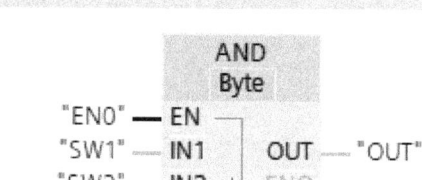

图 2-55　功能块图程序示例

3. 指令表（IL）

指令表编程语言以一系列指令作为编程语言，是一种类似于计算机汇编语言的一种文本编程语言，即用特定的助记符来表示某种逻辑运算关系。每个控制功能由一条或多条指令语句组成的程序来执行，语句是指令表的基本单元，语句常由标号（地址、步序）、操作符（修正符、助记符）、操作数等部分构成。一般由多条语句组成一个程序段，可以实现某些梯形图不易实现的功能。

指令表程序示例如图 2-56 所示。

```
0    LD    X000
1    OUT   Y000
2    END
```

图 2-56　指令表程序示例

4. 结构化文本（ST）

结构化文本编程语言是一种高级编程语言，派生于 PASCAL 编程语言。它不采用低层的面向机器的操作符,而是用高度压缩的方式提供大量抽象语句来描述复杂控制系统的功能。与梯形图等图形语言相比,易于实现复杂的数学运算,编写的程序非常简洁和紧凑,适合于自编专用的复杂程序,如特殊的模型算法。

ST 语言的程序由语句组成,语句由表达式和关键字等组成。结构化文本程序示例如图 2-57 所示。

```
IF A=0 THEN
    B=1;
ELSIF A=100 THEN
    B=0;
END_IF;
A:=A+B;
```

图 2-57　结构化文本程序示例

5.顺序功能图(SFC)

SFC 是采用文字叙述和图形符号相结合的方法描述顺序控制系统的过程、功能和特性的一种编程方法。

SFC 由步、转换、有向连线、动作等组成。一个步代表一种状况,由一个包含标识符形式的步名称的方块图表示。转换表示控制从一个或多个前驱步沿相应的有向连线转换到一个或多个后继步所依据的条件,转换由一根横跨垂直有向连线的水平线表示。动作可以是布尔变量、IL 语言的一组指令、SST 语言的一组语句、LD 语言的一组梯级、FBD 语言的一组网络或构成的顺序功能图。每步都应涉及零个或多个动作。顺序功能图程序示例如图 2-58 所示。

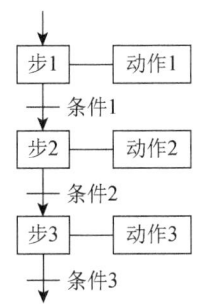

图 2-58　顺序功能图程序示例

三、PLC 的应用

在实际使用时,PLC 及其相关外围设备组成了可编程序控制器系统(常被称为 PLC 系统),其组成是一些由连接永久设施的电缆或插入部件,以及由连接便携式或可搬运外围设备的电缆或其他连接方式互连的单元。本小节以三菱 PLC 为例,介绍 PLC 在电机控制中的一些典型应用。

1. 电动机起保停控制

使用两个按钮实现电动机起保停控制是对于电机控制的基础应用。假设启动按钮接 PLC 的 X000 通道，停止按钮接 X001 通道，电机接触器接 Y000 通道。按下启动按钮后电机开始运转并保持运转，按下停止按钮后，电机停止运转。起保停控制梯形图程序如图 2-59 所示，当启动按钮按下后，X000 触点闭合（1 状态），停止按钮未被按下，则 X001 的常闭触点闭合状态，Y000 线圈得电（1 状态），电机接触器闭合，电机运转。当启动按钮释放后，由于 Y000 为 1 状态，X001 的常闭触点仍为闭合状态，Y000 线圈得电，电机保持运转。当停止按钮按下，X001 的常闭触点断开（0 状态），则 Y000 线圈失电，电机停止运转。图 2-60 所示为起保停控制指令表程序。

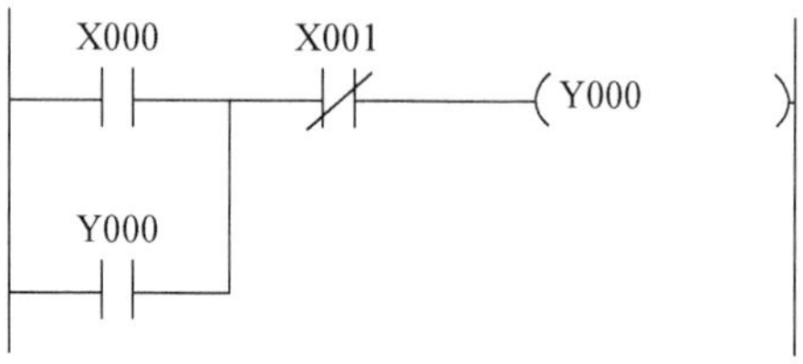

图 2-59 起保停控制梯形图程序

```
LD  X000
OR  Y000
ANI X001
OUT Y000
```

图 2-60 起保停控制指令表程序

2. 电机正反转控制（互锁控制）

电机的正反转控制也是常见的电机控制应用。假设正转按钮接 PLC 的 X000 通道，反转按钮接 X001 通道，停止按钮接 X002 通道，电机正转接触器接 Y000 通道，电机反转接触器接 Y001 通道。按下正转按钮后电机正转并保持运转，按下反转按钮后电机反转，按下停止按钮后，电机停止运转。正反转控制梯形图程序如图 2-61 所示，当正转钮按下后，X000 触点闭合（1 状态），反转按钮和停止按钮未被按下，则 X001 和 X002 的常闭触点为闭合状态，Y000 线圈得电（1 状态），电机正转接触器闭合，电机正转转动。当启动按钮释放后，由于 Y000 为 1 状态，X001 和 X002 的常闭触点仍为闭合状态，Y000 线圈得电，电机保持运转。当停止按钮按下，X002 的常闭触点断开（0 状态），则 Y000 线圈失电，电机停止运转。反转按钮按下时，X001 的常闭触点断开，则 Y000 线圈失电，电机停止正转，进行反转。由于电机正转时无法反转，反转时无法正转，因此也称为互锁控制。

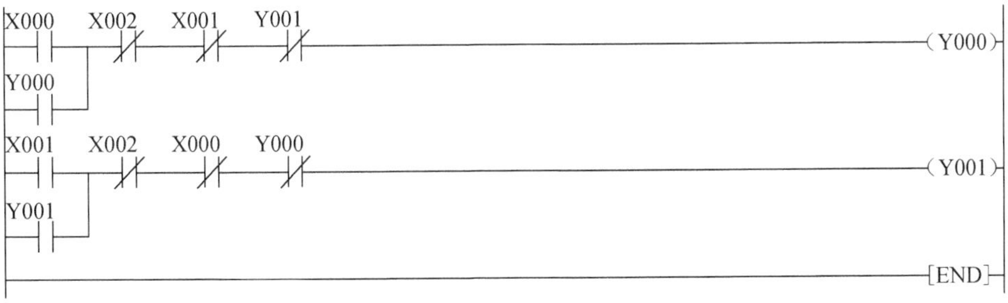

```
X000   X002   X001   Y001
 ┤├─┬──┤/├───┤/├───┤/├──────────────────────( Y000 )
Y000 │
 ┤├─┘
X001   X002   X000   Y000
 ┤├─┬──┤/├───┤/├───┤/├──────────────────────( Y001 )
Y001 │
 ┤├─┘
                                              [ END ]
```

图 2-61 正反转控制梯形图程序

3. 电机定时关断控制

电机的定时关断控制也是常见的电机控制应用。假设启动按钮接 PLC 的 X000 通道，停止按钮接 X001 通道，电机接触器接 Y000 通道。按下启动按钮后电机开始运转并保持运转，30 秒后或按下停止按钮后，电机停止运转。定时关断控制梯形图程序如图 2-62 所示，当起动按钮按下后，X000 触点闭合（1 状态），停止按钮未被按下，则 X001 的常闭触点为闭合状态，定时器 T0 的定时时间未到，则 T0 的常闭触点为闭合状态，Y000 线圈得电（1 状态），电机接触器闭合，电机运转，定时器 T0 开始计时。当启动按钮释放后，由于 Y000 为 1 状态，X001 的常闭触点仍为闭合状态，Y000 线圈得电，电机保持运转。当计时 30 秒到后，T0 的值为 1，T0 的常闭触点断开，则 Y000 线圈失电。计时期间，当停止按钮按下，X001 的常闭触点断开（0 状态），则 Y000 线圈失电，电机停止运转。

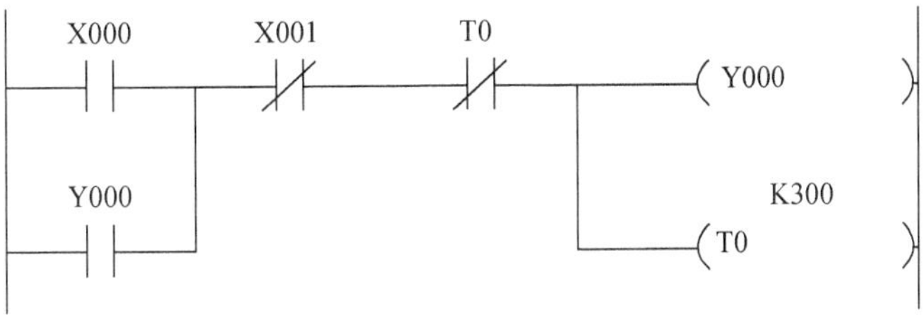

```
X000   X001   T0
 ┤├────┤/├───┤/├──────────( Y000 )
Y000
 ┤├─┘                        K300
                           ( T0 )
```

图 2-62 定时关断控制梯形图程序

第三章
包装印刷主要智能设备

第一节　智能立体仓库

仓储是物流链中的重要环节，传统的平面仓库在面临商品品种增多、库存量增大、订单数量增加等挑战时逐渐暴露出一系列问题，如仓储空间利用率低、搬运效率低、操作成本高等。为了解决这些问题，智能立体仓库应运而生，如图3-1所示。

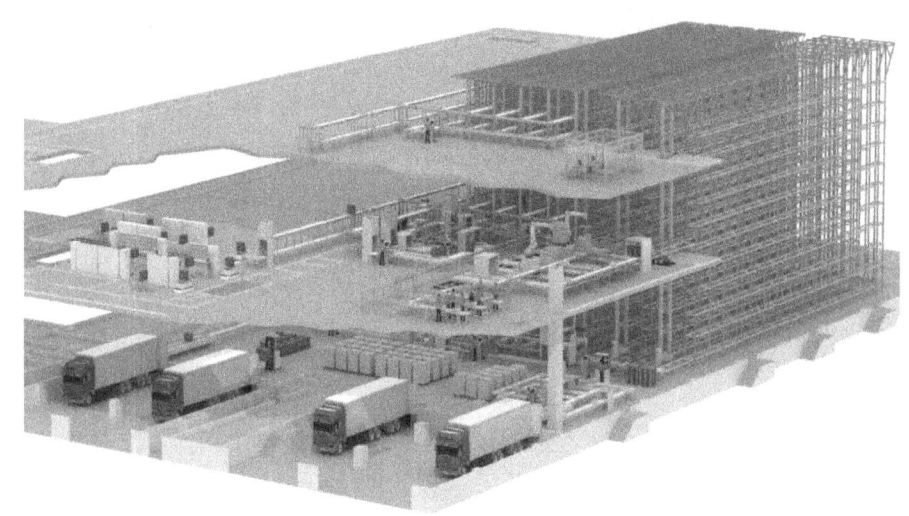

图3-1　智能立体仓库

1. 立体仓库的概念

立体仓库是一种高效、智能的仓储解决方案，其主要特点是通过垂直堆垛和高密度存储，最大限度地提高仓库空间利用率和搬运效率。立体仓库通过自动化技术和智能化系统，实现货物的自动存储和搬运，大大提高了仓库的运营效率和准确性。

立体仓库通过引入自动化垂直存储系统和智能搬运系统，将仓库的存储空间扩展至立体空间。具体来说，立体仓库可以采用高架货架、自动堆垛机、输送线等设备，实现货物的垂直堆垛和搬运。这样一来，仓库的存储密度得到显著提高，仓库内部的垂直空间可以得到充分利用。

在立体仓库中，货物的存储和取放主要由自动化设备和智能搬运系统完成。机器人、自动导引车、无人叉车等智能搬运设备可以按照预先设定的程序和算法，自动完成货物的存储、取放和搬运任务。不仅无须人工搬运，而且货物的存取速度也得到了显著提升，大大提高了搬运效率。

2. 立体仓库的优势

①空间利用率高；

②搬运效率高；

③降低操作成本；

④提高货物安全性。

3. 立体仓库的技术特点

①自动化技术

自动化技术是立体仓库的核心特点之一。立体仓库引入自动化存储和搬运系统，如自动堆垛机、机器人搬运等，实现货物的自动化存储和调度。这些自动化设备通过预先设定的程序和算法，能够帮助企业高效地完成仓储和搬运任务。

②智能化系统

立体仓库利用智能化系统对仓库内部进行智能化管理和控制。通过物联网技术、传感器和数据分析，立体仓库可以实时监测货物状态、库存情况、设备运行状况等信息，实现对仓库运营的智能化调度和管理。

③数据化管理

立体仓库采集大量的仓储数据，包括货物信息、设备状态、工作流程等，通过数据分析和挖掘，可以优化仓库的运营管理。数据化管理不仅有助于提高搬运效率和空间利用率，还可以预测库存需求、优化库存策略，为物流运营提供决策支持。

④联网通信

立体仓库的设备和系统之间通过网络进行联网通信，实现信息的实时传输和交互。联网通信使得立体仓库能够实现智能化的调度和控制，同时也有助于实现与其他物流环节的无缝衔接，提高整体物流效率。

一、智能立体仓库的硬件组成

将详细探讨智能立体仓库的硬件组成，包括输送设备、轨道系统、货架系统、传感器、控制系统、数据管理系统、安全系统以及人机交互界面等。

1. 输送设备

输送设备是智能立体仓库中非常重要的一部分，它用于将货物从生产线或其他地方转运到仓库，以及将货物从仓库送往目的地，如图3-2所示。常见的输送设备包括传送带、滚筒输送机。

①传送带：传送带是一种连续的运输设备，通常由带式结构组成，能够将货物从一个地方传送到另一个地方。在智能立体仓库中，传送带可用于将货物从生产线输送到仓库的入口，或将货物从仓库的出口输送到分拣区域或发货区域。

图 3-2　输送设备

②滚筒输送机：滚筒输送机是一种采用滚筒滚轮来传送货物的设备，它可以在仓库内部实现货物的快速运输。在智能立体仓库中，滚筒输送机常常用于连接不同区域，以便实现货物的高效搬运。

2. 轨道系统

轨道系统是指引自动导引车在仓库内准确地行驶的基础设施，它可以是地面导轨或磁带导引系统。

①地面导轨：是在仓库内铺设的导轨，类似火车轨道。自动导引车的底盘上通常配备了与地面导轨相匹配的导轨轮，自动导引车能够沿着导轨准确地行驶。

②磁带导引系统：是在仓库地面上铺设的磁带，自动导引车通过感知磁带的位置和方向来实现导航。磁带可以根据仓库布局进行调整，较为灵活便利。

轨道系统为自动导引车提供了准确的导航，使其能够在仓库内高效地运输货物，从而优化了仓库的物流流程。

3. 货架系统

货架系统是用于存放货物的支架结构，它是智能立体仓库的重要组成部分，能够实现高效、有序的货物存储，如图 3-3 所示。

图 3-3　货架系统

①货架类型：货架可以分为多种类型，包括重型货架、中型货架、轻型货架、流利式货架等。不同类型的货架适用不同种类和重量的货物。

②货架结构：货架结构通常由立柱、横梁和横撑组成，三者形成一个稳定的支撑框架。货架的结构设计需要考虑承重能力、稳定性以及便于堆垛机或自动导引车的抓取等因素。

③货架管理：智能立体仓库通常配备有货架管理系统，能够记录和管理货物在货架上的位置，实现货物的快速检索和存储。

货架系统是智能立体仓库的重要组成部分，它能够使得仓库内的运作更加高效和规范。

4. 传感器

智能立体仓库中的传感器用于监测仓库内的环境和货物状态，如货物的位置、温度、湿度、重量等信息。这些传感器为仓库的自动化和智能化运作提供了关键的数据支持。传感器的数据反馈能够实时地反映仓库内部的状态，帮助控制系统做出智能决策和优化运作。

5. 控制系统

智能立体仓库依赖强大的控制系统来协调各个设备的运行和任务分配，以确保仓库的高效运作。

①仓库控制系统：是整个智能立体仓库的核心控制中心，它负责监控仓库的运作状态、货物库存情况、设备状态等。通过实时的数据反馈，控制系统做出智能决策，优化货物的存储和搬运流程。

②数据通信系统：智能立体仓库的各个设备和系统通常通过数据通信网络相互连接，以实现数据的传递和交换。这些数据通信系统可以是有线的或无线的。

控制系统是智能立体仓库的大脑，它通过智能化算法和实时数据反馈，实现仓库内设备的协调和任务的分配，从而优化仓库的运作效率和精确度。

6. 数据管理系统

数据管理系统是智能立体仓库的重要组成部分，它用于记录和分析仓库内货物的信息、库存水平、运行状态等数据，从而进行库存管理和优化仓库运作的决策。

①数据采集：数据管理系统负责收集来自各个设备和传感器的数据，如货物位置、仓库温度、仓库湿度、货架库存等。

②数据存储：数据管理系统将采集到的数据进行存储和管理，通常使用数据库或云存储来实现大规模数据的存储。

③数据分析：数据管理系统可以对收集到的数据进行分析和处理，以提取有用的信息和统计指标，如货物流动分析、库存周转率等。

④决策支持：基于数据分析的结果，数据管理系统能够提供决策支持，帮助仓库管理者做出合理的库存管理和运作优化决策。

数据管理系统在智能立体仓库中扮演着重要的角色,它能够帮助仓库管理者实时了解仓库的运作状态,并根据数据分析做出科学决策,提高仓库运作效率。

7. 安全系统

安全系统可以确保智能立体仓库安全运行,预防事故发生,并保护仓库内的人员和设备安全。

①安全传感器:安全传感器用于监测仓库内的安全状态,如监测危险区域、防止与人员或其他设备碰撞等。

②报警装置:安全系统配备有报警装置,一旦发现异常情况,如火灾、气体泄漏等,系统能够及时发出警报,提醒人员采取相应的紧急措施。

③紧急停机机制:智能立体仓库中的设备通常配备有紧急停机按钮,以便在紧急情况下迅速停止设备的运行,保障人员和货物的安全。

④安全规程和培训:安全系统还包括设定安全规程和进行员工培训,以确保所有员工能够正确操作设备,遵守安全操作规程,降低事故风险。

⑤安全系统是智能立体仓库不可或缺的一部分,它能够为立体仓库提供全方位的安全保障,保护仓库内的人员和设备安全。

8. 人机交互界面

人机交互界面是用于操作员和管理人员与智能立体仓库系统之间进行交互和监控管理的重要设备,如图3-4所示。

图3-4 人机交互界面

①计算机界面:操作员和管理人员通过计算机界面来与智能立体仓库系统进行交

互。计算机界面可以是 PC 端软件，也可以是 Web 应用程序，它能够实现对仓库运作状态、任务分配、库存管理等信息的实时监控。

②触摸屏显示：有些智能立体仓库设备也配备有触摸屏显示，以方便操作员在仓库现场直接进行设备控制和任务指派。

③报警系统：人机交互界面通常也会显示来自安全系统的报警信息，以及其他异常状态的警示信息，帮助操作员快速响应和处理。

人机交互界面是智能立体仓库中的重要环节，它能够实现对仓库运作的实时监控和控制，为仓库管理者提供决策依据。

智能立体仓库的硬件设备和系统相互协作，实现了仓库的自动化和智能化运作，从而提高物流效率、降低运营成本，并为仓库管理者提供了实时的监控和决策支持。智能立体仓库的发展将继续助推物流行业的进步，为企业提供更高效、安全的物流解决方案。

二、智能立体仓库的检测系统

智能立体仓库的检测系统是仓库运作的重要组成部分，它使用先进的传感器和检测技术，监测仓库内的环境、设备状态和货物信息，以确保仓库的高效运作和安全性。在本节中，将详细探讨智能立体仓库的检测系统，包括传感器技术、环境检测、设备状态检测、货物定位检测、安全检测等方面。

1. 传感器技术

传感器是智能立体仓库检测系统的基础，它用于感知和采集仓库内部各种信息。传感器技术的发展为智能立体仓库的检测系统提供了更多的选择和可能性。以下是一些常用的传感器技术。

①激光传感器：广泛应用于智能立体仓库中的导航和定位。自动导引车和堆垛机通常配备激光传感器，通过测量激光的反射时间来计算距离和位置，从而实现准确的导航和货物定位。

②视觉传感器：采用摄像头和图像处理技术，能够获取仓库内的图像信息。视觉传感器在仓库中用于识别货物的位置、形状和状态，以及监测设备和货架的状态。

③超声波传感器：通过测量声波的反射时间来检测物体的距离，广泛用于避障和距离测量。在智能立体仓库中，超声波传感器常用于自动导引车和堆垛机的避障和定位。

④红外线传感器：通过测量红外线的反射和吸收来检测物体的存在和位置。它在智能立体仓库中用于检测货物的到达和离开，以及设备的位置和状态。

⑤温湿度传感器：用于监测仓库内的温度和湿度水平，以确保货物的质量和安全。

传感器技术的不断发展使得智能立体仓库的检测系统更加智能化和精确化，从而提高了仓库的运作效率和精确度。

2. 环境检测

智能立体仓库的环境检测是指对仓库内的环境参数进行监测和控制，以确保仓库内的环境符合要求，保障货物的质量和安全。

①温度检测：温度对于货物的存储和运输至关重要。环境检测系统可以配备温度传感器，帮助管理者实时监测仓库内的温度，并根据设定的温度范围进行报警或调整。

②湿度检测：湿度是另一个影响货物质量的重要因素。环境检测系统可以配备湿度传感器，监测仓库内的湿度水平，如有问题及时采取调整措施。

③空气质量检测：空气中的气体和颗粒物对于货物和员工的健康安全都有影响。环境检测系统可以配备气体传感器和颗粒物传感器，实时监测仓库内的空气质量，并报警或采取措施进行净化。

④光照检测：光照水平对于某些货物的存储和检测要求有影响。环境检测系统可以配备光照传感器，监测仓库内的光照水平，并根据需要进行调整。

通过环境检测系统，智能立体仓库能够实时监测仓库内的环境参数，并采取措施保障环境符合货物的要求，保障货物的质量和安全。

3. 设备状态检测

智能立体仓库的设备状态检测是指对仓库内的设备进行监测和诊断，以确保设备的正常运转和故障及时处理。

输送设备状态检测：输送设备在仓库内扮演着重要角色，它的状态对于货物的流动和运输至关重要。检测系统可以监测传送带、滚筒输送机等设备的运行状态和故障情况，及时处理问题，保证货物的高效搬运。

设备状态检测系统通过实时监测设备的运行状态，能够及时发现和处理设备故障，保障智能立体仓库的高效和安全运作。

4. 货物定位检测

货物定位检测是指对仓库内货物的位置进行监测和识别，以确保货物能够准确地存储和取出。

① RFID 技术：是一种非接触式识别技术，通过无线射频信号来识别标签上的信息。在智能立体仓库中，货物通常配备 RFID 标签，堆垛机和自动导引车上搭载 RFID 读取器，以实现货物的定位和跟踪。

②条码识别：货物上贴有条形码，通过条码扫描器进行扫描和识别，实现货物的定位和跟踪。条码识别通常用于仓库的货物存储和出库过程中。

③视觉识别：视觉传感器和图像处理技术能够对货物进行视觉识别，识别货物的特征和位置，从而实现货物的定位和存储。

货物定位检测系统能够准确地识别货物的位置，帮助自动导引车和堆垛机进行货物的准确存取,提高仓库运作效率。

5. 安全检测

安全检测是智能立体仓库检测系统中至关重要的一环,它负责监测仓库内的安全状态,以确保人员和设备的安全。

①避障系统:智能立体仓库的自动导引车和堆垛机通常配备有避障系统,使用超声波、激光等传感器来监测周围的障碍物,以避免与其碰撞。

②安全区域检测:智能立体仓库中会设置一些安全区域,如员工工作区域或危险区域。安全检测系统可以监测员工进入这些区域,并采取措施防止事故发生。

③紧急停机机制:智能立体仓库的设备通常配备有紧急停机按钮,一旦发生紧急情况,操作员可以立即停止设备运行,保障仓库和人员安全。

④安全报警系统:安全检测系统可以监测设备和环境的异常情况,并及时发出报警,提醒操作员采取相应措施。

智能立体仓库的检测系统通过实时监测和数据反馈,确保仓库的高效运作、货物的安全存储和人员的安全工作环境。随着科技的不断进步,智能立体仓库的检测系统将变得越来越智能化、精确化,为仓库运作提供更多的便利和保障。

三、智能立体仓库的控制系统

智能立体仓库的控制系统是现代智能物流系统的重要组成部分,它是整个仓库自动化运作的核心。智能立体仓库的控制系统使用计算机控制和软件编程,以实现仓库内设备的智能化运作和自动化控制。控制系统负责管理和协调仓库内的设备、货物和信息流动,实现高效的货物存储和搬运。下面将详细介绍智能立体仓库的控制系统,包括其功能和工作原理。

1. 智能立体仓库控制系统的功能

智能立体仓库的控制系统拥有多种功能,其主要目标是实现智能化、自动化和高效化的仓库运作。下面是智能立体仓库控制系统的主要功能。

①任务调度和协调:控制系统负责监控仓库内的任务需求,根据仓库运营计划和货物需求,将任务分配给相应的设备。例如,根据货物存取的顺序和紧急程度,将货物搬运任务分配给自动导引车辆自动导引车或堆垛机。同时,控制系统会对任务执行情况进行实时监控和调整,以确保任务的顺利执行。

②路径规划和导航:智能立体仓库内的设备需要在狭小的空间中进行导航和运动,因此路径规划和导航是控制系统的重要功能。控制系统通过集成导航传感器和地图信息,为设备规划最优路径,避开障碍物,并确保设备的安全和高效运作。

③数据收集与分析:控制系统会实时收集仓库内的各种数据,包括设备状态、货物位置、库存情况等。通过数据分析,控制系统能够了解仓库的运营状况,优化设备调度和任务分配,提高仓库运作效率。

④设备控制与协作：控制系统负责对智能立体仓库内的设备进行控制和协作。例如，对自动导引车的速度和运动进行控制，确保自动导引车在运输货物时平稳、高效地行驶。同时，控制系统会与堆垛机等设备进行协作，确保货物准确地取放在指定的位置。

⑤货物定位和追踪：仓库内的货物通常需要进行定位和追踪，以便快速找到和取出。控制系统通过使用RFID技术、条码识别等手段，实现对货物位置的定位和追踪。

⑥环境监控与安全保障：智能立体仓库内的环境监控和安全保障是控制系统的重要任务。系统会监测仓库内的温度、湿度、气体浓度等环境参数，确保货物的安全储存。同时，控制系统还配备安全传感器和紧急停机机制以及报警装置，确保仓库内的安全运作。

⑦通信与数据交互：智能立体仓库内的设备和系统之间需要进行数据交互和通信，以实现协作运作和信息共享。控制系统负责建立数据通信网络，并确保设备之间的及时沟通和信息传递。

2. 智能立体仓库控制系统的工作原理

智能立体仓库的控制系统运用了先进的计算机科技和控制理论，其工作原理涉及多个方面，下面是其主要工作原理。

①数据采集和感知：智能立体仓库的控制系统通过多种传感器（如激光传感器、视觉传感器、超声波传感器等）对仓库内的环境和设备进行感知和数据采集。传感器感知到的数据包括设备状态、货物位置、环境参数等。

②数据处理和决策：控制系统通过计算机算法和软件编程，对采集到的数据进行处理和分析。系统根据仓库运营计划和任务需求，进行任务调度和路径规划，并做出合理的决策。

③任务分配和设备控制：控制系统根据任务调度和路径规划的结果，将任务分配给相应的设备，并进行设备控制。例如，将货物搬运任务分配给最近的自动导引车或堆垛机，并控制其运动和动作。

④货物定位和追踪：货物在仓库内通常配备有RFID标签或条码，控制系统利用相应的识别技术，对货物进行定位和追踪。系统可以准确找到货物位置，并指导设备将货物取出或存放。

⑤环境监控和安全保障：控制系统通过环境传感器实时监控仓库内的温度、湿度、气体浓度等参数，确保环境的安全和货物的质量。同时，系统配备安全传感器和紧急停机装置，保障仓库运作安全。

⑥数据交互和通信：控制系统建立设备之间的数据通信网络，实现设备之间的信息交换和共享。控制系统还与仓库管理系统和其他管理系统进行数据交互，以实现信息的全面管理和协作运作。

3. 智能立体仓库控制系统的关键技术

智能立体仓库的控制系统涉及多种先进的技术,下面是其中一些关键技术。

①自动导航技术:是实现自动导引车自主导航的关键。通过激光传感器、视觉传感器等设备,自动导引车能够感知周围环境,根据导航算法规划路径,并进行自主导航和避障。

②数据处理和决策算法:控制系统的数据处理和决策算法是实现任务调度和设备控制的核心。通过对采集到的数据进行处理和分析,系统能够做出合理的决策,实现任务的高效执行。

③RFID 和条码识别技术:货物定位和追踪是智能立体仓库的重要功能,而 RFID 技术和条码识别技术能够实现货物的准确定位和追踪。

④数据通信和网络技术:智能立体仓库内的设备和系统之间需要进行数据交互和通信,数据通信和网络技术是实现设备间协作和信息共享的基础。

⑤安全传感器和紧急停机机制:智能立体仓库的安全保障是控制系统的重要任务,安全传感器和紧急停机机制能够及时发现设备或环境的异常,保障仓库的安全运作。

四、智能立体仓库逻辑关系

立体仓库是现代物流仓储的重要组成部分,通过自动化和智能化技术,能够高效地进行产品及材料的分类、进仓和出仓等操作。下面详细探讨立体仓库进行产品及材料分类的逻辑关系、进仓出仓的逻辑关系,以及相应的软件系统如何支持完成立体仓库的运转。

1. 立体仓库产品及材料分类的逻辑关系

立体仓库在产品及材料分类方面,通常采取一系列逻辑关系,以确保仓库内的物品得到合理的摆放和管理。

①属性分类:立体仓库通常根据产品或材料的共同属性对其进行分类。这可以包括产品的类型、用途、规格、生产厂家等。属性分类能够使得同类产品或材料聚集在一起,方便快速查找和取用。

②尺寸与重量分类:产品及材料的尺寸和重量是仓库存储的重要考虑因素。通常会将相似尺寸和重量的物品放在同一区域,以充分利用仓库空间,并确保搬运和存储的安全性。

③时效性分类:对于具有时效性的产品,如食品、医药品等,仓库会根据生产日期或有效期进行分类。这样可以优先使用较早生产的产品,确保遵循先进先出原则,避免过期或变质问题。

④批次分类:对于同一批次生产的产品及材料,立体仓库可能会单独分类存储。这样做有助于保持批次的完整性,便于跟踪产品质量和进行召回等操作。

⑤货架布局设计：立体仓库在货架的设置和布局上也要考虑分类逻辑。将同类产品放在相邻货架或区域，能够提高取货效率，减少搬运时间。

⑥智能化辅助：现代立体仓库还会结合智能化技术，如视觉识别、人工智能等，对产品及材料进行自动分类和标记，提高仓库管理的智能化水平。

2. 立体仓库进仓出仓的逻辑关系

立体仓库的进仓和出仓是其运转的核心过程，其逻辑关系如下。

（1）进仓流程

①到货验收：当产品及材料到达仓库时，需要进行验收，确认其与订单信息是否一致，检查货物的完好性和数量准确性。

②入库登记：经过验收后，将产品及材料的相关信息输入仓库管理系统中，完成入库登记。这一步包括对产品属性的分类标记，以便后续的存储和取用。

③存储过程：根据产品分类和属性，将货物放置到相应的货架或储存区域。立体仓库通常配备自动化搬运设备，能够实现自动存储，提高效率和降低错误率。

（2）出仓流程

①订单生成：当有订单或需求时，仓库管理系统将生成相应的出仓任务。订单通常包含取货位置、产品及材料的数量和属性等信息。

②仓库拣货：根据订单信息，仓库系统会优化拣货路径，并将拣货任务分配给自动化搬运设备或仓库工作人员。自动化搬运设备会自动前往相应位置取货，而工作人员则会根据系统指引完成手工拣货。

③出库登记：在完成拣货后，产品及材料出库登记，更新库存信息，并通知相关部门或系统，以完成后续的物流配送或生产流程。

3. 软件系统支持立体仓库运转

立体仓库的运转离不开先进的软件系统支持，以下是一些关键的软件系统及其功能。

①库存管理系统：库存管理系统是立体仓库运转的核心，它能够实时监控产品及材料的入库和出库情况，记录库存变化，确保库存数据的准确性。该系统还能自动化地进行产品分类和标记，优化存储布局，提高存储效率。

② WMS（仓库管理系统）：WMS 是专门针对仓库管理而设计的软件系统。它能够协调仓库内各项任务，包括订单管理、库存跟踪、拣货路径优化、自动化搬运设备的控制等。WMS 系统的使用可以提高仓库运作的效率和准确性。

③ ERP 系统：本系统集成了企业内部的各个部门，包括仓库管理部门。它能够跟踪和管理仓库的物流和库存信息，与销售、采购等其他部门实现数据交互和共享，提高企业整体的运营效率。

④智能辅助系统：立体仓库还可以结合人工智能、物联网等智能化技术，进行视觉识别、机器学习等应用，提高仓库的自动化水平和智能化程度。例如，利用视觉识

别技术，可以自动对产品进行分类和标记。

⑤路径优化系统：立体仓库通常配备自动化搬运设备，如自动导引车等。路径优化系统能够规划和优化这些自动化设备的移动路径，以最小化运输时间，提高搬运效率。

⑥数据分析与优化：软件系统还能通过对仓库数据的分析，找出潜在的瓶颈和优化点。通过监控仓库的运作情况和库存变化，系统可以为仓库管理人员提供数据支持，进行决策和改进。

立体仓库进行产品及材料分类的逻辑关系、进仓出仓的逻辑关系，以及相应的软件系统支持，都是实现仓库高效运转和物流管理的重要因素。通过合理的分类和自动化技术支持，立体仓库能够提高库存管理的准确性和效率，为企业的生产和销售提供有力的支持。同时，随着科技的不断发展，立体仓库的运转将会越来越智能化和自动化，进一步提高物流仓储的水平。

五、智能立体仓库和企业资源计划系统

智能立体仓库和企业信息化管理系统的企业资源计划之间的衔接是现代物流管理的重要一环。通过有效的 ERP 衔接，企业可以实现智能立体仓库与其他业务系统之间的数据共享、信息流通和业务流程协同，从而提高仓储和物流的效率，优化资源配置，降低成本，提升企业整体竞争力。下面将详细探讨智能立体仓库和企业信息化管理系统的 ERP 衔接的关键要点和实现方式。

1. ERP 系统

ERP 系统是一套集成的软件系统，涵盖了企业各个功能部门的业务流程，包括销售、采购、生产、人力资源、财务等。ERP 系统能够实现企业内部各个业务模块之间的信息共享和数据交流，使得企业管理者能够更加高效地进行管理和决策。

ERP 衔接的重要性：智能立体仓库和 ERP 系统是企业物流和生产的关键组成部分。它们之间的有效衔接能够实现物流和仓储信息与企业其他业务数据的无缝对接，从而提高物流运作的透明度、准确性和效率。通过 ERP 衔接，企业能够更好地进行物流规划、库存控制、供应链协同等方面的决策和优化。

2. 智能立体仓库和 ERP 系统的衔接要点

（1）数据接口和数据同步

智能立体仓库和 ERP 系统需要建立数据接口，确保数据的实时同步和一致性。这要求两个系统能够兼容数据格式和交换协议，能够实现数据的双向传输。数据同步可以通过 API（应用程序接口）、EDI（电子数据交换）等方式实现。

（2）共享基本数据

智能立体仓库和 ERP 系统之间需要共享基本数据，包括产品信息、供应商信息、客户信息等。这些数据是仓库和业务之间信息交流的基础。通过实现数据的共享，能

够确保仓库和业务数据的一致性，避免信息的冗余和错误。

（3）订单管理

订单是智能立体仓库和ERP系统之间最关键的衔接点。当ERP系统生成销售订单或采购订单时，智能立体仓库应能够及时获取这些订单信息，并根据订单要求进行相应的库存管理和拣货操作。同时，仓库执行出仓操作后，需要将出仓信息反馈给ERP系统，以便业务部门能够及时跟踪订单的执行情况。

（4）库存管理

智能立体仓库负责库存的实际管理，而ERP系统需要及时了解库存的变化情况。因此，智能立体仓库应提供库存信息的实时更新，以便ERP系统能够准确地进行销售预测、库存优化和采购计划。

（5）计划与调度

ERP系统通常负责生产计划和物流调度，而智能立体仓库需要根据这些计划和调度进行相应的货物存储和出仓操作。因此，两个系统之间应建立有效的计划与调度的信息交换机制。通过实现计划与调度信息的共享，可以提高仓库的运作效率和资源利用率。

（6）系统集成和安全性

智能立体仓库和ERP系统的集成需要保证数据的安全和权限控制。通过合理设置数据访问权限和加密措施，确保只有合适的人员可以访问和操作相关数据，防止信息泄露和数据损坏。

3. 智能立体仓库和ERP系统衔接的实现方式

（1）采用标准接口和数据格式

智能立体仓库和ERP系统应采用标准接口和数据格式，以便实现数据的无缝衔接。企业可以选择通用的行业标准接口，如XML、JSON等，也可以根据实际需要制定专用的数据接口协议。

（2）引入中间件和集成平台

对于复杂的系统集成，企业可以考虑引入中间件和集成平台。中间件可以作为两个系统之间的数据转换和交换平台，实现数据的实时同步。集成平台则能够对系统之间的数据流进行可视化管理和监控，方便故障排查和维护。

（3）采用云端解决方案

企业可以考虑采用云端解决方案，将智能立体仓库和ERP系统部署在云端，并利用云服务商提供的API和数据接口，实现系统之间的衔接。云端解决方案具有灵活性和可伸缩性，能够满足企业不断变化的业务需求。

（4）数据同步与定时更新

智能立体仓库和ERP系统的数据同步可以通过实时更新或定时更新来实现。实时同步能够保证数据的及时性和准确性，但可能对系统性能产生影响。而定时更新则可以在业务高峰期外进行,降低系统负载。

(5) 进行系统集成测试

在实施智能立体仓库和 ERP 系统的衔接之前,企业应进行充分的系统集成测试。测试阶段可以检验数据接口的稳定性和数据同步的准确性,以确保两个系统之间能够正常衔接。

第二节　自动导向搬运车

一、AGV 结构组成

AGV 意即为"自动导引运输小车",是一种无须人员干预且能够承载一定货物并根据系统规划的路线行驶的智能搬运机器人。AGV 不仅能够实现定位、避障、导航的功能,且具有自我保护装置,是智能物流系统中应用最广泛的一种机器人,它的设计和发展受到各个行业的广泛关注。

以往传统的仓储车间的运输体系是需要大量的人力进行搬运,这种形式造成了低产能和高成本,引入了 AGV 后,替代了车间中的人工搬运,实现了货物智能高效的运输,节省了人力和物力,达到节约成本的目的。同时,AGV 还可以帮助采集数据和收集环境信息等。目前,国内在制造业、仓储业、邮局、港口、机场、烟草、医药、食品、化工、核材料、感光材料特种行业等领域都引入了 AGV。

AGV 主要包括车体、定位导引装置、控制系统、信息通信系统、电源及自身保护装置等。所有的 AGV 在关键部分组成并无大的差别,但是为了适应不同环境的需求,组成会稍有差异。下面分别介绍一下各个组成部分。

(1) 车体

根据作业环境和需承载货物重量的不同,对 AGV 车体结构的要求也不同。车身一般包括底盘、车架、轮胎等。

(2) 定位导引装置

定位导引装置可以获取当前 AGV 的准确位置信息,指引 AGV 沿着系统规划好的路径行驶。目前,导引装置有多种:激光导引、电磁导引、光学导引、惯性导引、视觉导引、超声波导引等。

(3) 控制系统

AGV 拥有接收并处理设备传来数据信息的控制系统,以此来控制 AGV 的行驶路径,以及装卸操作。控制系统也能提供对 AGV 状态的实时监控,是 AGV 的核心组成部分。

(4) 信息通信系统

AGV 的信息通信系统一般包括集中式通信和分布式通信。集中式通信系统主要针对 AGV 与上位机之间的通信;分布式通信系统主要为 AGV 之间的信息交互,互联互通提供支持。

（5）电源及自身保护装置

AGV 中的能量来源一般都是依赖可充电的电池。为了保护 AGV，减少维修成本，AGV 一般都有自我保护的功能，从而避免意外碰撞所造成的损失。

二、AGV 关键技术

AGV 主要包括两个主要技术：AGV 的导引（Guidance）和导航（Naviga-tion）技术、AGV 的路径规划（Layout designing）。

1.AGV 的导引和导航技术

AGV 的导引是指根据 AGV 导航所得到的位置信息，按 AGV 的路径所提供的目标值计算出 AGV 的实际控制命令值，即给出 AGV 的设定速度和转向角，这是 AGV 控制技术的关键。简单看来，AGV 的导引控制就是 AGV 轨迹跟踪。这对有线式的导引（电磁，磁带等导引方式）不会有太多的问题，但对无线式的导引（激光、惯性等导引方式）却不是一件容易的事。AGV 运行的路径轨迹如图 3-5 所示。

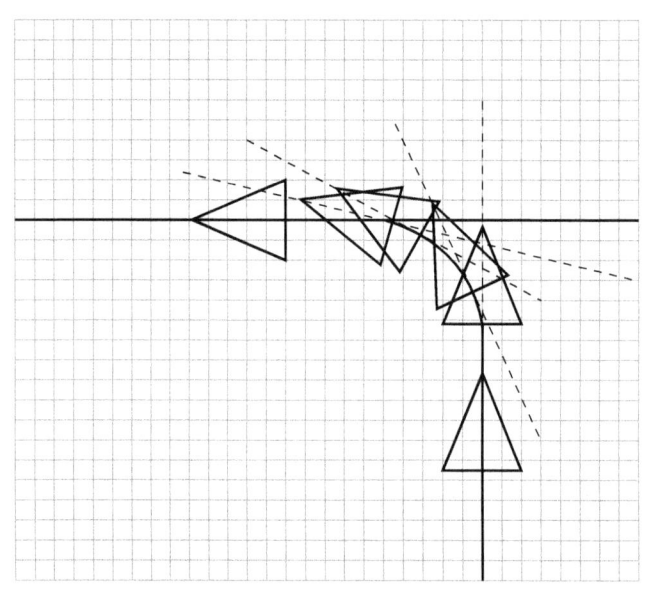

图 3-5　AGV 运行的路径轨迹

移动机器人的导航问题主要涉及三个问题："现在在何处？""要往何处去？""要如何去？"其中第一个问题是导航系统中的定位问题，确定移动机器人在工作环境中相对于全局坐标的位置及其本身的姿态；第二、第三个问题是导航系统的路径规划及跟踪。

研究导航是为了使机器在没有人为干预的情况下有目的地移动，并完成特定任务，因此物流系统的柔性取决于导引导航方式，在不同应用场合的系统中采用的导引导航方式也是多元化的。导引与导航是有差别的,导引是根据当前状态数据计算下一周期的运行参数,只需相对位置,与全局坐标无关,导航是指确定自身的位置及航向。

AGV 之所以能够实现无人驾驶,导引和导航对其起到了至关重要的作用,随着技术的发展,目前能够用于 AGV 的导引和导航技术主要有以下几种。

(1) 直接坐标导引(Cartesian Guidance)

直接坐标导引的原理是:首先把行驶区域用定位块分成若干个标准统一的坐标小区域;其次在行驶时统计经过的小区域的个数,以此来实现导引。常用的有两种形式:光电式和电磁式。前者是通过不同颜色来划分坐标小区域,然后用对颜色敏感的光电器件来计数;后者是用磁块或者金属块来划分坐标,然后使用对金属敏感的电磁感应器件来计数。

这种导引方式的优点是:路径修改简单,导引的可靠性好,不受环境背景的影响。缺点是:安装定位块复杂,导引定位完全由定位块的大小和个数决定,工作量大,精度较低。

(2) 电磁导引(Wire Guidance)

电磁导引是使用较多的导引方式之一,埋在地下的导线带有电磁频率,通过一个叫作"地面控制器"的设备打开或关闭导线中的频率,电磁导引靠感应产生的电磁频率引导沿着埋设的路线行驶。该导引方式技术成熟、经济可靠、引线隐蔽、不易污损和被破坏、导引原理简单而且便于通信、不受声光干扰;但灵活性差、对地面的平整度要求高,路径难以更改扩展。电磁导引如图 3-6 所示。

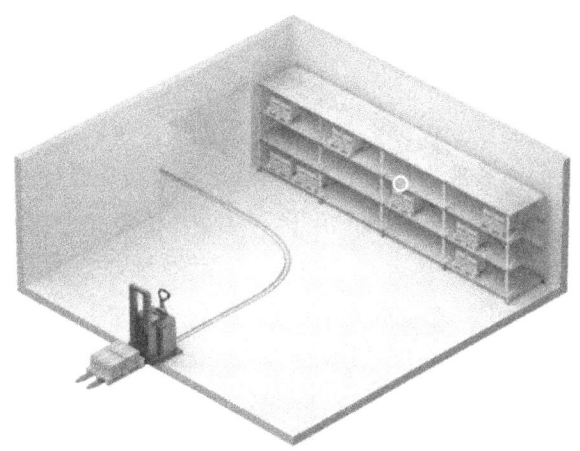

图 3-6 电磁导引

(3) 磁带导引(Magnetic Tape Guidance)

与电磁导引相近,用在路面上贴磁带替代在地面下埋设金属线,通过磁感应信号实现导引,其灵活性比较好,改变或扩充路径较容易,磁带铺设简单易行,但此导引方式易受环路周围金属物质的干扰，磁带易受机械损伤，因此导引的可靠性受外界影响较大。磁带导引如图3-7所示。

图3-7　磁带导引

（4）光学导引（Optical Guidance）

光学导引是根据单一光源传播过程不会改变的原理，在行驶路径上铺设一条反光率稳定的色带，同时在车上装配能发射和接收光源的光电传感器，通过实时比较发射与检测到的信号来调整车辆的运行方向。它的优点是导向线铺设费用较低，灵活性较好，但对色带的污染和机械磨损十分敏感，对环境要求过高，导引可靠性较差。

（5）激光导航（Laser Navigation）

激光导航是在AGV行驶路径的周围安装位置精确的激光反射板，AGV通过激光扫描器发射激光束，同时采集由反射板反射的激光束，来确定其当前的位置和航向，并通过连续的三角几何运算来实现AGV的导引。此项技术最大的优点是AGV定位精确、地面无须其他定位设施、行驶路径可灵活多变、能够适合多种现场环境，它是目前国外许多AGV生产厂家优先采用的先进导引方式；缺点是制造成本高，对环境要求较为苛刻（外界光线、地面状态、能见度要求等），不适合室外（尤其是易受雨、雪、雾等恶劣天气的影响）。激光导航如图3-8所示。

（6）惯性导航（Inertial Navigation）

惯性导航是在AGV上安装陀螺仪，在行驶区域的地面上安装定位块，AGV可通过对陀螺仪偏差信号（角速率）的计算及地面定位块信号的采集来确定自身的位置和航向，从而实现导引。此项技术在军方较早运用，其主要优点是技术先进，较之有线导引，地面处理工作量小，路径灵活性强。其缺点是制造成本较高，导引的精度和可靠性与陀螺仪的制造精度及其后续信号处理密切相关。

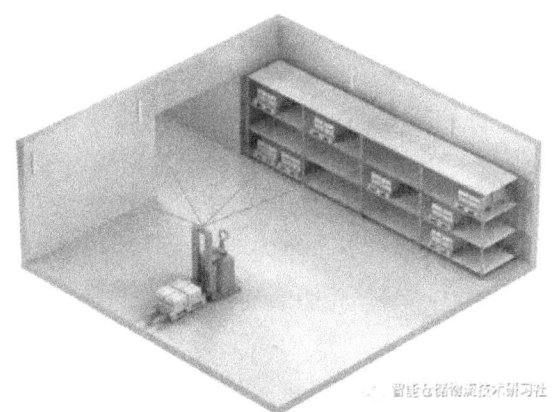

图 3-8 激光导航

（7）视觉导航（Visual Navigation）

对 AGV 行驶区域的环境进行图像识别，实现智能行驶，是一种具有巨大潜力的导引技术，此项技术已被少数国家的军方采用，将其应用到 AGV 上还只停留在研究中，目前还未出现采用此类技术的实用型 AGV。可以想象，图像识别技术与激光导引技术相结合将使 AGV 更加完美，如导引的精确性和可靠性，行驶的安全性，智能化的记忆识别等都将更加完美。

（8）GPS（全球定位系统）（Global Position System）导航

通过卫星对非固定路面系统中的控制对象进行跟踪和制导，目前此项技术还在发展和完善，通常用于室外远距离的跟踪和制导，其精度取决于卫星在空中的固定精度和数量，以及控制对象周围环境等因素。

对几种常用的导引方式做简单的比较如表 3-1 所示。

表 3-1 常用的导引方式

导引方式	固定/自由路径	定位精确度	系统柔性	应用局限性	采购成本
电磁导引	固定路径	较高	低	复杂路径不适用	较低
磁带导引	固定路径	较高	较高	易受环路周围金属物质的干扰、磁带易受机械损伤	较低
色带导引	固定路径	较低	较高	对色带的脏污和机械磨损十分敏感	较低
激光导航	自由路径	高	高	对环境光线、地面、设备反光面有要求，且反射板与AGV的激光扫描器之间不能有障碍物	较高
惯性导航	自由路径	高	较高	—	较高
视觉导航	自由路径	高	高	—	较高

2. AGV 的路径规划

一直以来,路径规划都是 AGV 技术中的最重要一环,在有障碍物的工作环境中或未知的领域里,寻找从当前位置到目标位置的最短有效路径,达到实现优化目标的目的。一般的优化目标是满足完成作业的总时间最短,完成目标任务时 AGV 行驶路径最短,或者完成任务时 AGV 的能源消耗最少等。

AGV 路径的分类:从空间的大小来看,AGV 路径可以分为全局路径和局部路径,根据在 AGV 作业过程中,环境是否会变化,可以分为静态路径规划和动态路径规划;根据 AGV 任务目标来分,可以分为功能型路径规划和行为性路径规划。AGV 路径规划在智能控制系统中具有重要作用,对于保证工作的安全性来说具有重要意义。为此,很多学者都对此进行孜孜不倦的探索,这也是机器人学中最新最热的内容之一。主要研究的是在障碍物的环境下,机器人如何寻找到目标,也就是选择合适的路径规划。下面介绍 AGV 路径规划较为重要的两种形态:静态路径规划以及动态路径规划。

(1) 静态路径规划

静态路径规划是假定在环境信息未被完全掌握的情况下,机器人是通过怎么样的路径感知环境,并且运用局部区域传播算法。因此,这种路径一般会在环境中仅存在静态已知障碍物的情况下被采用。但是要分析静态路径规划,需要解决的一个问题是在这种环境中什么样的路径才能够被认为是合理的。总而言之,能够使 AGV 系统实现控制的就是合理路径。合理的路径由路径的平滑程度决定,路径越趋于平缓,则 AGV 系统将会更容易实现。

(2) 动态路径规划

在动态复杂环境中的路径规划不同于静态路径规划。因为环境变化之后,很多信息无法被掌握,要保证最优性在这种情况下是无法实现的。在进行路径规划时,应当在安全性以及时间性之间进行衡量。在较为复杂的环境下,不管决定适用何种性能指标,都必须考虑目标吸引、动态安全性以及时间约束三个方面的内容。

三、AGV 路径规划算法

AGV 路径规划,是指在给定的地图环境中,为一辆车规划路径。这种路径规划算法不需要考虑其他 AGV 的干扰以及相互冲突问题。这是研究 AGV 路径规划算法的基础,在过去的几年里,科学家对该问题进行大量研究并提出了一系列路径规划算法,如 Dijkstra 算法、A -start 算法、图论法、Floyd 算法、蚁群算法、遗传算法等。简单介绍以下几种路径规划算法。

1. 图论法

在图论学中图主要由点和边构成,数学表示为 $G=(V, E)$,其中 V 表示顶点的集合,E 表示边的集合,每一条边的两边各有一个顶点,每个顶点可以连接多条边。图论学中把图分为有向图和无向图，有向图是指每两个点之间只能按照规定方向行驶，无向图则是可以双向行驶。深度优先搜索和广度优先搜索是图论学中的基本算法。

深度优先搜索是从起始节点开始，纵向对节点进行搜索。如果某层的节点不是所要求的节点，就对该节点的一个子节点继续进行搜索，直到纵向节点搜索结束，如果该纵向的节点不是所要求的节点，则开始对同层的相邻节点进行搜索，在没有找到最终节点之前执行相同搜索算法，直到找到目标节点。这种方法在求解时，如果目标节点在第一条搜索路径上，则求解比较快速，可是如果目标节点在最后一条搜索路径上，则只有在所有路径搜索结束后才会找到解，显然在路径搜索算法中一般不采用这种算法。

广度优先搜索是从一个初始节点开始，一层一层地横向对其子节点进行考察。当横向层所有节点搜索结束后，才对下一层进行搜索，直到找到最终节点。该种算法只要搜索的节点存在就可以找到最终的解，在该种路径搜索算法中寻找起点与终点所有路径之和，并进行比较，找出最短路径，所以在路径搜索中一般都采用这种方法。

2. Dijkstra 算法

（1）Dijkstra 算法的思想

经典 Dijkstra 算法是一种贪心算法，根据路径长度递增次序找到最短路径，通常用于解决单源最短路的问题。Dijkstra 算法的基本思想是：首先根据原有路径图，初始化源点到与其相邻节点的距离，选出与源点最短距离的节点进行松弛操作，即比较判断若经过该点，是否能找到比源点到其他点更短的距离，若有更短的距离则更新原有距离，直至遍历初始图中的所有节点。Dijkstra 算法可找出源点到初始图中所有点的最短距离，任意最短路径的子路径仍为最短路径。

Dijkstra 算法是以标号为基础的标签算法，设一个有向图由 n 个点和 e 条弧组成，该有向图可表示为 $G=(V, E)$，V 表示节点集，E 表示弧集，可用 $C(A, B)$ 来表示 A 和 B 点之间弧的长度，若在该有向图中 A 点和 B 点间不可达，则可用无穷大或者远大于 $C(A, B)$ 数量级的整数来表示。可设一个数组 DIST(X) 来表示节点 X 与原点 v0 之间的距离，S 和 $V-S$ 分别表示目前暂确定找到最短路径节点的集合与未确定最短路径节点集合，初始时 S 仅包含 v0 源点，算法结束时 S 应包含所有节点。

（2）Dijkstra 算法的步骤

Step 1. 初始化，将源点 v0 加入集合 S，并做标记；

Step 2. 在 $V-S$ 中寻找与 v0 有连接的点，并选择距离最短的点 i 做标记，将其加入 S 中；

Step 3. 将 i 作为新的起始点，在 $V-S$ 中寻找与 i 直接可达且距离最短的点 j，若 DIST[j]>DIST[i]+$C(i, j)$，意味着目前来看从源点到 j 的距离经过 i 点比直接从 v0 到 j 要短，所以将 DIST[j] 更新为 DIST[i]+$C(i, j)$，并将 j 点加入 S 集合；

Step 4. 重复 Step 2.、Step 3. 步骤 $n-1$ 次，可找到源点 v0 到所有点的最短距离；

Step 5. 依次输出源点、中间点、目标点连成路径。

如图 3-9 所示，从顶点 v1 到其他各个顶点的最短路径。

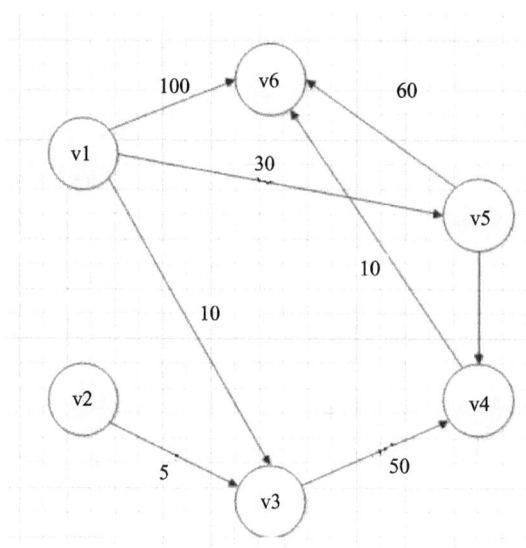

图 3-9　Dijkstra 算法

首先我们先声明一个 dis 数组，该数组初始化的值为：

顶点集 T 的初始化为：T={v1}

求 v1 顶点到其余各个顶点的最短路程，先找离该顶点最近的顶点。通过数组 dis 可知当前离 v1 顶点最近是 v3 顶点。当选择了 2 号顶点后，dis[2]（下标从 0 开始）的值就已经从"估计值"变为了"确定值"，即 v1 顶点到 v3 顶点的最短路程就是当前 dis[2] 值。将 v3 加入 T 中。根据这个新入的顶点 v3 会有出度，发现以 v3 为弧尾的有：<v3，v4>，那么我们看看路径：v1-v3-v4 的长度是否比 v1-v4 短，因为 dis[3] 代表的就是 v1-v4 的长度为无穷大，而 v1-v3-v4 的长度为：10+50=60，所以更新 dis[3] 的值，得到如图 3-10 的结果。

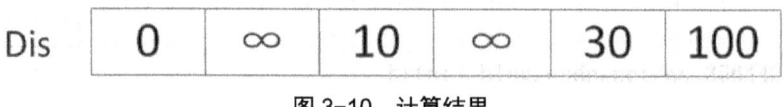

图 3-10　计算结果

然后，从除 dis[2] 和 dis[0] 外的其他值中寻找最小值，发现 dis[4] 的值最小，通过之前解释的原理，可以知道 v1 到 v5 的最短距离就是 dis[4] 的值，然后，我们把 v5 加入集合 T 中，考虑 v5 的出度是否会影响数组 dis 的值，v5 有两条出度：<v5，v4> 和 <v5，v6>，然后我们发现：v1-v5-v4 的长度为 50，而 dis[3] 的值为 60，所以要更新 dis[3] 的值。

另外，v1-v5-v6 的长度为 90，而 dis[5] 为 100，所以需要更新 dis[5] 的值。更新后的 dis 数组如图 3-11 所示。

Dis	0	∞	10	50	30	90

图 3-11　更新后的 dis 数组

继续从 dis 中选择未确定的顶点的值中选择一个最小的值，发现 dis[3] 的值是最小的，所以把 v4 加入集合 *T* 中，此时集合 *T*={v1，v3，v5，v4}，然后，考虑 v4 的出度是否会影响数组 dis 的值，v4 有一条出度：< v4，v6>，然后我们发现：v1–v5–v4–v6 的长度为 60，而 dis[5] 的值为 90，所以我们要更新 dis[5] 的值，更新后的 dis 数组如图 3-12 所示。

使用同样原理，分别确定了 v6 和 v2 的最短路径，最后 dis 的数组的值如图 3-12 所示。

Dis	0	∞	10	50	30	60

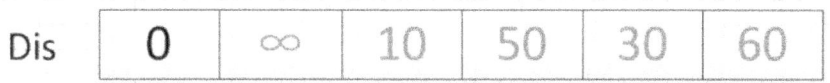

图 3-12　最后 dis 的数组的值

因此，从图中可以发现 v1–v2 的值为：∞，代表没有路径从 v1 到达 v2。所以得到的最后的结果如图 3-13 所示。

Dis	0	∞	10	50	30	60

图 3-13　最后的结果

（3）Dijkstra 算法实现

下面是 C++ 代码实现：

① Dijkstra.h 文件的代码

```
#include<iostream>
#include<string>
using namespace std;
//记录起点到每个顶点的最短路径的信息
struct Dis {
    string path;
    int value;
    bool visit;
    Dis() {
        visit = false;
        value = 0;
```

```cpp
        path = "";
    }
};
class Graph_DG {
private:
    int vexnum;      // 图的顶点个数
    int edge;        // 图的边数
    int **arc;       // 邻接矩阵
    Dis * dis;       // 记录各个顶点最短路径的信息
public:
    // 构造函数
    Graph_DG(int vexnum, int edge);
    // 析构函数
    ~Graph_DG();
    // 判断我们每次输入的的边的信息是否合法
    // 顶点从1开始编号
    bool check_edge_value(int start, int end, int weight);
    // 创建图
    void createGraph();
    // 打印邻接矩阵
    void print();
    // 求最短路径
    void Dijkstra(int begin);
    // 打印最短路径
    void print_path(int);
};
```

② Dijkstra.cpp 文件的代码：

```cpp
#include"Dijkstra.h"
// 构造函数
Graph_DG::Graph_DG(int vexnum, int edge) {
    // 初始化顶点数和边数
    this->vexnum = vexnum;
    this->edge = edge;
    // 为邻接矩阵开拓空间和赋初值
    arc = new int*[this->vexnum];
    dis = new Dis[this->vexnum];
    for (int i = 0; i < this->vexnum; i++) {
        arc[i] = new int[this->vexnum];
        for (int k = 0; k < this->vexnum; k++) {
            // 邻接矩阵初始化为无穷大
            arc[i][k] = INT_MAX;
        }
    }
}
// 析构函数
```

```cpp
Graph_DG::~Graph_DG() {
    delete[] dis;
    for (int i = 0; i < this->vexnum; i++) {
        delete this->arc[i];
    }
    delete arc;
}
// 判断我们每次输入的边的信息是否合法
// 顶点从 1 开始编号
bool Graph_DG::check_edge_value(int start, int end, int weight) {
    if (start<1 || end<1 || start>vexnum || end>vexnum || weight < 0)
{
        return false;
    }
    return true;
}
void Graph_DG::createGraph() {
    cout << "请输入每条边的起点和终点（顶点编号从 1 开始）以及其权重" << endl;
    int start;
    int end;
    int weight;
    int count = 0;
    while (count != this->edge) {
        cin >> start >> end >> weight;
        // 首先判断边的信息是否合法
        while (!this->check_edge_value(start, end, weight)) {
            cout << "输入的边的信息不合法，请重新输入" << endl;
            cin >> start >> end >> weight;
        }
        // 对邻接矩阵对应上的点赋值
        arc[start - 1][end - 1] = weight;
        // 无向图添加上这行代码
        //arc[end - 1][start - 1] = weight;
        ++count;
    }
}
void Graph_DG::print() {
    cout << "图的邻接矩阵为: " << endl;
    int count_row = 0; // 打印行的标签
    int count_col = 0; // 打印列的标签
    // 开始打印
    while (count_row != this->vexnum) {
        count_col = 0;
        while (count_col != this->vexnum) {
            if (arc[count_row][count_col] == INT_MAX)
                cout << " ∞ " << " ";
```

```cpp
                            else
                                cout << arc[count_row][count_col] << " ";
                            ++count_col;
                        }
                    cout << endl;
                        ++count_row;
                }
}
void Graph_DG::Dijkstra(int begin){
    // 首先初始化我们的dis数组
    int i;
    for (i = 0; i < this->vexnum; i++) {
        // 设置当前的路径
        dis[i].path = "v" + to_string(begin) + "-->v" + to_string(i + 1);
        dis[i].value = arc[begin - 1][i];
    }
    // 设置起点的到起点的路径为0
    dis[begin - 1].value = 0;
    dis[begin - 1].visit = true;
    int count = 1;
    // 计算剩余的顶点的最短路径（剩余this->vexnum-1个顶点）
    while (count != this->vexnum) {
        //temp用于保存当前dis数组中最小的那个下标
        //min记录的当前的最小值
        int temp=0;
        int min = INT_MAX;
        for (i = 0; i < this->vexnum; i++) {
            if (!dis[i].visit && dis[i].value<min) {
                min = dis[i].value;
                temp = i;
            }
        }
        //cout << temp + 1 << "  "<<min << endl;
        // 把temp对应的顶点加入到已经找到的最短路径的集合中
        dis[temp].visit = true;
        ++count;
        for (i = 0; i < this->vexnum; i++) {
// 注意这里的条件arc[temp][i]!=INT_MAX必须加，不然会出现溢出，从而造成程序异常
            if (!dis[i].visit && arc[temp][i]!=INT_MAX && (dis[temp].value + arc[temp][i]) < dis[i].value) {
// 如果新得到的边可以影响其他为访问的顶点，那就就更新它的最短路径和长度
                dis[i].value = dis[temp].value + arc[temp][i];
```

```cpp
                    dis[i].path = dis[temp].path + "-->v" + to_string(i + 1);
                }
            }
        }
    }
    void Graph_DG::print_path(int begin) {
        string str;
            str = "v" + to_string(begin);
        cout << " 以 "<<str<<" 为起点的图的最短路径为: " << endl;
        for (int i = 0; i != this->vexnum; i++) {
            if(dis[i].value!=INT_MAX)
            cout << dis[i].path << "=" << dis[i].value << endl;
            else {
                cout << dis[i].path << "是无最短路径的 " << endl;
            }
        }
    }
```

③ main.cpp 文件：

```cpp
#include"Dijkstra.h"
// 检验输入边数和顶点数的值是否有效,可以自己推算为啥:
// 顶点数和边数的关系是: ((Vexnum*(Vexnum - 1)) / 2) < edge
bool check(int Vexnum, int edge) {
    if (Vexnum <= 0 || edge <= 0 || ((Vexnum*(Vexnum - 1)) / 2) < edge)
        return false;
    return true;
}
int main() {
    int vexnum; int edge;
    cout << "输入图的顶点个数和边的条数: " << endl;
    cin >> vexnum >> edge;
    while (!check(vexnum, edge)) {
        cout << "输入的数值不合法，请重新输入 " << endl;
        cin >> vexnum >> edge;
    }
    Graph_DG graph(vexnum, edge);
    graph.createGraph();
    graph.print();
    graph.Dijkstra(1);
    graph.print_path(1);
    system("pause");
    return 0;
}
```

④ Dijkstra 算法输入如图 3-14 所示。

```
6 8
1 3 10
1 5 30
1 6 100
2 3 5
3 4 50
4 6 10
5 6 60
5 4 20
```

图 3-14　Dijkstra 算法输入

⑤ Dijkstra 算法输出如图 3-15 所示。

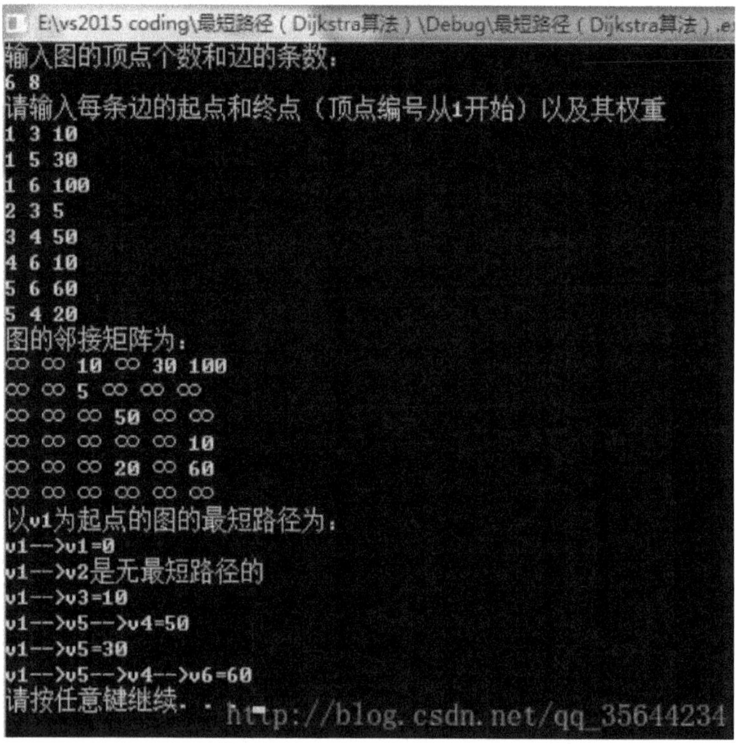

```
E:\vs2015 coding\最短路径（Dijkstra算法）\Debug\最短路径（Dijkstra算法）.e
输入图的顶点个数和边的条数：
6 8
请输入每条边的起点和终点（顶点编号从1开始）以及其权重
1 3 10
1 5 30
1 6 100
2 3 5
3 4 50
4 6 10
5 6 60
5 4 20
图的邻接矩阵为：
∞ ∞ 10 ∞ 30 100
∞ ∞ 5 ∞ ∞ ∞
∞ ∞ ∞ 50 ∞ ∞
∞ ∞ ∞ ∞ ∞ 10
∞ ∞ ∞ 20 ∞ 60
∞ ∞ ∞ ∞ ∞ ∞
以v1为起点的图的最短路径为：
v1-->v1=0
v1-->v2是无最短路径的
v1-->v3=10
v1-->v5-->v4=50
v1-->v5=30
v1-->v5-->v4-->v6=60
请按任意键继续. . . http://blog.csdn.net/qq_35644234
```

图 3-15　Dijkstra 算法输出

3. Floyd 算法

（1）Floyd 算法的思想

通过 Floyd 计算图 $G=(V, E)$ 中各个顶点的最短路径时，需要引入两个矩阵，矩阵 S 中的元素 $a[i][j]$ 表示顶点 i（第 i 个顶点）到顶点 j（第 j 个顶点）的距离。矩阵 P 中的元素 $b[i][j]$，表示顶点 i 到顶点 j 经过了 $b[i][j]$ 记录的值所表示的顶点。

假设图中顶点个数为 N，则需要对矩阵 D 和矩阵 P 进行 N 次更新。初始时，矩阵 D 中顶点 $a[i][j]$ 的距离为顶点 i 到顶点 j 的权值；如果 i 和 j 不相邻，则 $a[i][j]=\infty$，矩阵 P 的值为顶点 $b[i][j]$ 的 j 的值。接下来，对矩阵 D 进行 N 次更新。第 1 次更新时，如果"$a[i][j]$ 的距离"$>$"$a[i][0]+a[0][j]$"（$a[i][0]+a[0][j]$ 表示"i 与 j 之间经过第 1 个顶点的距离"），则更新 $a[i][j]$ 为"$a[i][0]+a[0][j]$"，更新 $b[i][j]=b[i][0]$。同理，第 k 次更新时，如果"$a[i][j]$ 的距离"$>$"$a[i][k-1]+a[k-1][j]$"，则更新 $a[i][j]$ 为"$a[i][k-1]+a[k-1][j]$"，$b[i][j]=b[i][k-1]$。更新 N 次之后，操作完成。

（2）Floyd 算法的步骤

如图 3-16 所示，求每个点对之间的最短路径的过程如下。

第一步，我们先初始化两个矩阵，得到如图 3-17 和图 3-18 所示的两个矩阵。

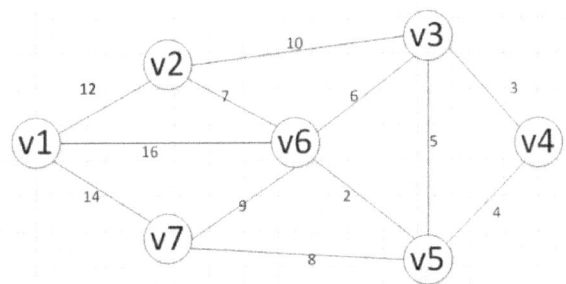

图 3-16　Floyd 算法初始化两个矩阵

	v1	v2	v3	v4	v5	v6	v7
v1	∞	12	∞	∞	∞	16	14
v2	12	∞	10	∞	∞	7	∞
v3	∞	10	∞	3	5	6	∞
v4	∞	∞	3	∞	4	∞	∞
v5	∞	∞	5	4	∞	2	8
v6	16	7	6	∞	2	∞	9
v7	14	∞	∞	∞	8	9	∞

图 3-17　Floyd 算法 D 矩阵

	v1	v2	v3	v4	v5	v6	v7
v1	0	1	2	3	4	5	6
v2	0	1	2	3	4	5	6
v3	0	1	2	3	4	5	6
v4	0	1	2	3	4	5	6
v5	0	1	2	3	4	5	6
v6	0	1	2	3	4	5	6
v7	0	1	2	3	4	5	6

图 3-18　Floyd 算法 P 矩阵

通过矩阵 P，我们发现 v2–v7 的最短路径是：v2–v1–v7

第二步：以 v2 作为中介，来更新我们的两个矩阵，使用同样的原理，扫描整个矩阵，得到如图 3-19 和图 3-20 所示的结果。

	v1	v2	v3	v4	v5	v6	v7
v1	∞	12	22	∞	∞	16	14
v2	12	∞	10	∞	∞	7	26
v3	22	10	3	5	6	36	
v4	∞	∞	3	∞	4	∞	∞
v5	∞	∞	5	4		2	8
v6	16	7	6	∞	2	∞	9
v7	14	26	36	∞	8	9	∞

图 3-19　D 矩阵结果

	v1	v2	v3	v4	v5	v6	v7
v1	0	1	1	3	4	5	6
v2	0	1	2	3	4	5	0
v3	1	1	2	3	4	5	1
v4	0	1	2	3	4	5	6
v5	0	1	2	3	4	5	6
v6	0	1	2	3	4	5	6
v7	0	0	1	3	4	5	6

图 3-20　P 矩阵结果

每次都会选择一个中介点，然后，遍历整个矩阵，查找需要更新的值，下面还剩下五步，就不继续演示下去了。

第三章 包装印刷主要智能设备

（3）Floyd 算法的实现

① Floyd.h 文件代码：

```cpp
#pragma once
#include<iostream>
#include<string>
using namespace std;
class Graph_DG {
private:
    int vexnum;       // 图的顶点个数
    int edge;         // 图的边数
    int **arc;        // 邻接矩阵
    int ** dis;       // 记录各个顶点最短路径的信息
    int ** path;      // 记录各个最短路径的信息
public:
    // 构造函数
    Graph_DG(int vexnum, int edge);
    // 析构函数
    ~Graph_DG();
    // 判断我们每次输入的的边的信息是否合法
    // 顶点从1开始编号
    bool check_edge_value(int start, int end, int weight);
    // 创建图
    void createGraph(int);
    // 打印邻接矩阵
    void print();
    // 求最短路径
    void Floyd();
    // 打印最短路径
    void print_path();
};
```

② Floyd.cpp 文件代码：

```cpp
#include"Floyd.h"
// 构造函数
Graph_DG::Graph_DG(int vexnum, int edge){
    // 初始化顶点数和边数
    this->vexnum = vexnum;
    this->edge = edge;
    // 为邻接矩阵开辟空间和赋初值
    arc = new int*[this->vexnum];
    dis = new int*[this->vexnum];
    path = new int*[this->vexnum];
    for(int i = 0; i < this->vexnum; i++){
        arc[i] = new int[this->vexnum];
        dis[i] = new int[this->vexnum];
        path[i] = new int[this->vexnum];
```

```cpp
        for (int k = 0; k < this->vexnum; k++) {
            // 邻接矩阵初始化为无穷大
            arc[i][k] = INT_MAX;
        }
    }
}
// 析构函数
Graph_DG::~Graph_DG() {
    for (int i = 0; i < this->vexnum; i++) {
        delete this->arc[i];
        delete this->dis[i];
        delete this->path[i];
    }
    delete dis;
    delete arc;
    delete path;
}
// 判断我们每次输入的边的信息是否合法
// 顶点从1开始编号
bool Graph_DG::check_edge_value(int start, int end, int weight) {
    if (start<1 || end<1 || start>vexnum || end>vexnum || weight < 0) {
        return false;
    }
    return true;
}
void Graph_DG::createGraph(int kind) {
    cout << "请输入每条边的起点和终点（顶点编号从1开始）以及其权重" << endl;
    int start;
    int end;
    int weight;
    int count = 0;
    while (count != this->edge) {
        cin >> start >> end >> weight;
        // 首先判断边的信息是否合法
        while (!this->check_edge_value(start, end, weight)) {
            cout << "输入的边的信息不合法，重新输入" << endl;
            cin >> start >> end >> weight;
        }
        // 对邻接矩阵对应上的点赋值
        arc[start - 1][end - 1] = weight;
        // 无向图添加上这行代码
        if (kind==2)
            arc[end - 1][start - 1] = weight;
        ++count;
    }
}
```

```cpp
void Graph_DG::print() {
    cout << "图的邻接矩阵为：" << endl;
    int count_row = 0;  // 打印行的标签
    int count_col = 0;  // 打印列的标签
                        // 开始打印
    while (count_row != this->vexnum) {
        count_col = 0;
        while (count_col != this->vexnum) {
            if (arc[count_row][count_col] == INT_MAX)
                cout << "∞" << " ";
            else
                cout << arc[count_row][count_col] << " ";
            ++count_col;
        }
        cout << endl;
        ++count_row;
    }
}
void Graph_DG::Floyd() {
    int row = 0;
    int col = 0;
    for (row = 0; row < this->vexnum; row++) {
        for (col = 0; col < this->vexnum; col++) {
            // 把矩阵 D 初始化为邻接矩阵的值
            this->dis[row][col] = this->arc[row][col];
            // 矩阵 P 的初值则为各个边的终点顶点的下标
            this->path[row][col] = col;
        }
    }
    // 三重循环，用于计算每个点对的最短路径
    int temp = 0;
    int select = 0;
    for (temp = 0; temp < this->vexnum; temp++) {
        for (row = 0; row < this->vexnum; row++) {
            for (col = 0; col < this->vexnum; col++) {
                // 为了防止溢出，所以需要引入一个 select 值
                select = (dis[row][temp] == INT_MAX || dis[temp][col] == INT_MAX) ? INT_MAX : (dis[row][temp] + dis[temp][col]);
                if (this->dis[row][col] > select) {
                    // 更新我们的 D 矩阵
                    this->dis[row][col] = select;
                    // 更新我们的 P 矩阵
                    this->path[row][col] = this->path[row][temp];
                }
```

```cpp
        }
    }
}
void Graph_DG::print_path() {
    cout << "各个顶点对的最短路径:" << endl;
    int row = 0;
    int col = 0;
    int temp = 0;
    for (row = 0; row < this->vexnum; row++) {
        for (col = row + 1; col < this->vexnum; col++) {
     cout << "v" << to_string(row + 1) << "---" << "v" << to_string
      (col+1) << " weight: "
            << this->dis[row][col] << " path: " << " v" << to_string(row + 1);
            temp = path[row][col];
            // 循环输出途径的每条路径。
            while (temp != col) {
                cout << "-->" << "v" << to_string(temp + 1);
                temp = path[temp][col];
            }
            cout << "-->" << "v" << to_string(col + 1) << endl;
        }

        cout << endl;
    }
}
```

③ main.cpp 文件:

```cpp
#include" Floyd.h"
// 检验输入边数和顶点数的值是否有效,可以自己推算为啥:
// 顶点数和边数的关系是:((Vexnum*(Vexnum - 1))/ 2) < edge
bool check(int Vexnum, int edge) {
    if (Vexnum <= 0 || edge <= 0 || ((Vexnum*(Vexnum - 1))/ 2) < edge)
        return false;
    return true;
}
int main() {
    int vexnum; int edge;
    cout << "输入图的种类: 1代表有向图, 2代表无向图" << endl;
    int kind;
    cin >> kind;
    // 判读输入的kind是否合法
    while (1) {
        if (kind == 1 || kind == 2) {
```

```
            break;
        }
        else {
cout << "输入的图的种类编号不合法,请重新输入:1代表有向图,
  2代表无向图" << endl;
            cin >> kind;
        }
    }
    cout << "输入图的顶点个数和边的条数:" << endl;
    cin >> vexnum >> edge;
    while(!check(vexnum, edge)){
        cout << "输入的数值不合法,请重新输入" << endl;
        cin >> vexnum >> edge;
    }
    Graph_DG graph(vexnum, edge);
    graph.createGraph(kind);
    graph.print();
    graph.Floyd();
    graph.print_path();
    system("pause");
    return 0;
}
```

④Floyd 算法输入如图 3-21 所示。

```
 1   2
 2   7 12
 3   1 2 12
 4   1 6 16
 5   1 7 14
 6   2 3 10
 7   2 6 7
 8   3 4 3
 9   3 5 5
10   3 6 6
11   4 5 4
12   5 6 2
13   5 7 8
14   6 7 9
```

图 3-21　Floyd 算法输入

⑤ Floyd 算法输出如图 3-22 所示。

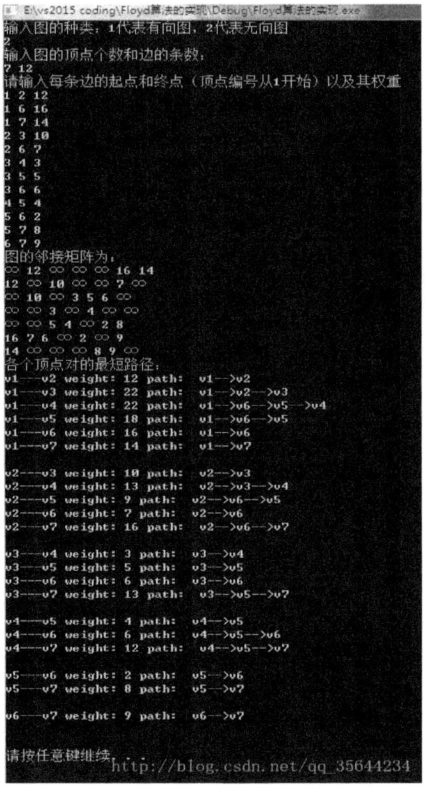

图 3-22　Floyd 算法输出

4. A-start 算法

A-start 算法是比较经典的一种路径规划算法，算法流程如图 3-23 所示，首先算法定义了两个参数 openList 和 closeList，其中 openList 表示当前节点的相邻节点，closeList 用于记录最短路径。该算法定义了价值函数 $h(n)$，表达式为 $f(n)=h(n)+g(n)$，其中 $f(n)$ 表示从开始节点到目标节点的估计成本，$g(n)$ 表示从开始节点到当前节点 n 的实际成本，$h(n)$ 表示从当前节点 n 到目标节点的直线距离，在二维坐标系下表示为

$$h(n)=\sqrt{(x_n-x_g)^2+(y_n-y_g)^2}$$

称为估计成本，则 A-start 算法计算 openList 中每个点的价值函数，选择一个最优节点存入 closeList 中。

A-start 算法与 Dijkstra 算法相比，节约了大量的搜索时间，同时由于搜索的节点有限，导致所计算的路径不一定是最短路径。总的来看，图论法是最传统的一种方法，它可以与其他算法相结合使用；Dijkstra 算法和 Floyd 算法都可以找出最短路径，但由于 Floyd 算法复杂度较高，因此 Dijkstra 算法被广泛使用；A-start 算法得益于搜索速度快的特点，常被用于障碍物较少的地图环境中。

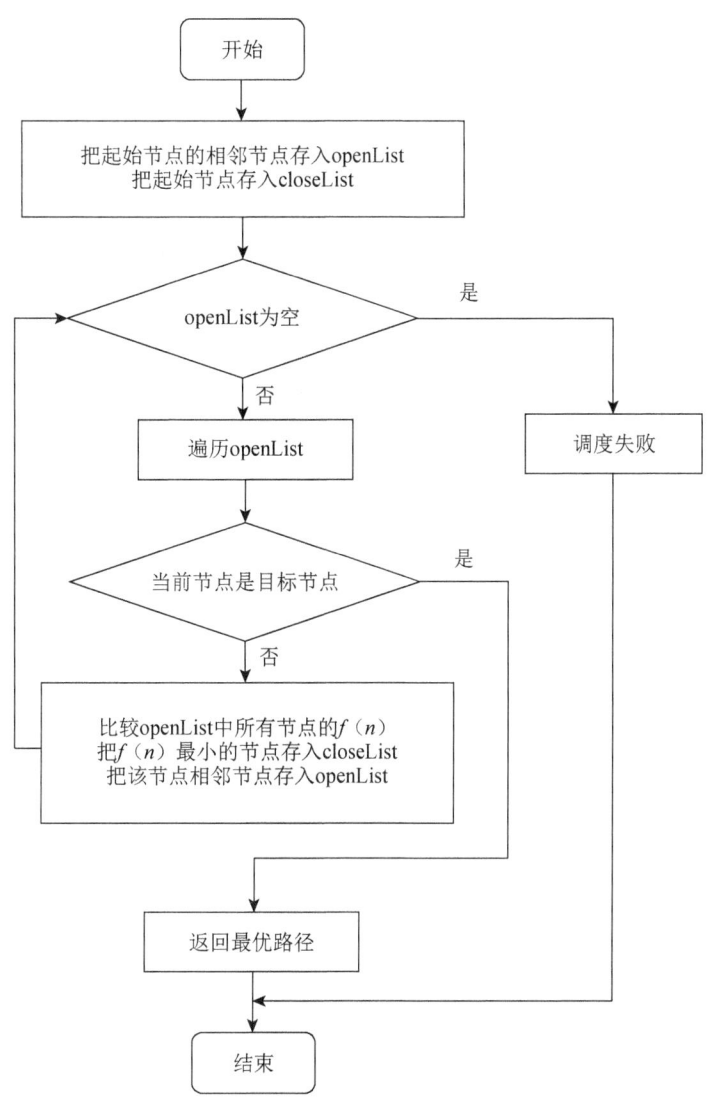

图 3-23 A-start 算法流程

如图 3-23 所示的路径规划算法属于传统算法,在解决路径规划问题时存在一定的局限性。常用的路径规划算法除了传统算法,还有智能仿生算法。近年来,越来越多的智能算法跟仿生算法应用于路径规划,其中使用最广泛的是遗传算法、蚁群算法,以下主要综述这两种算法。

5. 遗传算法

遗传算法为进化算法的一种,是一种借鉴生物进化规律优胜劣汰机制演化而来的随机搜索算法。遗传算法也是计算机科学人工智能领域中用于解决最优化的一种搜索启发式算法,是进化算法的一种。这种启发式通常用来生成有用的解决方案来优化和搜索问题。进化算法最初是借鉴了进化生物学中的一些现象而发展起来的,这些现象包括遗传、突变、自然选择以及杂交等。遗传算法在适应度函数选择不当的情况下有可能收敛于局部最优,而不能达到全局最优。

6. 蚁群算法

在自然环境下,蚁群觅食具有一定的规则,因此它们总是能找到最短的路径。一开始有很多只蚂蚁同时进行路径搜索,有的蚂蚁所选路径很近,有的很远,但在漫长的搜寻过程中,蚁群走过最短的路径会留下浓度较高的信息素,之后其他蚂蚁也会跟随。蚁群在较长的道路行驶,需要时间更久,信息素挥发也更快。信息素浓度下降,不会再像一开始那样吸引蚂蚁行走,信息素浓度在之前的基础上继续下降,随着时间的推移,这样的路径自然而然被抛弃,成为一条无效路径。蚂蚁走过较短的道路产生的信息素浓度更高,挥发更慢,被之后的蚂蚁探测到的概率也会上升,因此最短路径成为最优秀的选择,能够吸引更多蚂蚁的同时信息素浓度也会更大,选择这条道路的蚂蚁数量再次增加,如此不断重复形成正反馈。

一段时间之后,整个蚁群中所有寻找目的地食物的蚂蚁都会自发向最短的路径聚集,以寻求在最短时间内获得最多食物,这是符合生物生存规律的做法,即最大限度节约能量,最大程度保证生存。

蚁群算法具有如下特征。

(1)自发组织性。蚁群自发进行随机路径搜索,并不受外界动力影响,蚁群搜索从多条可行路径到最终的最优路径,搜寻过程从无序向有序的转变,表明了其具有自组织性。

(2)分布式计算。每个蚂蚁的寻优是独立自主的过程,随机寻路是蚁群的重要特点,它们互不干扰,也不互相通信,只是按照对当前道路上信息素浓度的高低进行感知从而择优搜寻。极少数蚂蚁遇到的问题是不会对算法的最终结果造成影响的,如死亡、寻路效率极其低下、陷入局部地图无法挣脱等。

(3)正反馈。正反馈是蚁群算法最重要的特点,使得蚁群算法区别于其他算法。在蚁群算法中蚂蚁寻找到某一条较短道路,同一时间段该道路信息素浓度增加,从而吸引更多蚂蚁促使道路信息素浓度持续升高,不断迭代,导致这条路径上的信息素浓度越来越高,引导最优解出现。

四、AGV 在印企药包种的设计案例

1. 任务设计

印企药包材料的生产不是单一的工序流程,而是需要经过一道道工序的加工后原料才能成为成品,每道工序所需物料不同,并且物料存放的仓库也不同。AGV 在完成一个产品的生产搬运任务时,会涉及多个工序物料搬运任务,既需要前往某些工序所需物料的存储仓库载上物料,又要将所载物料送往对应工序的目标站点,这里面的物料搬运任务会出现以下几种情况。

(1) 单种物料单目标站点

当 AGV 执行搬运任务时,可能会出现只有一道工序任务需要某种物料,如印刷工序任务需要的物料为油墨,那么 AGV 只需前往立体库载上油墨,再将油墨送到印刷车间或者印刷线边仓即可,则单种物料单目标站点的搬运任务也就成为各个工序独有的物料搬运任务,即一对一的关系。

(2) 单种物料多目标站点

AGV 执行搬运任务时还会出现某个工序任务需要某种物料,而其他某些工序也需要这种物料的情况,如分切工序和制袋工序都需要纸张。那么 AGV 只需前往立体库载上这两个工序所需纸张数量总和的物料,再将纸张送往分切车间和制袋车间卸货,则单种物料多目标站点的搬运任务也就是某些工序所需物料出现交叉的情况,可以看成一对多的关系。

(3) 多种物料单目标站点

某些情况下,AGV 的搬运任务中的一个工序任务可能会需要许多种物料,那么 AGV 的搬运任务也就成了多种物料单目标站点任务,AGV 需要先到达存储这些物料的仓库载上物料再将这些物料送至工序站点,例如,印刷工序任务需要原稿、油墨和版辊,原稿和油墨存放在立体库,而版辊存放在叉车库,所以 AGV 需要去立体库和叉车库将物料载上,再将这些物料送到印刷车间。这种情况为多对一的关系。

(4) 多种物料多目标站点

一般情况下,AGV 的搬运任务会包括许多道工序任务,而每道工序任务都会至少会需要一种物料,这些物料存放的仓库有的一样,也有的不一样,并且它们要送达的目标站点大部分也不一样,这时 AGV 就要知道去哪个仓库取哪些物料,先将这些物料全部载上,再将这些物料送至所需工序目标站点。

2. 架构设计

AVG 管理系统主要由人机交互模块、AGV 任务执行模块两部分组成。

人机交互模块主要是为了让使用者能够更直观地使用本系统,方便上手的同时也起到指引或者说明的作用,交互界面主要包括用户信息管理模块、订单信息管理模块、物料搬运计划信息管理模块,使用这几个模块是一个企业的订单从产生到物料搬运计划的产生和执行的过程。任务执行模块又分为任务调度及路径规划模块以及 AGV 任务执行和监测模块。任务调度及路径规划模块则是用于给 AGV 完成任务时确定它的行走路径,该模块是为了处理 AGV 小车获取多个搬运任务问题,对多任务进行调度以及规划一条路径来驱动 AGV 小车无碰撞地到达目标点。AGV 任务执行与监测模块则是提供可视化界面供用户查看 AGV 任务执行情况,此界面显示当前 AGV 运输的物料种类和数量,以及当前执行的物料搬运计划的信息,此外还显示当前 AGV 执行该计划的路径和工作时间,AGV 小车会按着物料计划的提交时间和截止时间段内来执行计划,如图 3-24 所示。

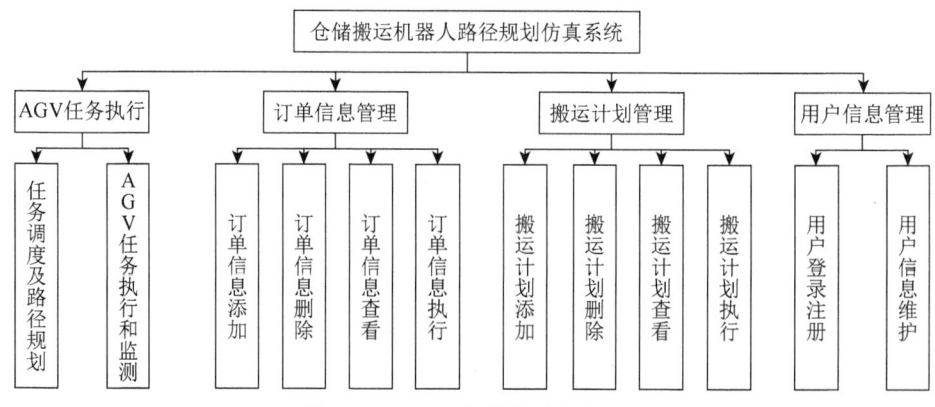

图 3-24 AGV 机器人路径规划

(1) 人机交互模块

人机交互界面主要包括用户登录、注册界面、订单的信息管理界面、物料搬运计划信息输入管理界面。用户打开系统首先会进入用户登录注册管理界面，用户需要在此界面输入用户名和用户密码来登录系统使用后续功能，首次使用的用户可以在此界面注册账户来进行登录。订单的信息界面是给用户通过手动输入订单信息，订单信息包括订单号、客户名、订单提交日期、订单交付日期、产品名称和产品数量等信息。用户通过输入这些订单信息生成完整的订单，并且后台会将这些信息记录在数据库中，在创建完订单信息后，用户还可以查看系统中的所有订单信息并对订单信息进行管理，管理操作包括对订单信息的添加、删除、查看、修改。

当用户执行某个订单后会进入物料搬运计划信息管理界面，该页面与订单信息输入管理界面类似，提供给用户手动输入物料搬运计划信息，物料搬运计划信息包括计划编号、工序名、搬运物料名称、数量、起始点、目标点、开始时间和截止时间，输入后点击保存会保存入数据库中。同样用户也可进入管理界面对物料搬运计划信息进行添加、删除、查看、修改等操作。

(2) 任务执行模块

任务调度及路径规划模块对小车的任务进行调度并且能够让它无碰撞地到达所有目标站点就是任务调度及路径规划模块的核心任务。任务调度及路径规划模块在 AGV 载入物料后对其任务目标进行调度，当 AGV 小车需要载多种类型的物料执行搬运任务时，需要将这些不同类型的物料进行分类并确定它们要送达的目标站点，使用调度算法获得当前要前往的任务目标点，再通过路径规划算法计算出 AGV 小车与目标站点的一条无碰撞的最优路径来驱使 AGV 小车执行任务。

AGV 任务执行与监测模块提供可视化界面供用户查看 AGV 任务执行情况，此界面由 AGV 任务执行实时监测界面和物料计划实时更新界面组成。AGV 任务执行实时监测界面显示 AGV 执行物料搬运计划的实时画面。

AGV 小车与立体库、输送机、提升机、印刷机、翻卷机、自动门等设备有信息交互。为保证安全生产，AGV 小车在到达取货站入口点、到达取货位置、执行取货动作、执行取货动作完成、到达卸货站入口点、到达卸货位置、执行卸货动作、执行卸货动作完成、取货完成、卸货完成、进入自动门区域、通过自动门等时，均会向上级系统发出运行到位、动作请求、动作完成以及任务完成等信息，待上级系统回复相应的允许进入、允许动作、允许离开以及任务完成确认等指令后，AGV 小车方可执行相应动作，具体流程如图 3-25 所示。如果上级系统连接中断或者没有在设定时间内给出相应回复指令，ＡＧＶ 小车则会停止运行并显示相应的错误。

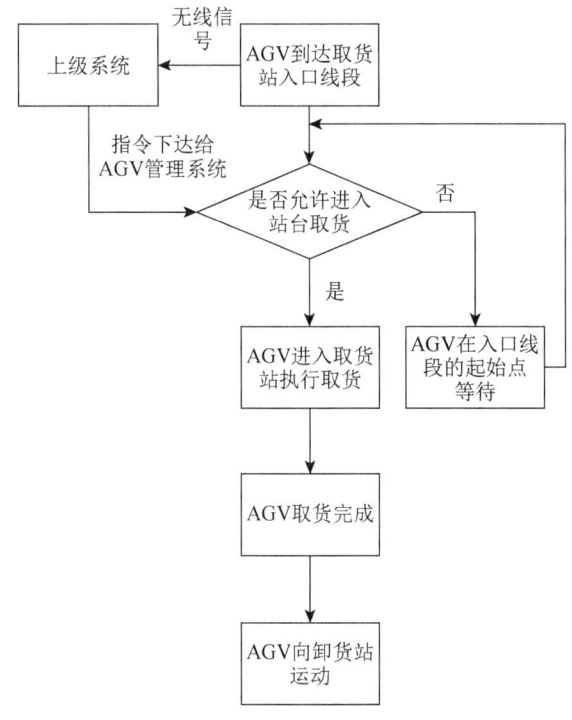

图 3-25　AGV 信息交互流程

3. 调度算法设计

（1）先来先服务算法

先来先服务（First Come First Served, FCFS）算法，是实际应用最为广泛的调度算法之一。任务执行的先后顺序将完全取决于任务的生成时刻，也就是任务生成时刻的早晚决定任务优先级的高低。系统运行时，调度系统新建一个待执行任务队列用来存放待执行的任务，新产生的任务将直接追加到待执行任务队列的末端。当有空闲 AGV 时，调度系统将任务队列中的首位任务派发给相应 AGV。重复上述流程，直至所有待执行任务完成，其流程如图 3-26 所示。FCFS 算法中，任务的优先级完全由产生的时间确定，只适用于任务无明显的优先级区分的场合。

FCFS 算法虽然满足了公平原则，但它排在长时间作业后的短时间作业等待时间较长，不利于短作业，而且它是非抢占式算法，不会因为时间中断或者其他原因去抢占当前正在运行的任务，当一些特殊任务亟待解决时它就不会中断当前任务去处理，如图 3-26 所示。

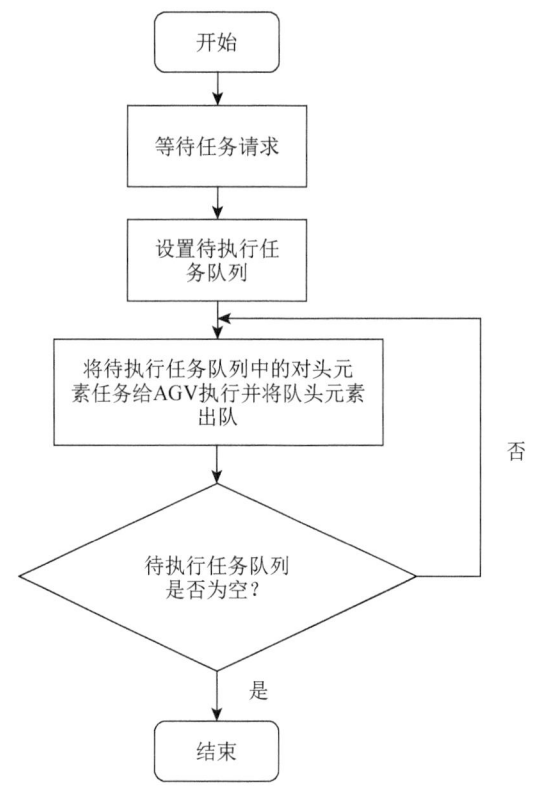

图 3-26 AGV 任务的处理和执行

(2) 基于短距离原则的任务调度算法

一个完整的药包材料生产线包括了印刷、品检、复合、熟化、分切和制袋几大工序。它们每一个工序都需求不同的物料，并且这些物料要运往不同的地点，此外不同类型的仓库存放的物料也不同。在完成一个产品生产前，需要对 AGV 制订一个物料搬运计划，这个物料搬运计划包括产品生产中某些工序所需物料种类、物料的存放点、目标站点、物料数量等。根据动态规划思想，将整个物料搬运计划转化为一系列工序任务，每一个工序任务都会对应某些物料存放点、所需物料的类型和目标站点即 $P_n=\{S_n，C_n，T_n\}$，S_n 为物料存放点集合，C_n 为所需物料类型集合，T_n 为目标站点集合，对于软包材料生产车间中 AGV 的单种物料单目标站点任务、单种物料多目标点任务、多种物料单目标点任务和多种物料多目标点任务则有如图 3-27 所示（虚线表示不一定出现此情况）。该图中一个工序任务一定会包括一个物料存放点、一种物料和一个目标站点，对应单种物料单目标站点任务（实线所示）；一个工序任务还可能包括一个物料存放点、一种物料和多个目标站点的任务，即单种物料多目标站点任务；一个工序任务还可能包括多个物料存放点、多种物料和单个目标站点任务,对应多物料单目标点任务;此外还有多种物料多目标点任务,即一个工序任务包括多个物料存放点、多种物料和多个目标站点任务。

若按照软包材料生产线中加工工序的顺序来完成物料搬运任务的话,小车需要到达的物料存放点和目标站点总和的数量是待完成工序任务数量的2倍,由于这里面存在相同的物料存放点以及相同的目标站点,导致AGV小车完成物料搬运任务时间较长。此外由于车间中各个工序的加工车间并不是按照顺序排列的,所以要使得AGV完成物料搬运任务的时间最短就不能按照加工工序的顺序来进行物料搬运任务,必须对各个工序任务执行顺序进行优化,如图3-27所示。

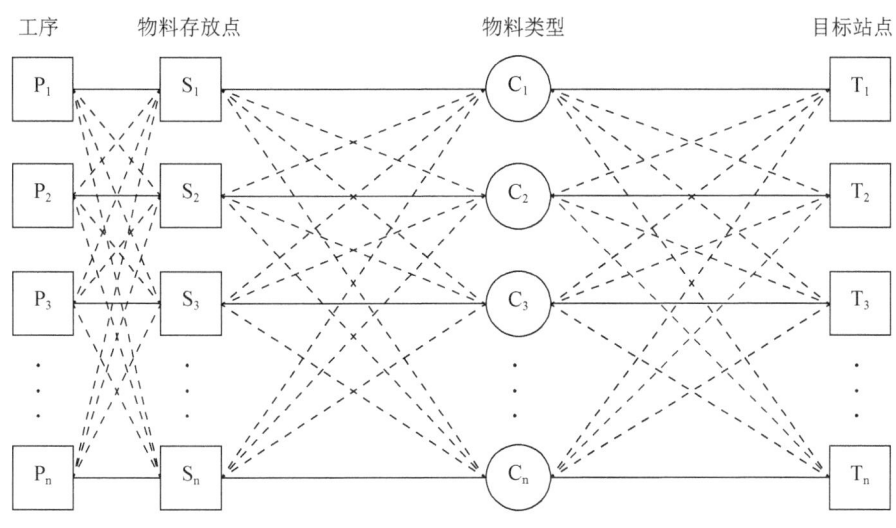

图3-27 AGV任务调度算法

4. 数字孪生的应用

数字孪生是充分利用物理模型、传感器更新、运行历史等数据,集成多学科、多物理量、多尺度、多概率的仿真过程,在虚拟空间中完成映射,从而反映相对应的实体装备的全生命周期过程。数字孪生以数字化方式为物理对象创建虚拟模型,来模拟其在现实环境中的行为。通过搭建整合制造流程的数字孪生生产系统,能实现从产品设计、生产计划到制造执行的全过程数字化,将产品创新、制造效率和有效性水平提升至一个新的高度。数字孪生体是指与现实世界中的物理实体完全对应和一致的虚拟模型,其可实时模拟其在现实环境中的行为和性能,也称为数字孪生模型。可以说,数字孪生是技术、过程和方法,数字孪生体是对象、模型和数据。

对于现代化企业大规模车间调度问题而言,由于其生产任务数量多、合作关系复杂、生产连续性强、环境变化快,当车间工作某一部分出现故障时,往往会影响整个生产系统的运行。因此,如何及时响应生产调度中的动态事件成为一个迫切需要解决的重要问题,具有虚拟现实实时映射交互特点的数字孪生技术的出现为解决智能制造中的调度问题提供了一种全新的思路。生产调度与数字孪生结合，实时性和灵活性是两个重要特征。

在21世纪初期，多个行业和组织在不同程度上开始将数字孪生的概念和思想应用于实际领域。例如，病人健康信息和历史日志跟踪、在线操作的监控交通、物流管理、实时监测系统检测泄漏的管道，以及远程控制和维护卫星与空间站等。技术发展和市场拉动的结合有效激发了数字孪生的应用潜力。

物联网（Internet of Things，IOT）提供了无处不在的传感能力，能够从不同的业务实施过程中采集各类数据；CPS集成了强大的计算能力和物理资源，使物理设备具备计算、通信和控制能力；大数据和AI技术的结合能够用以支持物理空间和虚拟空间之间的自主决策和合作生产。这些技术为数字孪生发挥应用价值提供了有力支持。目前，数字孪生被广泛应用于航空航天、城市管理、铁路运输、智能制造等各个领域。在智能制造产业中，在线监测、灵活操作、更好的系统管理和个性化服务等需求能够与数字孪生概念进行深度有效结合，数字孪生的概念将为更多重要的行业和领域带来革命性的变化。

数字孪生技术实时获取不断更新的传感器数据来对实际场景进行实时监控，并对实际应用设备进行高效、实时的指挥决策。数字孪生设备不仅可以为工厂设备机器的决策提供实时可靠的支持，还可以基于此对未来设备的相关信息进行准确可靠的预测。在理想状态下，数字孪生系统外观和行为上与实物运行设备并无差别，且具备预测能力这一额外优势。数字孪生的结构可划分为四个层级。第一个层级是应用程序层，主要包含三个方面的使能技术。一是创建物理实体高保真模型所必需的模型架构和可视化技术。此类技术支持数字孪生的可视化和架构建模，通过仿真和孪生构建器等工具来实现。二是软件和应用程序编程接口，用于协助模拟数字孪生架构。三是数据收集和预处理技术，使用Predix、Mindsphere、Storm等来收集应用程序的数据，便于应用IoT并对数字孪生进行分析，同时将应用程序层与第二层中间件层连接。第二个层级是中间件层，主要包含两个方面的使能技术。一是存储技术。二是与数据处理相关的技术，实现了中间件层和下一个层级之间数据的传输。第三个层级是具有两个方面使能技术的网络层。一类是基础通信技术。二类是无线通信技术，既要确保在数字孪生体系结构中数据的无线传输遵循正确的协议，又要将数据传输到最后一个层级中。第四个层级是对象层。包含两个方面的使能技术，一是硬件平台，二是传感器技术。

数字孪生技术具备如下特征。

实时远程监视和控制：一般来说，要实时深入地了解一个庞大的系统几乎是很难实现的。然而，基于数字孪生的特性，可以在任何空间、时间内对系统进行访问。在这种情况下，不仅可以实时有效地监控系统性能，还可以通过反馈机制对系统远程控制。

高效决策支持：定量数据的可用性实时分析将有助于更快的决策制定。在智能工厂制造的背景下，数字孪生技术将使工厂设备变更维护等操作更快、更平稳地进行，以适应不断变化的需求。

预测性维护和调度：一个全面的数字孪生系统为实际工作场景配备多个传感器来进行切实有效的数据获取和检测，进而实时生成大数据。通过对数据的智能分析，工作人员可以提前发现系统中的故障，这有助于更好地安排维护计划。

场景和风险评估：数字孪生能够对实际应用场景，如车间设备工作进行更为有效的风险评估。此外，数字孪生技术还能对系统遭受的干扰以及攻击进行分析，并综合意料之外的情况，进而研究相应的缓解策略。

高效率和安全性：数字孪生系统实现了设备系统控制的更大的自主性，这能够将某些危险、枯燥的工作分配给机器人，并通过计算机对其进行远程控制，而研究人员则能专注于更有创造性和创新性的工作。

药包车间孪生系统架构

药包生产过程复杂、工序繁多，且加工过程中产生的数据具有海量、多元、异构等特点，传统设备自动化、车间信息化能力不足，每道工序生产数据都由人工统计汇总，管理人员对车间运行情况的掌握存在严重滞后的问题。若要保证车间生产过程顺利进行、完成生产需求，为调控生产要素、计划提供依据，需要及时监视、分析车间生产状况。可以采用数字孪生具有的虚实结合、数据驱动、全要素－全流程融合、迭代优化等特点，药包车间孪生系统架构如图3-28所示，该架构可分为物理空间、信息空间和服务空间三部分。

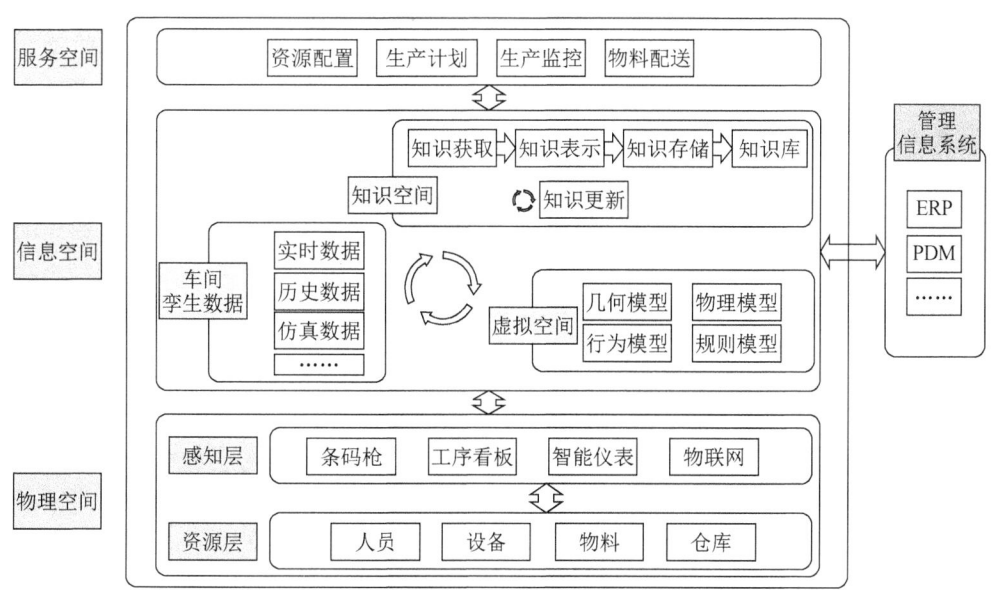

图 3-28　药包车间孪生系统架构

①物理空间

物理空间分为资源层、感知层两部分。

资源层包括人员（管理人员、操作人员、配送人员）、设备（生产设备、运输设备）、物料（原材料、辅料、配件）和仓库（车间库、线边库）。管理人员制订生产计划、下达生产指令，操作人员接收指令，并依据指令操作生产设备或以手工方式进行生产。生产设备由操作人员控制加工物料，完成既定的工艺活动，并定期接受维护。物料存储于仓库中，依据配送计划由运输设备送至指定车间库或线边库，并在各工艺节点间流转由生产设备加工为半成品/成品。

感知层实时采集车间中的加工数据和生产相关信息，并将信息空间下达的指令、反馈的信息传输至资源层。感知层包括条码枪、物联网、工序看板、IC卡等。读卡机读取操作人员工牌中的人员编号，条码枪通过扫描二维码或条形码获取生产单据编号及单据上下线信息，并将其传入信息空间。物联网包括红外感应器等信息传感设备、RFID、无线传感网络及互联协议。RFID用于采集物料出入库信息，红外感应器等传感设备用于采集生产设备细粒度时间内的生产节拍，无线传感网络及互联协议将采集到的数据传输至信息空间。工序看板与生产设备绑定，操作人员可通过工序看板录入工艺节点半成品/成品质量信息或者向上层空间发出请求。当条码枪、读卡机故障时，也可通过工序看板录入人员信息、生产单据信息及工序生产数据。工序看板可以显示当前设备加工的单据、人员、累计生产数量、生产技术文件等生产信息，当前工序物料配送情况以及信息空间下达的生产指令、预警信息等。

②信息空间

信息层包括虚拟空间、知识空间、车间孪生数据三部分。

虚拟空间由从多维度描述物理车间的模型构成，可包括几何模型、物理模型、行为模型和规则模型等。几何模型用于描述贺卡印刷车间实体的形状、大小、结构、空间位置等，可由CAD、SolidWorks、CATIA等构建二维或三维几何模型。物理模型是在几何模型基础上对车间内实体运行过程中的物理参数（如速度、力等）进行刻画。行为模型通过描述对象行为特征、在驱动及扰动因素影响下的响应特征，刻画车间运行逻辑，进而描述车间内复杂的生产行为。规则模型是指车间原有的或为指导生产、方便信息传输生成的概念，以及在车间生产过程中需遵守的规则等形成的模型，规则模型使车间各层面的模型具备评估、推理等能力。

知识空间集成了各类知识，可为印刷数字孪生车间的实时管控、精准调控提供依据，如预测完工时间并及时预警、优化资源配置、实时调控等。知识空间的知识分为三类，包括数据、模型、生产相关知识。数据是指车间执行生产活动的过程中形成的历史、实时数据经过预处理、挖掘等操作从而提炼出的有效数据；模型是对车间实体、行为规则、隐含关联关系等进行描述与抽象，可包括语义本体模型、数据本体模型型、行为规则模型、由机器学习等人工智能技术形成的算法模型等；生产相关知识是指车间生产运行相关的概念、事实及规则，按能否以常用语言存储、传播分为显性知识和隐形知识，其中，显性知识是指事实知识和原理知识，包括工艺特性、技术规范、产品 BOM 等，隐性知识是指隐含的经验知识。数据能够以表格的形式存储于数据库中；模型可由图、OWL（Ontology Web Language）语言、程序设计语言等描述，存储于 XML 文件、程序代码中；生产相关知识可由产生式规则、逻辑、框架等表示存储于文件中，也可转化为表格存储于数据库中。随着生产运行及信息的不断获取，知识空间的数据、模型、生产相关知识不断积累和迭代，不断产生新的知识，从而使知识空间具有一定的更新能力。

车间孪生数据是车间全要素—全流程、历史—实时数据、物理空间—信息空间服务空间相关数据的汇总，支撑着车间运行。包括生产任务相关数据、感知层实时采集的数据、虚拟空间—知识空间生成的数据、从 ERP 等外部系统获取的数据等。

③服务空间

服务空间是指在数字孪生车间中的物理空间、信息空间共同支撑下对车间进行管控的功能汇总，包括车间生产监控、资源配置与优化、车间物料配送优化、工艺控制与优化等。

基于此架构，当服务空间或外部系统下达生产指令时，信息空间对生产指令进行仿真/预测；物理空间接收生产指令并依据指令进行生产，同时产生实时生产数据上传至信息空间；信息空间融合历史—实时数据更新或修正仿真/预测模型及结果，并生成调控指令。通过融合"人—机—物—工艺"等生产要素、历史数据以及物联网采集到的细粒度实时生产数据，促进车间生产要素的互联互通、及时感知生产扰动，能够实现对车间生产要素的及时监视，进而优化资源配置、保持车间稳定运行、提高车间管控精度。

第三节　自动品检设备

自动品检设备是基于机器视觉的自动化应用设备。它在结合印刷工艺、操作流程及质量标准等前提下，可以用机器代替人眼来做印刷质量的测量和判断，最终完成代替人工的质量检测工作，保证印刷质量。自动品检已经逐渐成为印刷行业中不可或缺的一部分，能够有效提高生产效率和品质，减少品质事故和投诉，并为精益化管理提供基础数据信息。随着视觉检测技术和光学技术的不断发展，自动检测系统的应用领域也将会更加广泛。

一、自动品检的分类

对印刷来讲，自动品检可按印刷工序大类来分成以下三类。

1. 印前品检设备

印前品检设备，主要针对印前文件进行检查，主要针对客户源文件和设计稿、拼版稿件及 RIP 后的文件进行比对。印前品检的目的是防止印刷前出版错误而导致整批货的错误。这对于把好质量关，减少企业不必要的经济损失是至关重要的。

2. 印中品检设备

印中品检也叫过程品检，是在印刷过程中对正在印刷的产品进行的检验。其目的在于保证该工序的不合格半成品不得流入下道工序，防止对不合格半成品的继续加工和成批半成品不合格，确保正常的生产秩序。印中品检通常分为首检、抽检和实时检测。

3. 印后品检设备

印后品检通常也称为成品检验，目的在于保证不合格产品不出厂。主要的场景是在产品模切后，逐一对每张产品进行自动化品检。

二、自动品检的组成

完整的自动品检由光学系统（光源、镜头、工业相机）、图像采集单元、图像处理单元、执行机构和人机界面组成。

1. 光源

光源是影响机器视觉系统输入的重要因素。光源系统的设计非常重要，它与输入数据直接相关，即图像的质量和效果。

2. 镜头

镜头是机器视觉系统中的重要组件，其作用是光学成像。其主要参数是焦距、景深、分辨率、工作距离和视场。

3. 工业相机

工业相机就像人的眼睛，用于捕获图像。应用到印刷的工业相机通常有两种：线阵式和面阵式。线阵式 CCD 相机采用"线"的形式，并且图像信息只能以行为为单位进行处理，分辨率高、速度快。面阵式相机可以一次获取整个图像的信息，价格相对便宜。

4. 图像采集单元

图像采集单元中的重要元素是图像采集卡，它是图像采集单元和图像处理单元之间的接口。它用于数字化获取的图像，并将其输入并存储在计算机中。

5. 图像处理单元

包含大量图像处理算法。采集图像后，使用这些算法处理数字图像，进行分析和计算，然后输出结果。

6. 执行器和人机界面

完成图像采集和处理工作后，需要输出图像处理结果，并进行与结果相匹配的操作，如剔除不良品、报警等，并通过人机界面显示生产信息。

三、检测原理与过程

1. 检测原理

自动品检设备是利用机器替代人工，完成印刷产品 QC 质量检测的工作，具有速度快、精度高、可靠性高的特点。

机器视觉系统是指通过机器视觉产品将被摄取目标转换成图像信号，传送给专用的图像处理系统，根据像素分布和亮度、颜色等信息，转变成数字化信号；图像系统对这些信号进行各种运算来抽取目标的特征，进而根据判别的结果来控制现场的设备动作，检测系统原理与检测流程如图 3-29 和图 3-30 所示。

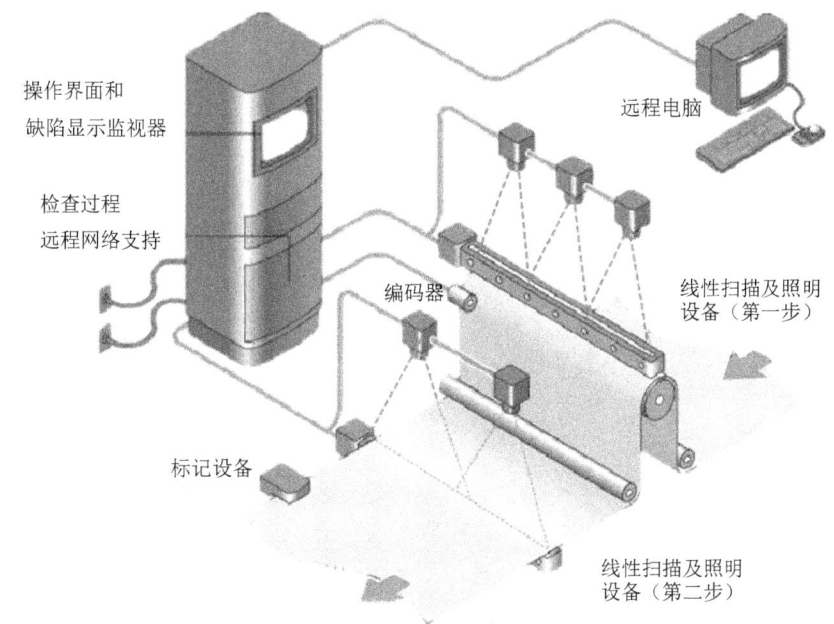

图 3-29 检测系统原理

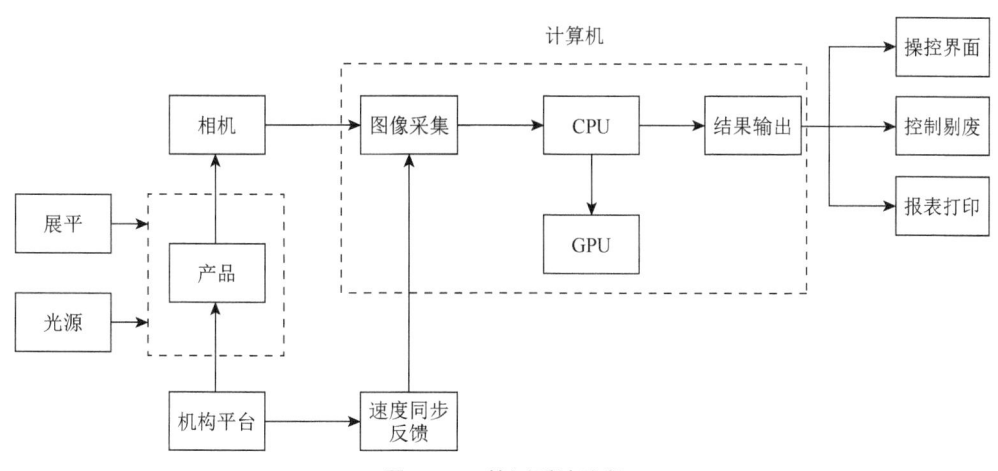

图 3-30 检测系统流程

机器视觉的研究和应用涵盖了光学、机电、软件、印刷工艺等领域的技术，能够大大降低人工成本，保证印刷质量。

2. 检测流程

检测流程一般分为以下步骤。

（1）确定检测标准

根据客户要求和产品特性，确定需要进行检测的要求和精度。检测项目通常包括图案、图形、线条、墨点等印刷缺陷、颜色趋势和工艺缺陷等，具体的检测项目和标准需根据不同的产品类型、标准和工序应用而定。

（2）样张（标准样）准备和采集

根据标准要求，采集符合要求的标准样，并进行标识、记录等操作，确保标准样的准确性。

（3）检测

根据样张（标准样）的标准，结合客户要求和工艺质量标准，对品检设备的相关参数进行设定和检测操作。在检测过程中，需要实时观察人机界面，以确保检测结果的准确性。

四、自动品检在智能印刷中的应用

在传统印刷行业中，印刷品的质量把控一直以来都是个难题。印刷品生产工艺过程不一和繁多，影响产品质量的因素有很多，如原稿质量、材料、印版质量、人员技能水平、设备精度、车间温湿度、水墨平衡等。

而自动品检的最大功能是提供先进的质量管理和分析手段，对每个生产工序实行监控、反馈和智能分析，最终保证交付产品的质量。

同时，自动品检设备作为印刷企业在各工序质量控制的手段，必须要结合企业的品质管理体系和现有的手段，才能最大限度地发挥作用。

我们将针对自动品检在各工序的常见应用做简单阐述。

1. 印前对版检测系统

印刷品制作流程中，印刷企业首先要基于客户提供的标准印刷文件（电子版标准文件）进行印刷要求的编辑和修改，经客户审核确认（签字）同意后，将按照此文件进行大版电子文件拼版，在完稿的基础上进行 RIP 处理，最终出完版后交由印刷机台进行正式印刷，如图 3-31 所示。

印前的质量检测可采用印前对版检测系统，应用在标准稿和编辑稿、编辑稿和拼版稿及 RIP 前和 RIP 后的文件比对上，避免人眼疲劳导致的失误，最大限度杜绝因为文件错误导致整批货的报废。

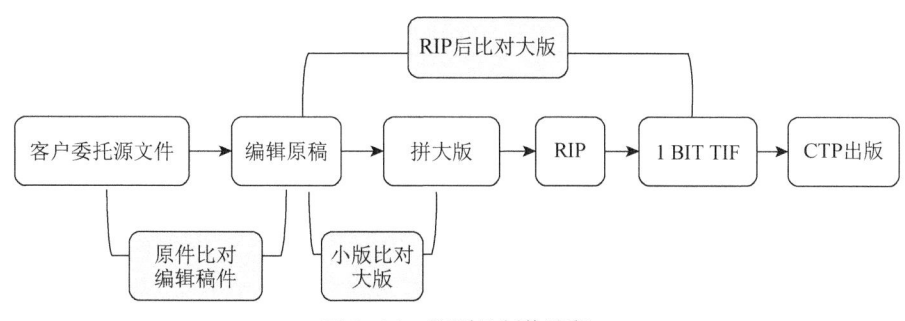

图 3-31 印刷品制作流程

2. 印中离线抽样检测系统

根据印刷车间的各项工艺环节进行质量监管，如上版后首张检测，确保文字、图形和图案与原稿的一致性，同时防止由于橡皮布未清洗干净或者橡皮布、CTP质量问题导致的整批印刷品报废。同时在批量印刷过程时，对样张进行抽检或实时检测，防止连续性样张报废，是印刷操作人员永不懈怠的工作。

印中离线抽样检测系统的应用，对首张印刷的产品和制版文件之间进行对比，发现在制版文件到正式印刷前由于RIP或印版制作过程等产生问题造成的产品缺陷，降低在制版过程中产生的系统性风险。同时在印刷过程中，将抽样产品和标准产品之间进行比对，发现印刷缺陷、颜色偏差等印刷问题，指导机台人员进行印刷机的操作和调节。

同时，也可以采用在线检测的方式实时对正在印的产品实现实时监控。

3. 在线检测系统

印刷的第一道工序，该工序的作废率虽不高，一般不到千分之一。但是容易出现连续废，如果没有很好的措施进行监测和拦截，会导致几万张甚至几十万张的缺陷产品出现，这些连续废一方面影响出厂产品质量，另一方面会造成后续工序生产效率低下。

直接在胶印机上安装印刷质量在线检测系统，对印刷质量进行实时在线的质量检查不仅可以降低人工疏漏造成的质量风险，同时按照出厂的质量标准对废品进行标记，在后道工序根据标记直接将废品剔除，大大提高了生产效率。

4. 自动品检机

在品检工序，主要针对前道工序中产生的外观质量问题进行管控，进行问题拦截，避免缺陷品交付给终端客户。通常管控的有色差、墨皮、漏印、干水、糊版、膜气泡、划伤、偏位等。使用自动品检机可以有效代替人工的逐张检测，提高效率，也能避免人工疲劳造成的漏检，如图3-32所示。

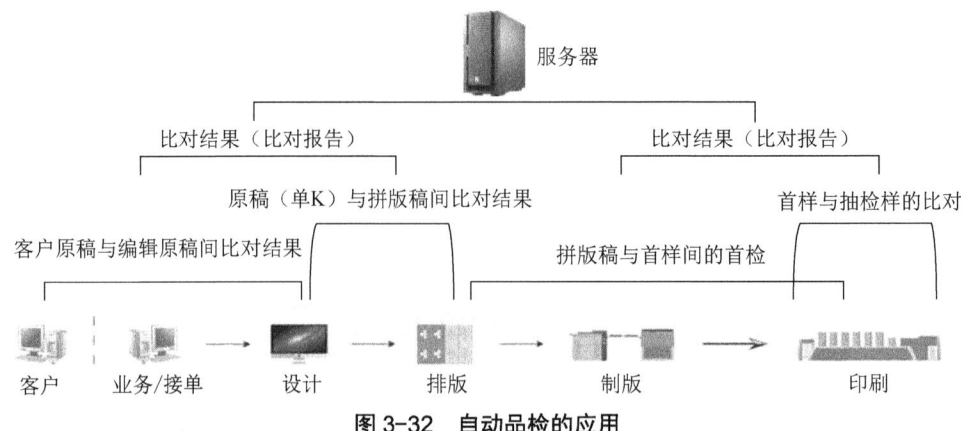

图 3-32 自动品检的应用

印刷的过程，虽然会经过重重确认，但这个过程以人为主，主观性较强是一个不可避免的问题。长期以来，在印刷品质量检测中，对于印刷缺陷的分类、分级很难明确和量化。哪些印刷缺陷需要修正，哪些微末之处可以忽略，往往都是领导或者客户说了算，质量管控的标准成了只可意会不可言传的玄学。

而自动品检在智能印刷中的应用主要是在各工序上，它能有效地避开人的主观因素，在每个有效工序上使用都能够给下一道工序提供有效的质量和数据保证，同时，如果结合品质体系，将检测数据和品质体系与 MES 关联和进行分析，将为企业的质量提供长效的数据分析。

第四节　工业机器人

一、工业机器人简介

1. 工业机器人的定义

根据国际标准化组织的定义，工业机器人是一类能够实现多种工作的可编程机械，其工作可以实现自动化控制的运行和移动功能。例如，在汽车行业中，工业机器人已经得到了大量的使用，点焊、弧焊、热喷涂、搬运等。工业机器人广泛应用于各个行业的生产环节，极大提高了生产的效率。

机器人技术的应用被用作许多行业的主要工具，如汽车、食品加工、电子、冶金、塑料制造，也被用于医疗部门。工业机器人有很多种形式，其中包含机械臂。机械臂适用于许多不同的应用，这取决于其基本特性和所使用的工具。主要应用程序有：

①组装和安装；

②码垛；

③材料搬运；

④包装；

⑤机械加工；

⑥铸造和锻造；

⑦焊接和切割；

⑧上下料。

2. 工业机器人的分类

按照运动形式分两种类型的机器人：笛卡儿机器人和多关节机器人。

（1）笛卡儿系统是一个线性机器人，根据笛卡儿数据在三个正交轴（X、Y和Z）上移动。它是由一种形式的线性驱动器控制的。

（2）多关节机器人可以在3D环境中移动。它通常有6个轴。

这两种经典类型的工业机器人都有自己的特点和技术。其中最重要的是动作范围和最大负载能力，这设置了机器能力的极限。这些元素可以让用户选择最合适的工业机器人。可以通过附加轴来提高机器人的性能，这些附加轴包括线性轴、定位器或使用移动平台移动机器人。根据机构形式又分为多轴机械臂、蜘蛛手机械臂、SCARA机械臂、AGV机械臂、协作机械臂等。根据使用用途可以分焊接机械臂、搬运机械臂、包装机械臂、特种机械臂等。

3. 工业机器人的结构

工业机器人的结构包括以下三部分。

（1）机械部件：臂本身，由每个轴上的电机组成。

（2）电气部分：控制柜及其中央单元，用于确保伺服控制、传感器和变速器。

（3）计算机部分：以特定编程语言的形式，通过将机器人连接到用户和环境来控制机器人。该计算机部分包括一个计算器，用于将编码的电机数据转换为笛卡儿值。

4. 工业机器人应用的优势

工业机器人在制造环境中的执行速度优于人类，并且随着时间的推移具有持久的精度。考虑到其高精度水平，工业机器人能够进行高质量的生产，并执行更精确可靠的流程。高的产品质量会减少质量控制检查所需的时间，以确定产品是否符合所需标准。

因此，自动化技术的使用带来了以下优点。

①提高输出；

②生产最大化；

③质量优化；

④近乎完美且可重复的精度；

⑤降低员工风险；

⑥改善工作条件；

⑦费率和流程一致性的确定性；

⑧增加了灵活性。

二、典型的工业机器人

1. 垂直串联机械手

垂直串联机械手就是我们通常意义上所说的工业机器人或者机械臂，如图3-33所示。它的本体通过多个关节或者说轴在垂直方向上依次串联形成，模拟人类的运动，能够多关节协同运行完成包括焊接、搬运、装配、包装等方面工作，是一款通用性最强的机械臂种类。

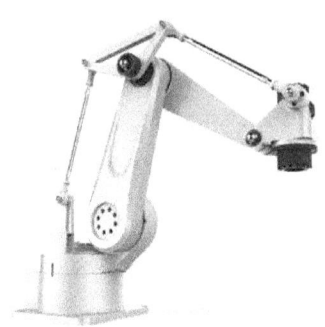

图3-33　垂直串联机械手

2. 水平串联机械手

各轴垂直串联在水平面，通常我们称这种机械手为SCARA（Selective Compliance Assembly Robot Arm）机械臂或者SCARA机器人，SCARA是一种基于圆柱形坐标系的工业机器人，有四个自由度。因为它比较高的刚度、良好的顺从性以及快速移动等特点，所以在被应用于装配和搬运等工程领域后，十分受欢迎。它有3个旋转副和1个移动副，平面内定位精度主要由前2个旋转副来保证，如图3-34所示。SCARA机器人被广泛地应用于各种高速高精度装配作业中。其主要的性能指标是机器人末端的定位精度。

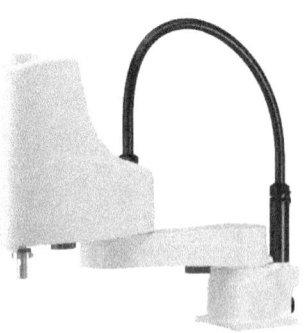

图3-34　水平串联机械手

3. 蜘蛛手机械手

蜘蛛手机器人又被称为并联机器人、分拣机器人等，通常由2～3个伺服轴并联组合的一种多自由度空间平移机械臂，具有结构简单、稳定、控制方便、速度快等优点，多用于产品的分拣、移栽，经常和视觉系统联合使用。蜘蛛手机械手如图 3-35 所示。

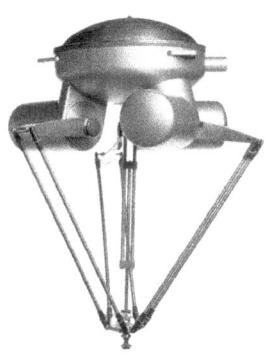

图 3-35　蜘蛛手机械手

4. 协作机械臂

协作机械臂（cobot）如图 3-36 所示，也称为协作机器人，是一种工业机器人，可以在共享工作空间中与人类一起安全操作。相比之下，自主机器人被硬编码为重复执行一项任务，独立工作并保持静止。

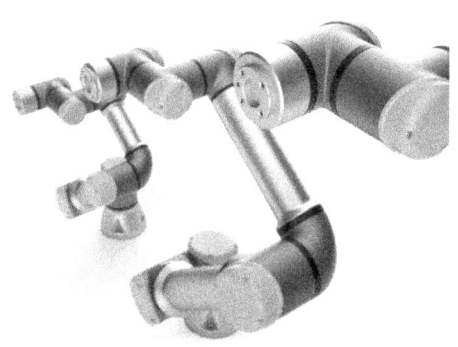

图 3-36　协作机械臂

移动技术、人工智能（AI）、机器视觉、认知计算和触摸技术的进步使小型、低功耗机器人能够感知周围环境，并在靠近人类工作的地方安全地执行多种类型的任务。除被编程以保护人类同事的安全外，协作机器人还可以通过演示和强化学习快速学习任务。

三、工业机器人的编程

在实际情况下，人类通过什么手段让机器人完成人类指定的任务呢，正是编程使元素能够在它们之间连接，一般有三种方法。

1. 机器人编程的方法

（1）通过学习进行编程是要开发的第一种方法。通过机器人能够识别的机器语言，编辑一段让机器人能够读懂的命令行，完成对机器人任务的下达，让机器人完成分配的任务。

（2）第二种是通过示教器，一般机器人厂家会随机配一个示教控制器，通过操作示教器上面的按钮完成对机器人运行轨迹的指示，让机器人完成任务。

（3）第三种是离线编程，在建立了机器人和数控机床的三维模拟场景后，经由软件仿真计算，生成控制机器人运动轨迹，进而生成机器人的控制指令。工程师可以由此来控制物理环境中的机器人。

2. 机器人编程的语言

机器人编程有基于图形化编程界面的编程语言，如 ABB 的 RobotStudio；大部分采用基于高级编程语言的编程。

ABB 机器人：ABB 机器人的编程语言为 RAPID（Robotics Application Programming Interface for Developers），这是一种高级编程语言，基于 Pascal 和 C 语言。ABB 提供了基于 PC 的 RAPID 编程环境，支持图形化编程和文本编辑模式。

FANUC 机器人：FANUC 机器人的编程语言为 KAREL（Kawasaki Robot Language），这是一种基于 Pascal 的高级编程语言。FANUC 提供了基于 PC 的 KAREL 编程环境，也支持在线编程和手持编程器。

KUKA 机器人：KUKA 机器人的编程语言为 KRL（KUKA Robot Language），这是一种基于 C 语言的高级编程语言。KUKA 提供了基于 PC 的 KRL 编程环境，也支持在线编程和手持编程器。

Universal Robots：Universal Robots 的编程语言为 URScript，这是一种基于 Python 的高级编程语言。

川崎机器人独立开发的机器人用编程语言"AS 语言"，是一种多功能的机器人语言，它可以使用监控指令、程序命令、函数等。它是所有川崎机器人的标配，可以轻松应对高精度的动作控制和序列控制。

3. 机器人编程

下面以 KAWAZAKI 川崎机器人为例进行编程示范，如图 3-37 所示。机器人一般用来代替人类配合工具完成诸如焊接、搬运、点胶、喷涂、码垛等工业生产活动。

焊接机器人工作系统包括机器人、机器人电柜、焊枪系统、周边治具系统，当机器人工作系统启动后，机器人首先到达一个待机点，其他系统包括产品到位后，机器人会运行到第 2 个点，同时发出信号启动焊枪，有时还会启动治具运动，然后机器人再运行到第 3 点、第 4 点，途中可以根据程序设定连续启动焊枪也可不启动焊枪等周边工具系统，直到完成作业，回到待机点等待启动条件满足进行下一步动作。

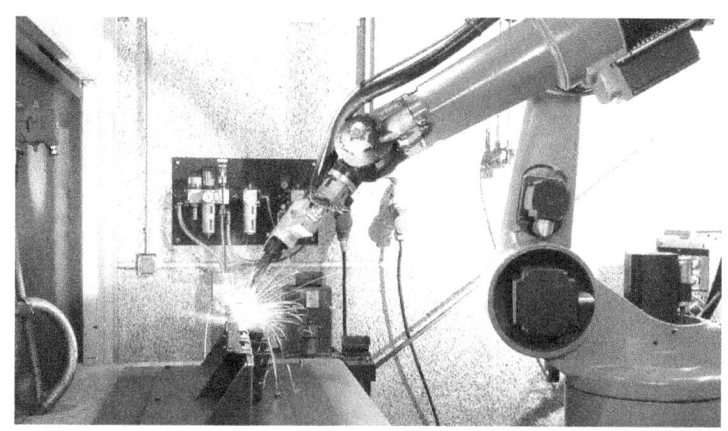

图 3-37 KAWAZAKI 川崎机器人

那么,这些机械手的运动轨迹,以及运动时周边系统的协作都是通过机械手编程后机械手运行此程序来达到的。

机械手编程还可用于机械手维护后原点矫正等方面。可以说我们是通过编程让机械手运行程序来达到指挥机械手进行类似人类动作的。下面我们要通过机械手川崎 BX-200L 和真空吸盘抓手组成的码垛工作站来说明一下机械手编程的方法和过程。

川崎机器人是一种智能化工业机器人,广泛应用于汽车、电子、机械等领域"AS 语言"由川崎独立开发的机器人用编程语言,是一种多功能的机器人语言,它可以使用监控指令、程序命令、函数等。它是所有川崎机器人的标配,可以轻松应对高精度的动作控制和序列控制。学习川崎机器人 AS 语言的基础知识在学习川崎机器人 AS 语言之前,需要掌握一些基础知识。

(1) 机器人的基础知识需要了解机器人的基本组成、结构和工作原理,如关节、轴、驱动器等部件的作用和功能。

(2) 编程基础知识需要了解编程的基础知识,包括变量、条件语句、循环语句、函数等基本概念和语法。

(3) 机器人 AS 语言的基础知识需要 AS 语言的基础知识,包括 AS 语言的语法、数据类型、命令和程序结构等。

(4) 学习 AS 语言的高级特性在掌握 AS 语言的基础知识后,可以进一步学习 AS 语言的高级特性,如高级数据类型、文件操作、网络通信等。"AS 语言"控制指令具体分为监控指令和程序命令。

监控指令:具有对程序的作成、编辑、实际运行以及对系统全体进行监控的指令。从系统终端直接输入指令可立即被执行。例如,EDIT、FDIRECTORY、SPEED、EXECUTE、SAVE 等。

程序命令:程序是由各种程序命令组合而成的命令群构成的。输入这些命令就可以控制机器人的动作或对 I/O 信号的控制。例如,JMOVE、SPEED、TWAIT、

HALT、SIGNAL、PULSE、OPEN 等。监控指令、程序命令还可以和以下的功能组合使用。

- AS 系统开关：RP、QTOOL、SCREEN、AUTOSTART.PC 等；
- 运算符：＋、－、*、= 等；
- 函数：SIG、BITS、TIMER、TRANS、TOOL 等；
- 变量：位置情报变量、实型变量、文字列变量等；
- 表达式：数学表达式、逻辑表达式、字符表达式等；

以下以使用机器人对产品 A 进行搬运码垛的动作编程为例。

```
.PROGRAM pointsa3 () #20 ；产品A左边运算码垛位程序 彩箱 320*232*820 产品 UV725
  zonga = 24  ;一个跺总数码18次
  CASE counta OF
   VALUE 0: ;第1位置 第一层 取点
    POINT fangg = TRANS (aa[1], aa[2], aa[3], aa[4], aa[5], aa[6])
    POINT fang = SHIFT (fangg BY 0, 0, 0)
    POINT fangw = SHIFT (fang BY +100, +100, 300)
   VALUE 1: ;第2位置 第一层
    POINT fangg = TRANS (aa[1]+420, aa[2], aa[3], aa[4], aa[5], aa[6])
    POINT fang = SHIFT (fangg BY 0, 0, 0)
    POINT fangw = SHIFT (fang BY +250, +100, 250)
   VALUE 2: ;第3位置 第一层
    POINT fangg = TRANS (aa[1]+750, aa[2], aa[3], aa[4], aa[5], aa[6])
    POINT fang = SHIFT (fangg BY 0, 0, 0)
    POINT fangw = SHIFT (fang BY +150, +200, 100)
   VALUE 3: ;第4位置 第一层 取点
    POINT fangg = TRANS (bb[1], bb[2], bb[3], bb[4], bb[5], bb[6])
    POINT fang = SHIFT (fangg BY 0, 0, 0)
    POINT fangw = SHIFT (fang BY +75, +150, 820)
   VALUE 4: ;第5位置 第一层
    POINT fangg = TRANS (bb[1]-235, bb[2], bb[3], bb[4], bb[5], bb[6])
    POINT fang = SHIFT (fangg BY 0, 0, 0)
    POINT fangw = SHIFT (fang BY -150, +150, 820)
   VALUE 5: ;第6位置 第一层
    POINT fangg = TRANS (bb[1]-3*235, bb[2], bb[3]+3, bb[4], bb[5], bb[6])
    POINT fang = SHIFT (fangg BY 0, 0, 0)
    POINT fangw = SHIFT (fang BY -100, +150, 820)
   VALUE 6: ;第7位置 第一层
    POINT fangg = TRANS (bb[1], bb[2]+325, bb[3], bb[4], bb[5], bb[6])
    POINT fang = SHIFT (fangg BY 0, 0, 0)
    POINT fangw = SHIFT (fang BY -50, +150, 820)
   VALUE 7: ;第8位置 第一层
    POINT fangg = TRANS (bb[1]-235, bb[2]+325, bb[3]+15, bb[4], bb[5], bb[6])
    POINT fang = SHIFT (fangg BY 0, 0, 0)
    POINT fangw = SHIFT (fang BY -100, +100, 820)
```

VALUE 8: ;第9位置 第一层
   POINT fangg = TRANS (bb[1]-3*235, bb[2]+328, bb[3]+12, bb[4], bb[5], bb[6])
   POINT fang = SHIFT (fangg BY 0, 0, 0)
   POINT fangw = SHIFT (fang BY -100, +100, 820)
VALUE 9: ;第10位置 第一层
   POINT fangg = TRANS (bb[1]-3*235, bb[2]+2*328, bb[3]+12, bb[4], bb[5], bb[6])
   POINT fang = SHIFT (fangg BY 0, 0, 0)
   POINT fangw = SHIFT (fang BY +50, +30, 150)
VALUE 10: ;第11位置 第一层
   POINT fangg = TRANS (bb[1]-235, bb[2]+2*328, bb[3]+12, bb[4], bb[5], bb[6])
   POINT fang = SHIFT (fangg BY 0, 0, 0)
   POINT fangw = SHIFT (fang BY +50, +50, 200)
VALUE 11: ;第12位置 第一层
   POINT fangg = TRANS (bb[1], bb[2]+2*328, bb[3]+12, bb[4], bb[5], bb[6])
   POINT fang = SHIFT (fangg BY 0, 0, 0)
   POINT fangw = SHIFT (fang BY +150, +250, 200)
VALUE 12: ;第13位置 第二层 取点
   POINT fangg = TRANS (cc[1], cc[2], cc[3]+10, cc[4], cc[5], cc[6])
   POINT fang = SHIFT (fangg BY 0, 0, 0)
   POINT fangw = SHIFT (fang BY 0, +250, 400)
VALUE 13: ;第14位置 第二层
   POINT fangg = TRANS (cc[1]+2*235, cc[2], cc[3]+10, cc[4], cc[5], cc[6])
   POINT fang = SHIFT (fangg BY 0, 0, 0)
   POINT fangw = SHIFT (fang BY +150, +150, 400)
VALUE 14: ;第15位置 第二层
   POINT fangg = TRANS (cc[1]+4*235, cc[2], cc[3]+10, cc[4], cc[5], cc[6])
   POINT fang = SHIFT (fangg BY 0, 0, 0)
   POINT fangw = SHIFT (fang BY +100, +150, 350)
VALUE 15: ;第16位置 第二层 取点
   POINT fangg = TRANS (dd[1], dd[2]+10, dd[3]+10, dd[4], dd[5], dd[6])
   POINT fang = SHIFT (fangg BY 0, 0, 0)
   POINT fangw = SHIFT (fang BY +180, +100, 350)
VALUE 16: ;第17位置 第三层 取点
   POINT fangg = TRANS (ee[1], ee[2], ee[3]+10, ee[4], ee[5], ee[6])
   POINT fang = SHIFT (fangg BY 0, 0, 0)
   POINT fangw = SHIFT (fang BY +100, +100, 350)
VALUE 17: ;第18位置 第三层 取点
   POINT fangg = TRANS (ff[1], ff[2], ff[3]+10, ff[4], ff[5], ff[6])
   POINT fang = SHIFT (fangg BY 0, 0, 0)
   POINT fangw = SHIFT (fang BY +50, +100, 350)
VALUE 18: ;第19位置 第三层
   POINT fangg = TRANS (ff[1]+2*235, ff[2], ff[3]+15, ff[4], ff[5], ff[6])
   POINT fang = SHIFT (fangg BY 0, 0, 0)
   POINT fangw = SHIFT (fang BY +150, +100, 350)
VALUE 19: ;第20位置 第三层
   POINT fangg = TRANS (ff[1]+4*235, ff[2], ff[3]+15, ff[4], ff[5], ff[6])

```
    POINT fang = SHIFT (fangg BY 0, 0, 0)
    POINT fangw = SHIFT (fang BY +100, +100, 200)
  VALUE 20:  ;第21位置 第四层
    POINT fangg = TRANS (cc[1], cc[2], cc[3]+2*325, cc[4], cc[5], cc[6])
    POINT fang = SHIFT (fangg BY 0, 0, 0)
    POINT fangw = SHIFT (fang BY +150, +50, 150)
  VALUE 21:  ;第22位置 第四层
    POINT fangg = TRANS (cc[1]+2*235, cc[2]-5, cc[3]+2*325, cc[4], cc[5], cc[6])
    POINT fang = SHIFT (fangg BY 0, 0, 0)
    POINT fangw = SHIFT (fang BY +150, +150, 200)
  VALUE 22:  ;第23位置 第四层
    POINT fangg = TRANS (cc[1]+4*235, cc[2], cc[3]+2*325, cc[4], cc[5], cc[6])
    POINT fang = SHIFT (fangg BY 0, 0, 0)
    POINT fangw = SHIFT (fang BY +150, +200, 200)
  VALUE 23:  ;第24位置 第四层
    POINT fangg = TRANS (dd[1], dd[2], dd[3]+2*325, dd[4], dd[5], dd[6])
    POINT fang = SHIFT (fangg BY 0, 0, 0)
    POINT fangw = SHIFT (fang BY +50, +100, 200)
END
RETURN
.end
```

第四章
包装印刷其他智能设备

第一节 自动称重机

一、自动称重机的定义

称重机主要用于各种自动化流水线以及物流输送系统上重量称量、超限判别或重量分级及筛选,广泛应用于生产制造的在线检测。此外还可以以机器自动称量代替人工称重,以此提高生产效率以及数据的精度与可靠性。目前,形形色色的称重机因其各异的功能而应用于不同的领域,然而,自动称重机还主要应用于单一的生产线或者大中型企业。在商场等小领域,依旧采用人工称重的方法,耗时耗力。对商用小型称重机进行改进、设计,使自动称重机能够实现对已包装好的商品进行识别称量,对节省劳动力、减轻称重工人的负担、解决随着人口老龄化日益严重的劳动力短缺问题以及实现自动化具有重要意义。

二、自动称重机的结构

商用小型自动称重机的组成包括传送平台、称重平台和传送平台;传送平台由电机、皮带轮、皮带、传送轮、传送带等组成;称重平台由称重台、称重台固定孔、电子称、电机、皮带轮、皮带、大皮带轮、大皮带轮固定孔、曲轴、曲轴固定孔、连杆、推送板、推送板固定孔、支撑柱组成;传送平台由电机、皮带轮、皮带、传送轮、传送带等组成;通过传送带传输物品,物品在称重台称重后,称重台的大皮带轮带动曲轴、连杆和推送板做活塞运动,最后推送板将物品从称重台推送至传送带进入下一个流水线,整个过程取消了人工操作,实现了自动化,提高了生产效率。

三、自动称重机的原理

称重机自动控制系统如图 4-1 所示,过光电测量装置,将系统的输入输出信号转换成比例的电信号,并进行比较。当物体达到压力传感器上时,给定输入与输出相等,电动机处于静止状态。当有偏差时,通过光电传感器,凸轮机构的转角会转动,力图减小并消除偏差,控制电动机转动,最终达到物体处于压力传感器中央位置。

称重台将物体重力传递至压力传感器,使压力传感器产生变形,导致应变计桥路失去平衡,(组成惠斯登电桥)输出与重量数值转换成正比例的电信号,同时经过运算放大器将信号放大。再经 A/D 转化模块转换为数字信号,由仪表的中央处理器(CPU)

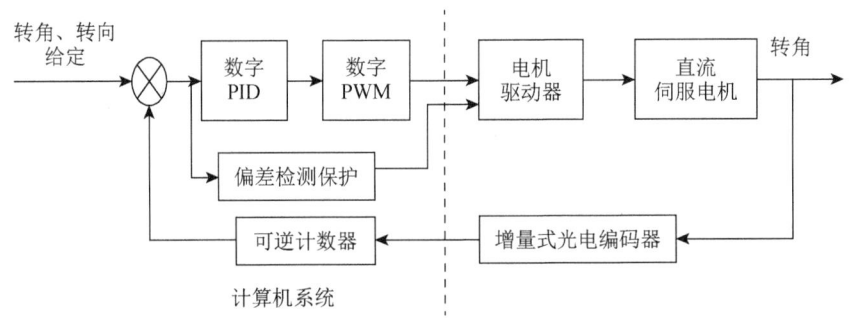

图 4-1 称重机自动控制系统

对重量信号进行处理后显示重量数据。如果电桥处于平衡状态，输出为零。如果弹性体承受载荷，各应变计随之产生与载荷成比例的应变，由输出电压即可测出外载重量，通过仪表的通信接口可以与上位机连接。再通过配置打印机，从而打印记录称重数据。

第二节　自动捆扎机

一、自动捆扎机的定义

自动捆扎机在产品包装的最后，是在装箱封箱之后把纸箱用打包带捆扎起来，防止搬运过程中散落，它是智能包装生产不可缺少的设备。使用自动捆扎机、自动打包机优点很多，纸箱打出来的带美观也牢固，速度很快，提高了工人的打包效率。同时减少浪费，也节约了成本。分为塑料带捆扎机、钢带捆扎机、熔接式捆扎机等。

二、自动捆扎机的结构

1. 自动捆扎机总体结构

自动捆扎机集输纸、切纸、折纸、烫接于一体，能自动实现捆扎条的定长传送、定长裁切、自适应折纸及烫接。上道工序将待捆扎长条产品 6 送入捆扎位置，产品定位机构 4 将待捆产品定位，捆扎条传送机构 10 中的输纸电机按开本要求将捆扎条定长送入捆扎位置，捆扎条裁切机构 9 将捆扎条定长裁断，捆扎条折纸机构及勉纸机构 8 中的折纸机构上升，将捆扎条紧贴待捆产品底部及两侧，勉纸机构气缸收缩将捆扎条两边顺次贴合产品上表面，捆扎条烫接机构 5 中的带温度烫头动作，将捆扎条烫接，完成扎张长条产品的捆扎。自动捆扎机总体结构如图 4-2 所示。

2. 自动捆扎机捆扎条传送机构

捆扎条传送机构如图 4-3 所示，捆扎条输纸节拍中，压纸气缸 11 动作带动压纸胶轮 12 将捆扎条压紧于输送轮 14 上，同时输纸器电机 6 通过减速机、同步带组带动输送轮旋转，将捆扎条沿着既定导轨输送。当墨点传感器 5 感应到捆扎条上定长间隔

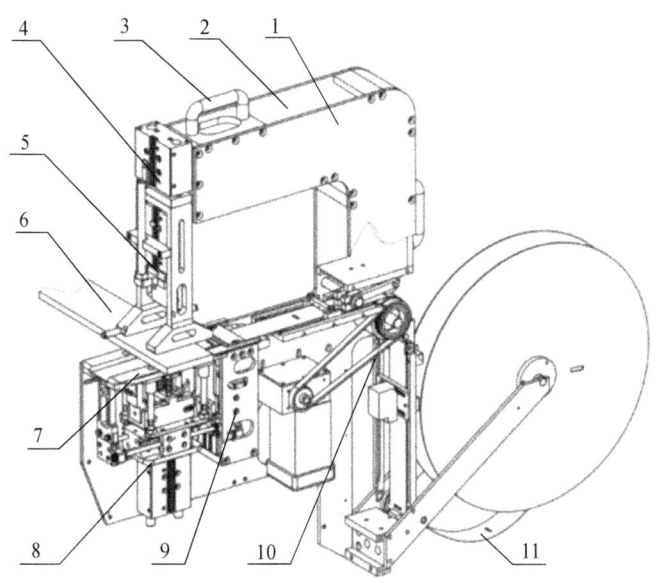

1. 侧板1；2. 侧板2；3. 手柄组件；4. 产品定位机构；5. 捆扎条烫接机构；
6. 待捆扎长条产品；7. 产品支持导轨组件；8. 捆扎条折纸机构及勉纸机构；
9. 捆扎条裁切机构；10. 捆扎条传送机构；11. 定长捆扎条

图 4-2　自动捆扎机结构

的小黑块时，输纸器电机电子转动，压纸气缸收缩，压轮抬起，实现捆扎条定长的传送。捆扎条传送机构通过调整墨点传感器上下的位置，能根据不同的开本产品自动输送不同定长的捆扎条，取消了原有线体上叼纸钳机构，避免了叼纸钳驱动气缸误操作带来的安全隐患。该机构具有结构简单、操作安全等优点。

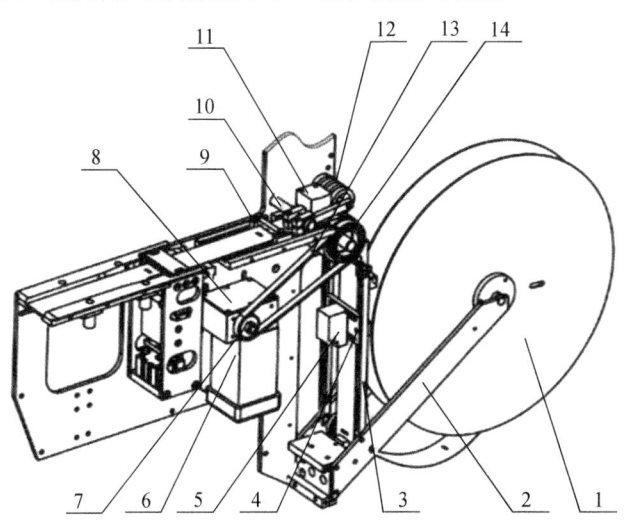

1. 纸带盘；2. 纸带盘支架；3. 支架；4. 固定板；5. 墨点传感器；6. 输纸器电机；
7. 小同步带轮；8. 减速器；9. 捆扎条导向组件；10. 长轴；11. 压纸气缸；
12. 压纸胶轮；13. 同步带；14. 输送轮

图 4-3　捆扎条传送机构

3. 捆扎条传送机捆扎条烫接机构

捆扎条烫接机构集成于产品定位机构，如图4-4所示，其动作过程为：当待捆扎产品被输送至捆扎位置后，压脚气缸动作带动压脚下压，将待捆扎产品"固定"等待捆扎；到捆扎条烫接节拍时，烫头气缸10带动烫头7下压，加热管6能将烫头保持到一定温度可将捆扎条烫接；当捆扎条输送时，左压脚3上安装的气嘴4、吹气管5能将捆扎条紧贴于导向组建输送，防止其翘曲。捆扎条烫接机构与产品定位机构集成一体，安装于捆扎单机上。当更换开本时，可进行整体调整，无须单独更换不同尺寸压脚以及单独调整位置。该结构具有结构简单，对不同开本适应强、调整简易等优点。

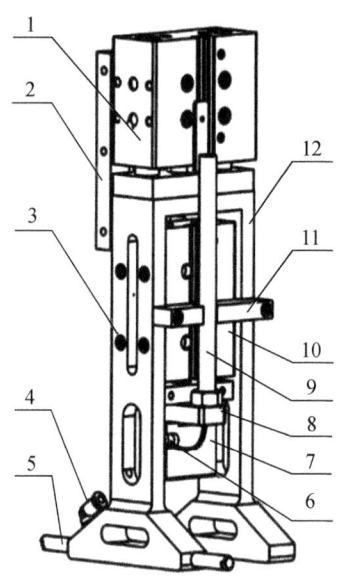

1.压脚气缸；2.固定板；3.左压脚；4.气嘴；5.吹气管；6.加热管；7.烫头；8.烫头固定板；9.导线管；10.烫头气缸；11.支块；12.右压脚

图4-4 产品定位与捆扎条烫接机构

4. 自动捆扎机捆扎条裁切机构

捆扎条裁切机构如图4-5所示。其中下刀4通过压簧、螺母、螺栓固定在下刀架5上；下刀架5通过螺钉与滑轴6连接；上刀2通过螺钉与上刀安装板1相连接；切纸气缸7安装在气缸支撑板上；同时上刀安装板1通过螺钉与刀侧板相连接。当捆扎条停止输送，捆扎裁切刀机构中的切纸气缸伸出将下刀沿滑轴上升至上刀刀口，将捆扎条切断。下刀刀口与上刀刀口之间设计有3°的角度，这种斜刀口的设计，能保证当下刀沿滑轴上升时，下刀刀刃与捆扎条是点接触，能有效地实现捆扎条的裁切。该部分上下刀一体化设计，当需要调整或更换时可以单独将裁切部分取出线体外，方便调整及维修。

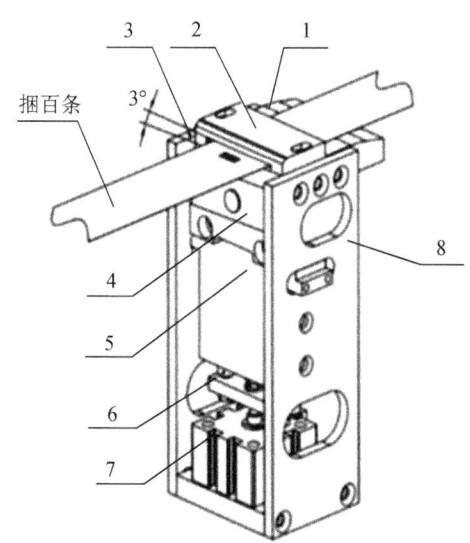

1.上刀安装板；2.上刀；3.刀侧板Ⅰ；4.下刀；5.下刀架；
6.滑轴；7.切纸气缸；8.刀侧板Ⅱ

图 4-5　捆扎条裁切机构

5. 自动捆扎机捆扎条折纸机构

捆扎条折纸机构和勉纸机构如图 4-6 所示。当捆扎条输送到捆扎位置并裁断后，折纸机构中的产品厚度自适应组件，自动感知产品的上下表面，宽度适应部分感知产品两侧边缘。捆扎条在折纸机构中沿着产品上下表面和两侧边缘自动弯折成圈，等待烫接。具体动作：升降气缸 10 升起，捆扎条托板 1 带动捆扎条上升，使捆扎条紧贴产品下表面，实现产品下表面自动定位；此时升降气缸 10 继续上升，当产品上表面感知立柱遇到压脚下表面时，升降气缸 10 停止上升，感知到产品的上表面，实现产品上表面自动定位。两侧升降折板设计为一边固定一边浮动的结构形式，能够根据产品宽度的时时尺寸和位置信息做自适应性调整，准确感知产品宽度方向的两个侧边。当两侧升降折板随升降气缸上升时，能够自动紧贴产品两侧将捆扎条弯折。折纸机构能够自动感知产品的上下表面和宽度侧边信息，并做自适应性调整，因此能够保证捆扎产品松紧度的一致性。同时，捆扎不同规格的产品，可通过旋转带双向螺纹的螺纹杆 7 来实现活动折板 3 与固定折板 12 之间的距离，来适应不同规格的产品。

如图 4-6 所示，当折纸机构升到位后，勉纸气缸 6 收缩，左右两勉纸折板 4、12 将捆扎条顺次地贴合于产品的上表面。捆扎勉纸机构两边勉纸支架 5、11 为偏心安装，当勉纸气缸 6 收缩时能将捆扎条交错贴合至产品上表面。两边设置支撑板 3，能保证勉纸折板 4、12 在接触产品前始终保持压簧压缩状态，实现捆扎条较紧地贴合在产品上表面，保证捆扎效果。通过光轴 8 及两边直线轴承 7 的设置，能有效减小勉纸时对勉纸气缸的侧向力，提高捆扎稳定性。捆扎条折纸机构部分如图 4-7 所示。

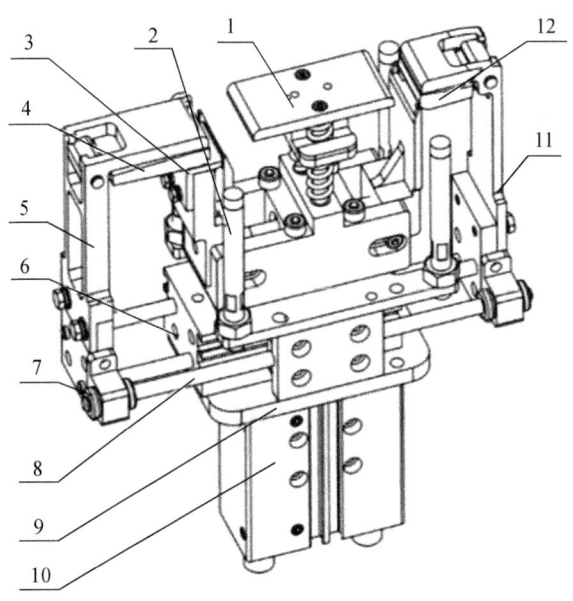

1. 捆扎条托板；2. 小顶柱；3. 支撑板；4. 勉纸折板Ⅰ；5. 勉纸左支架；6. 勉纸气缸；7. 直线轴承；8. 光轴；9. 支撑板；10. 升降气缸；11. 勉纸右支架；12. 勉纸折板Ⅱ

图 4-6　捆扎条折纸机构和勉纸机构

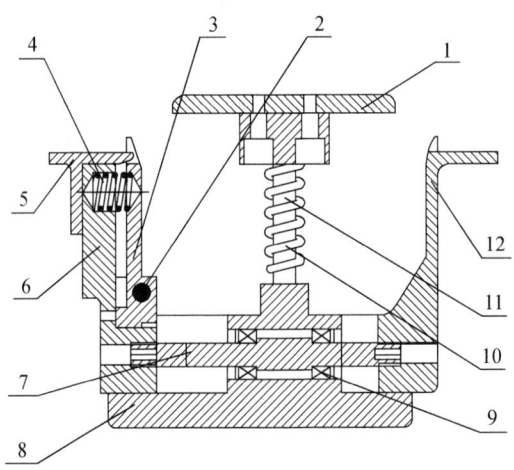

1. 捆扎条托板；2. 销轴；3. 活动折板；4. 压簧；5. 折板支撑板；6. 左折纸支座；7. 螺纹杆；8. 支座；9. 轴承；10. 压簧Ⅳ；11. 滑轴；12. 固定折板

图 4-7　捆扎条折纸机构部分

第三节　自动开箱机

一、自动开箱机的结构和原理

自动开箱机也叫纸箱自动成型封底机，如图 4-8 所示。该设备在智能化的包装

第四章 包装印刷其他智能设备

环节中作为一个自动化设备,能够代替人工将纸箱开箱成型,为下一步装入产品做准备。它所需要完成的工作内容包括把纸箱板展开,箱底按自锁底等方式折合,并用胶带密封后输送给装箱机的专用设备。自动纸箱成型机、自动开箱机是大批量纸箱自动开箱、自动折合下盖、自动密封下底胶带的流水线设备,一次完成纸箱吸箱、开箱、成型、折底、封底等包装工序,它是智能生产环节中必不可少的设备。

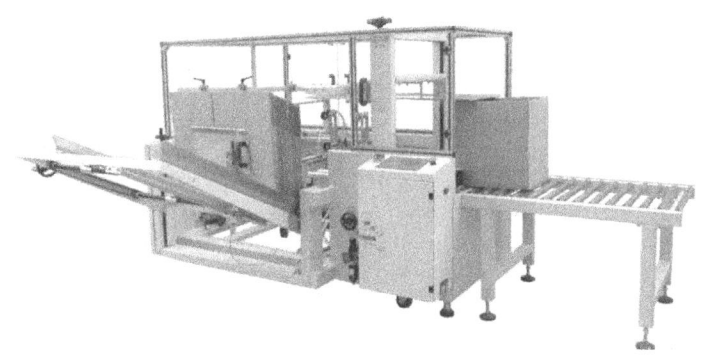

图 4-8 自动开箱机

1. 自动开箱机的结构

如图 4-9 和图 4-10 所示,开箱机一般主要由主机架、上箱机构、纸箱成型机构、真空吸箱机构、摇臂输箱机构、纸箱前盖折边机构、纸箱侧盖折边机构、纸箱胶带封底机构、纸箱导轨机构、压实撞杆机构、气动控制系统、电气控制系统等组成。

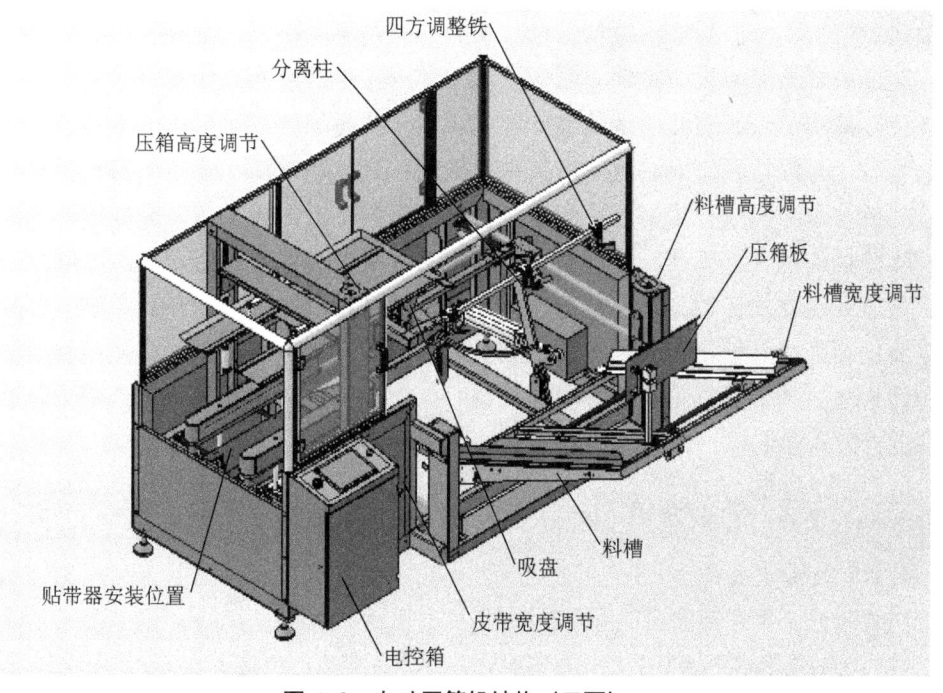

图 4-9 自动开箱机结构(正面)

135

包装印刷智能技术与应用

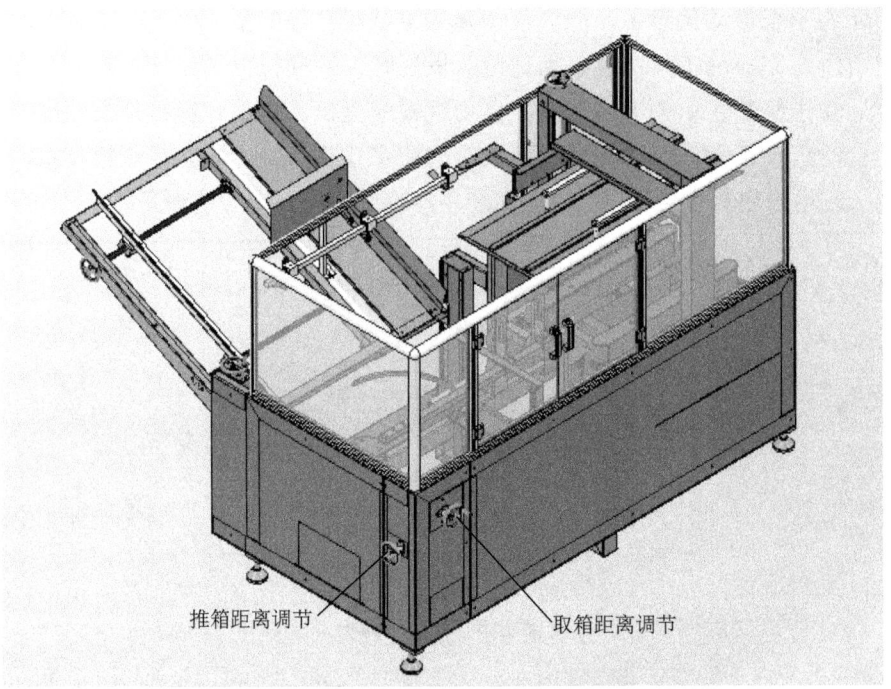

图 4-10　自动开箱机结构（背面）

2. 自动开箱机的流程

自动开箱机的工作流程为：主机架上装有上箱机构，内装有真空吸箱机构和摇臂输箱机构。真空吸箱机构下部对应位置装有纸箱长边闭合机构。摇臂输箱机构装有纸箱前盖折边机构。摇管输箱机构运动尽头装有纸箱导轨机构，纸箱导轨中间装有胶带封底装置和纸箱后盖折边机构。纸箱导轨上部对应位置装有压实撞杆机构。纸箱板存储在上箱机构上，通过转动手轮带动丝杠转动，从而使丝杠丝母上的纸箱左边固定板左右移动，与纸箱右边固定板共同夹紧纸箱板。光杠通过滑块连接纸箱板挡板。上箱机构底板与水平面成一定夹角，通过纸箱与纸箱固定板的自重自动完成纸箱的进给。真空吸箱机构由气缸驱动，吸盘固定在支架上，支架与滑块相连，气缸驱动滑块在光杠上做直线往复式运动，吸取纸箱。纸箱在运动过程中碰触成型装置自动打开成型。吸盘将纸箱吸取到纸箱折边机构的正上方之后，纸箱短边折边机构折叠纸箱短边，纸箱长边折边机构折叠纸箱长边并抬高纸箱。摇臂输箱机构将纸箱推入纸箱导轨，纸箱导轨的皮带输送纸箱。

二、自动开箱机的操作

1. 机械部分调整操作

（1）取一个要开箱的已成型的纸箱。

（2）转动皮带宽度调节手轮（顺时针，皮带宽度变窄，反之变宽），如图 4-11 所示。

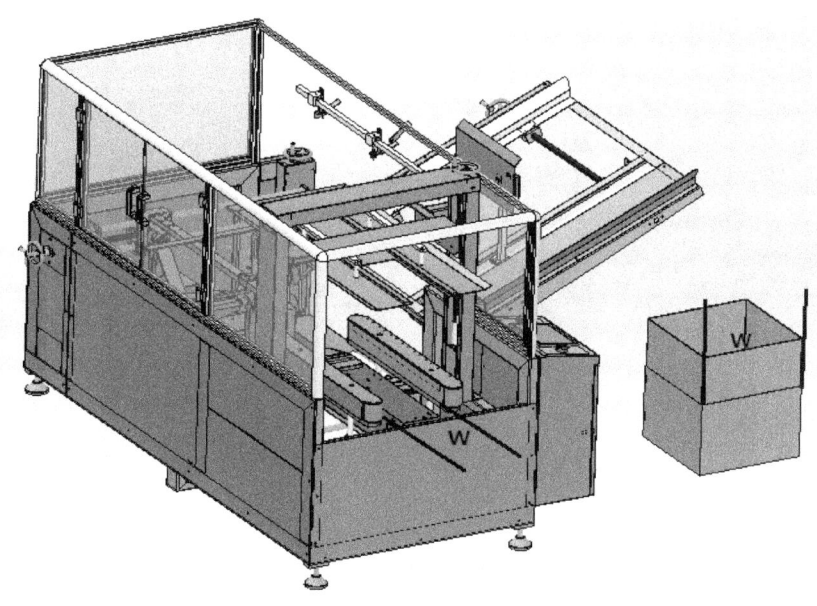

图 4-11 皮带宽度调节

（3）转动取纸箱调节手轮（顺时针向前，反之向后）使取纸箱吸盘在极限位置时，吸盘面与皮带面平行，如图 4-12 所示。

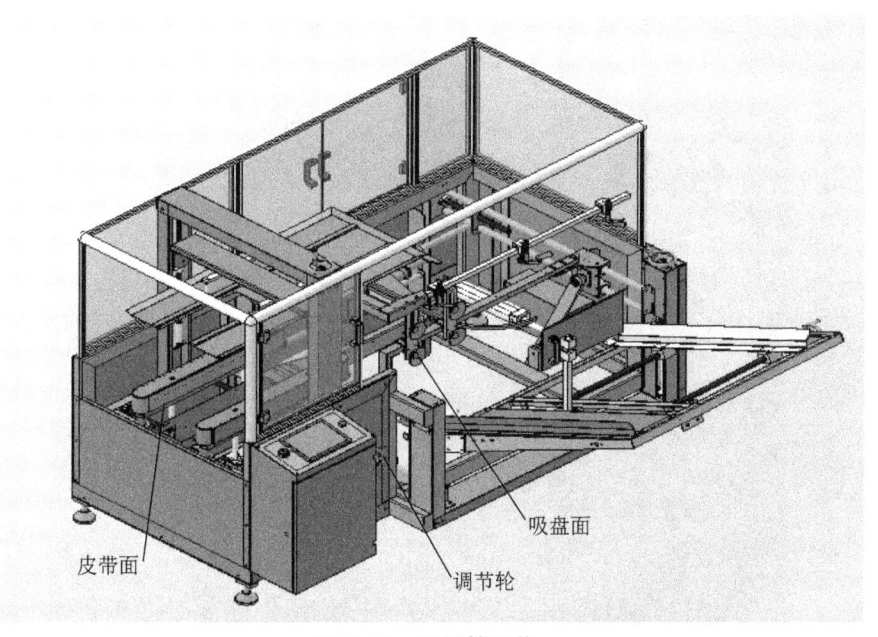

图 4-12 取纸箱调节

（4）取未开箱纸箱，以挡料块下边缘为基准放置，调整储料槽的高度及宽度，分别使其与未成型纸箱的高度、宽度相等，如图 4-13 所示。

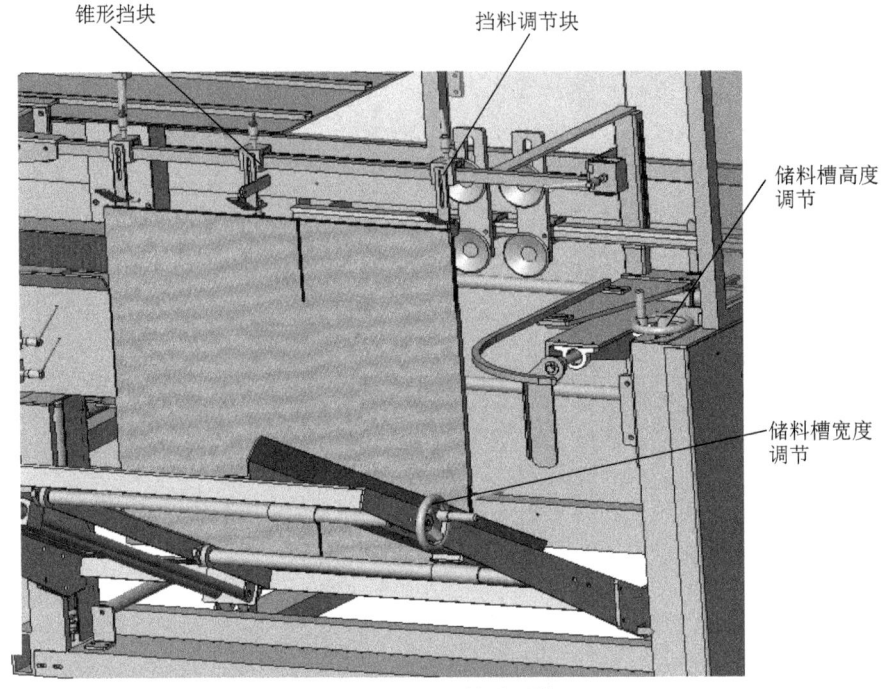

图 4-13 调整储料槽

（5）调节锥形调整块，使其对齐纸箱折线，如图 4-14 所示。

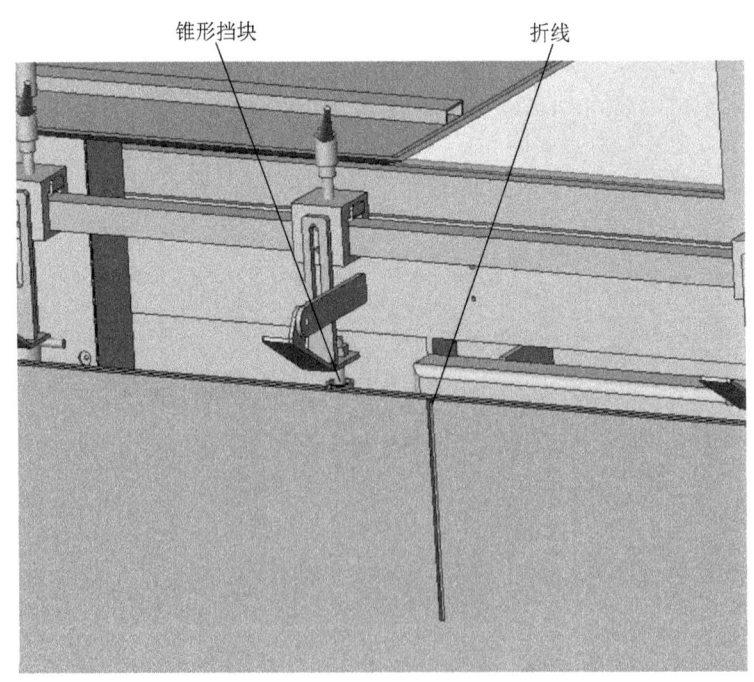

图 4-14 调节锥形调整块

(6）转动推纸箱调节手轮，调节至推料杆、锥形调整块，纸箱折线处于同一直线上，如图 4-15 所示。

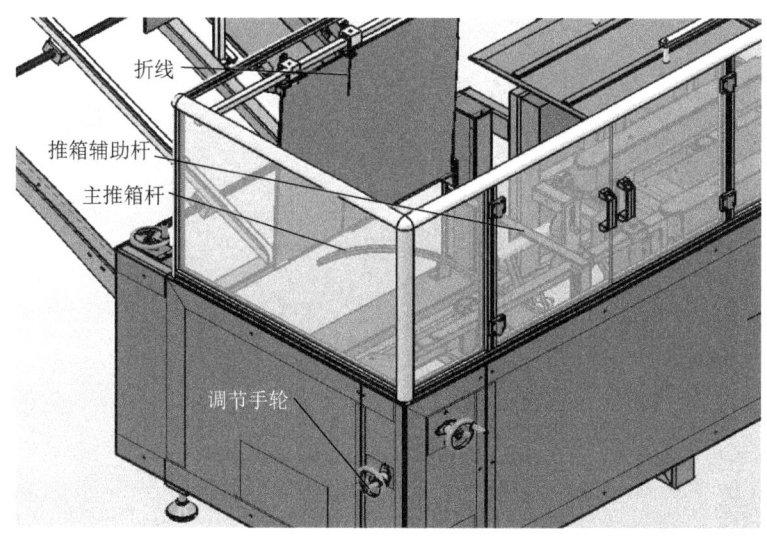

图 4-15　推纸箱调节

(7）将吸盘根据纸箱大小调整到合适的位置，如图 4-16 所示。

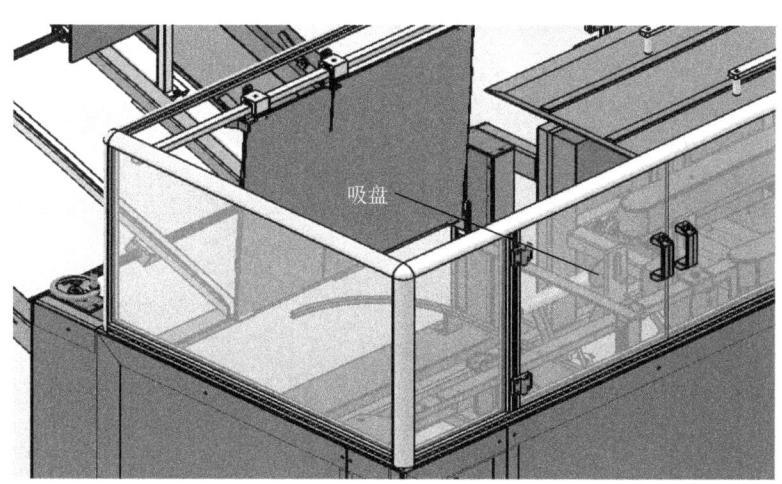

图 4-16　吸盘调整

(8）最后将未成型纸箱放入储料槽中并放下储料推板，至此已完成开机前的机械调节，如图 4-17 所示。

2. 电控部分操作

(1）确定开箱机已送入电源和气源。

(2）依序打开 NFB、电源开关及确定急停钮为非下压状态，如图 4-18 所示。

(3）开机后主画面一般如图 4-19 所示。

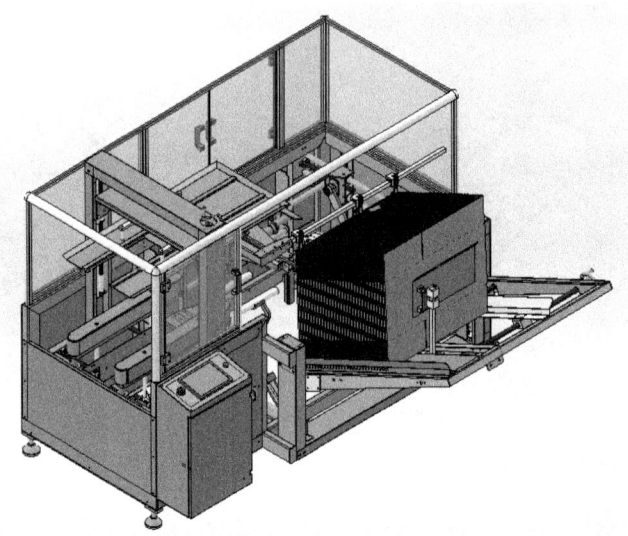

图 4-17 未成型纸箱放入

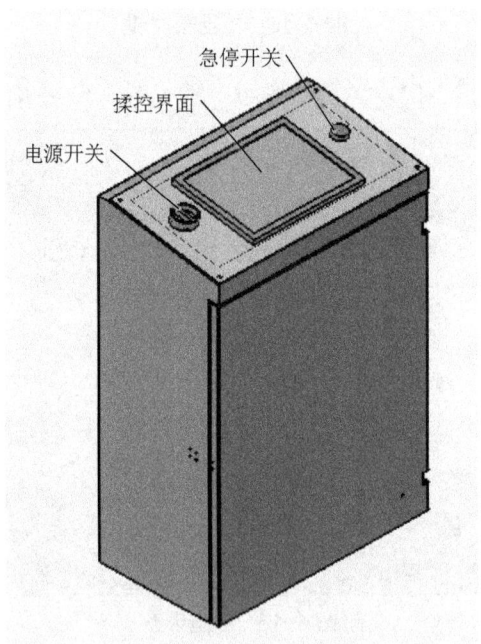

图 4-18 电控开关示意图

自动/手动：为手自动状态切换及显示。

计数：显示批次的及总和开箱数量，按清零可归零。

连续开箱：在自动状态下按连续开箱，则连续执行开箱作业。

开一箱：执行一次开箱作业。

第四章 包装印刷其他智能设备

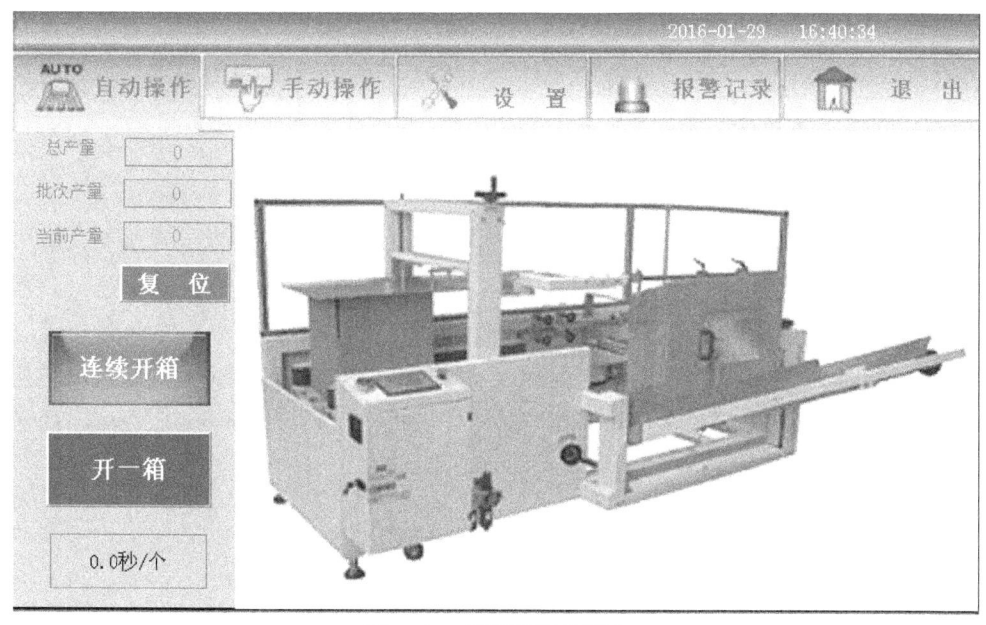

图 4-19 开箱机操作屏幕

产量设定：显示批次的及总和开箱数量，按 RST 当前产量可归零。总产量在高级设置画面里面可清零，批次产量在高级设置里可设定。

效率显示：执行一次开箱需要的时间。

（4）手动画面点击执行相关操作，如图 4-20 所示，可手动执行相关的动作。

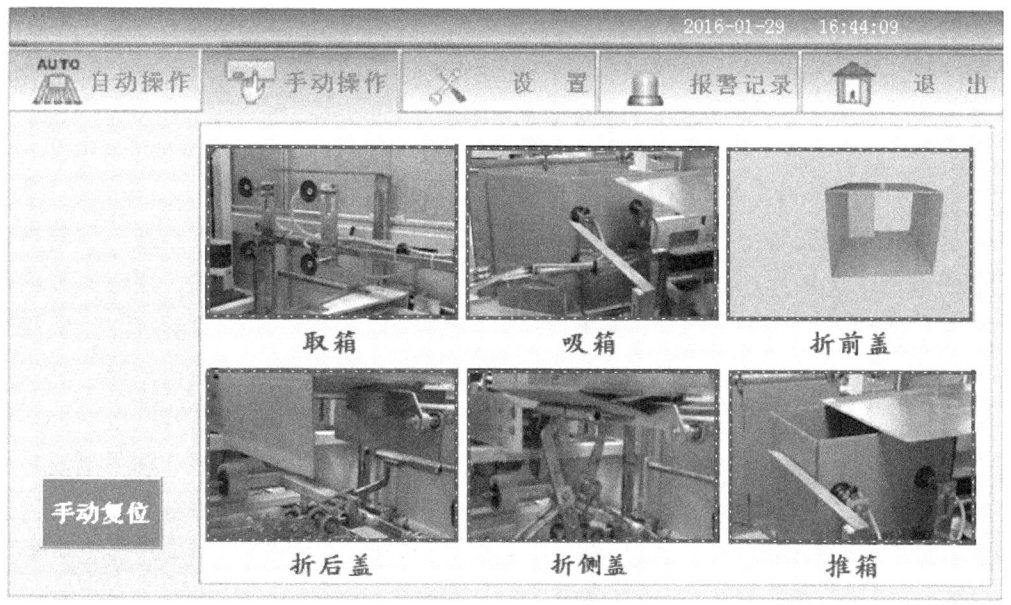

图 4-20 自动开箱机触摸屏操作

141

第四节　自动装箱机

一、自动装箱机的简介

1. 自动装箱机的定义

自动装箱机是指用于完成运输包装，将包装成品按一定排列方式定量装入箱中，并把箱的开口部分闭合或封固的机器设备。与装箱机类似的设备还有装盒机、软袋装箱机等，此类设备均有容器成形（或打开容器）、计量、装入、封口等功能。如图4-21所示，为自动装箱机流水线示意。自动装箱机在当今印刷企业的智能化转型中是必不可少的自动化设备，它代替了传统的靠人工将产品装箱并封装的过程。

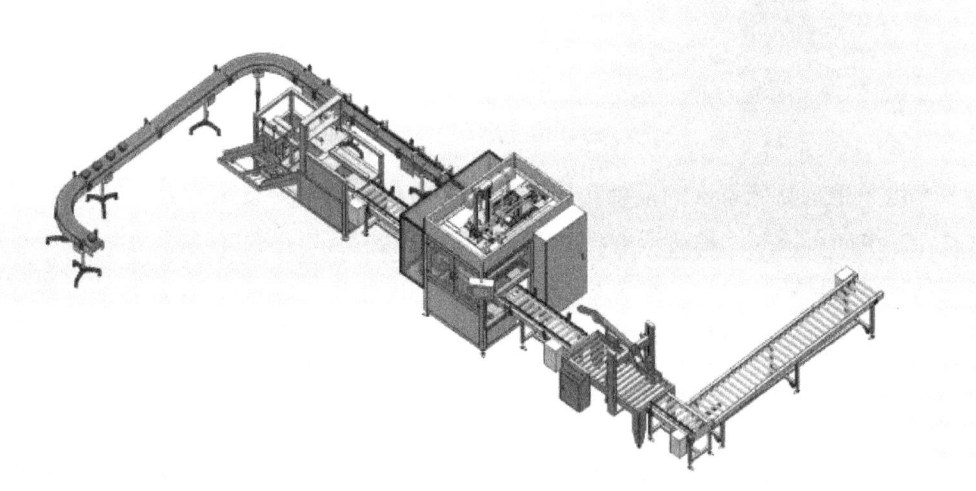

图4-21　自动装箱机流水线示意

2. 自动装箱机的工作过程

自动装箱机适用于各类材料、形状的产品，主要包括纸盒、塑料瓶、玻璃瓶、塑料袋装等。装箱机的主要形式有跌落式、抓取式、包裹式等形式。跌落式装箱机装箱形式为将整列的待装箱物品移动到纸箱上方，然后按照一定的顺序将待装箱物品通过定位装置准确地落入纸箱中。抓取式装箱的过程依靠夹子夹取产品，放入打开的纸箱当中，当抓头抬起时，将纸箱排出，送至封箱机。自动装箱机根据预先设置好的程序将包装物整形排列，装入打开的纸箱中。装箱动作结束后，机器需要完成不干胶封口等动作。大多数自动装箱机采用新型组合结构，包括成箱装置、整列装置、充填装置和封箱装置等功能单元，分别完成相应的功能动作。装箱流程如图4-22所示。

第四章 包装印刷其他智能设备

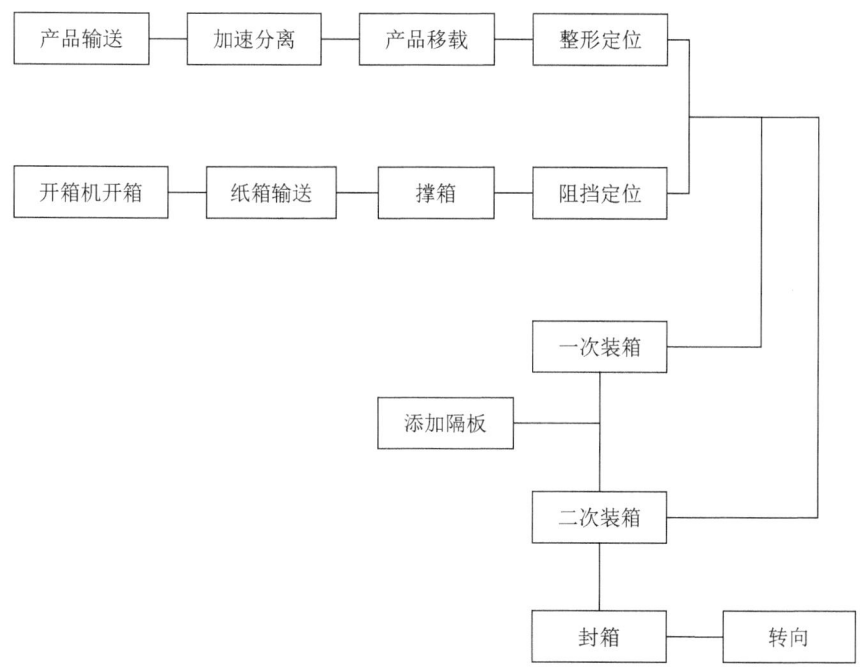

图 4-22 装箱流程

二、自动装箱机的结构

自动装箱机通常在企业内是流水生产线的一部分,对产品进行持续的装箱。如图 4-23 所示,是装箱线总装结构。自动装箱线一般包含转弯网带线、直行网带线、低速开箱机、开箱后滚筒线、装箱机、装箱网带线、封箱机等。

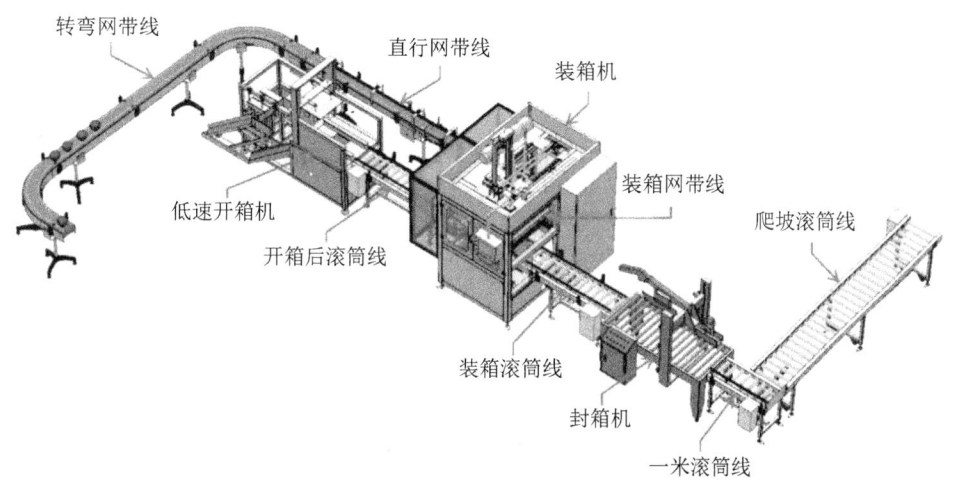

图 4-23 装箱线总装结构

1. 产品输送线

产品输送线需要在输送产品时对产品进行整形,控制好产品在流水线上的位置

143

和前后间距。产品输送线包含传送带、电机、护栏、防倒护栏、分离阻挡、整形机构等，如图 4-24 所示。

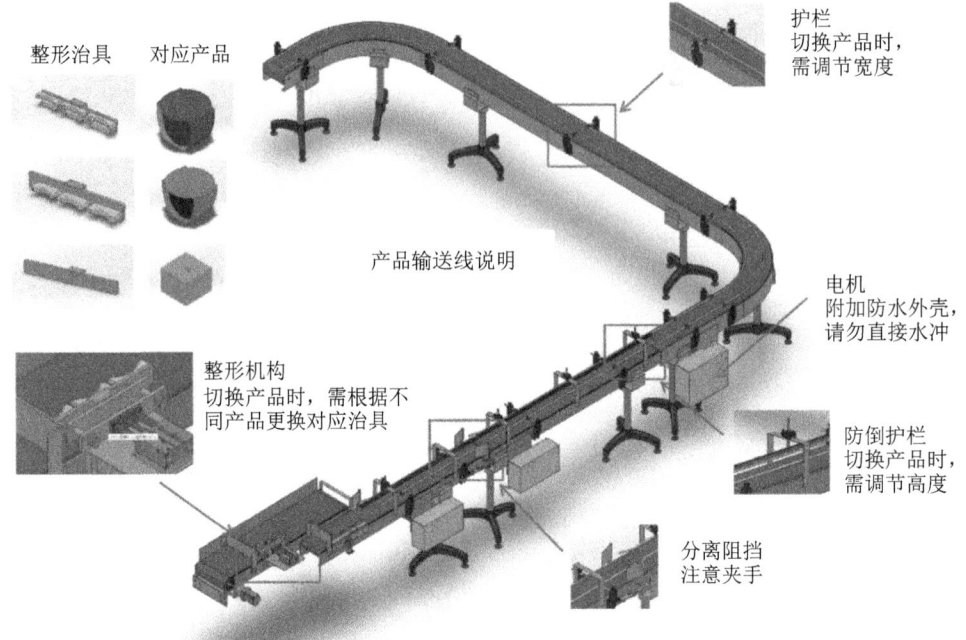

图 4-24　产品输送线

2. 装箱滚筒线机构

装箱滚筒线机构包含纸箱阻挡机构、纸箱定位机构、拉箱机构等，如图 4-25 所示。

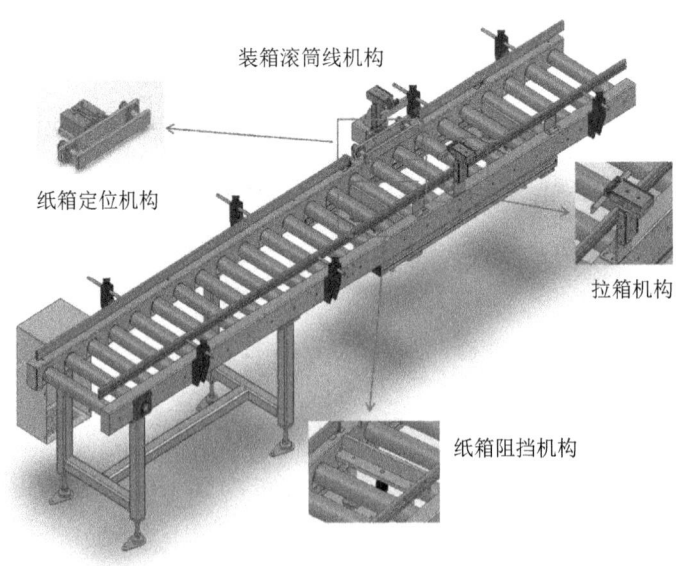

图 4-25　装箱滚筒线机构

3. 装箱机结构

装箱机主要包括产品移载机构、装箱移载机构、撑箱机构、隔板移载机构、隔板料仓、储气罐、操纵屏、配电箱等，如图4-26和图4-27所示。

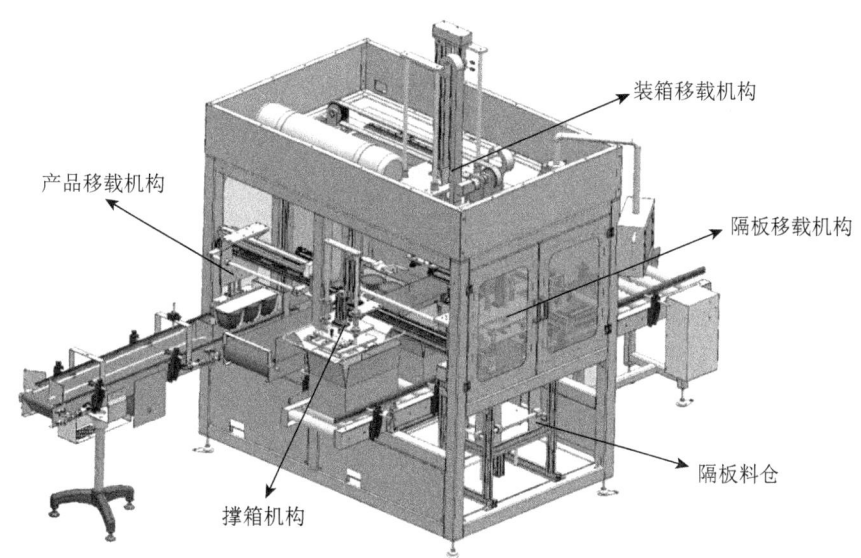

图4-26　装箱机结构（正面）

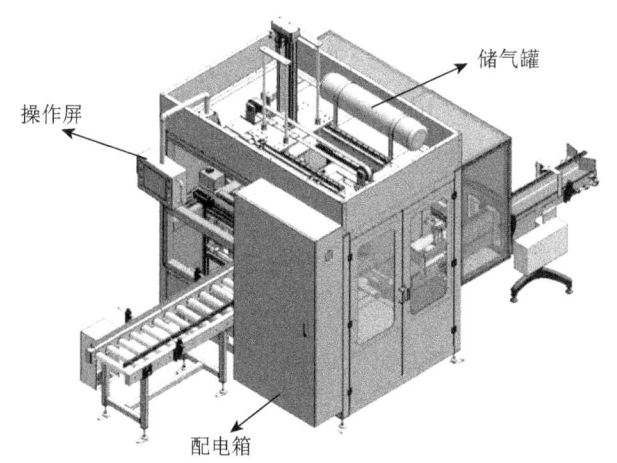

图4-27　装箱机结构（背面）

三、操作与维护

1. 操控面板

以上海轩本工业设备有限公司的装箱机为例，操作部分主要通过控制面板来完成，如图4-28所示。控制面板的构成如下。

图 4-28　自动装箱机控制面板

（1）电源指示灯：设备总控打开后点亮。

（2）钥匙开关：控制设备电源启动、关闭电源启动按钮，钥匙开关打开后才生效，启动后按钮灯和屏幕点亮。

（3）手动、自动切换旋钮：切换设备手动控制和自动控制时使用。

（4）急停开关：设备发生异常时紧急停止用。

（5）自动启动按钮：设备准备就绪后开启自动运行时使用。

（6）自动停止按钮：设备运行中要停机时使用，可以中止自动运行。

（7）复位按钮：需将手动、自动旋钮打到手动运行模式才能使用，按下按钮后全部伺服电机回归原点。

2. 设备自动运行操作

操作之前要注意设备启动前确认安全门开关全部处于复位状态、确认急停按钮全部处于复位状态、确认设备处于无报警状态。

（1）按下操控面板上的"电源启动"按钮，如图 4-29 所示。设备触摸屏点亮，进入图 4-30 所示的"装箱机主界面"。

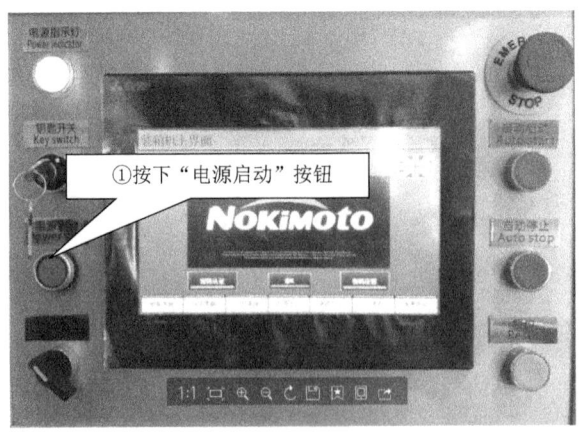

图 4-29　电源启动

图4-30 装箱机主界面

（2）点击"自动界面"按钮切换至下方"自动界面"。

（3）点击"生产品种选择"按钮，选择相应的生产品种，如图4-31所示。

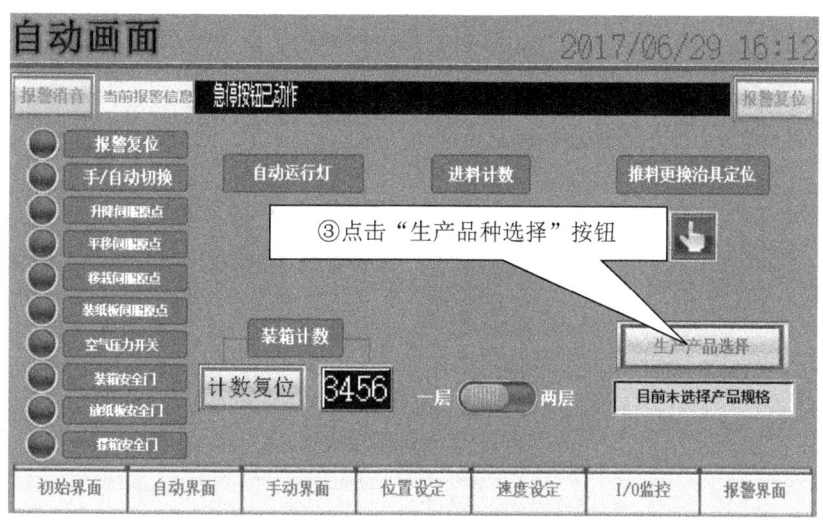

图4-31 "生产品种选择"按钮示意

（4）点击"自动界面"按钮后，会切换至上方的"自动画面"，此时就可以按下操控面板上的"复位"按钮，按下"复位"按钮，设备会自动复位回原点。

（5）如图4-32所示，按下"复位"按钮，设备到原点后，确认设备无报警，手/自动按钮已经打到自动状态，压缩空气开关已经打开，全部安全门已关闭，屏幕左边指示灯全部点亮，如图4-33所示，说明设备已就绪，可以开启自动运行模式。

图 4-32 "复位"按钮示意

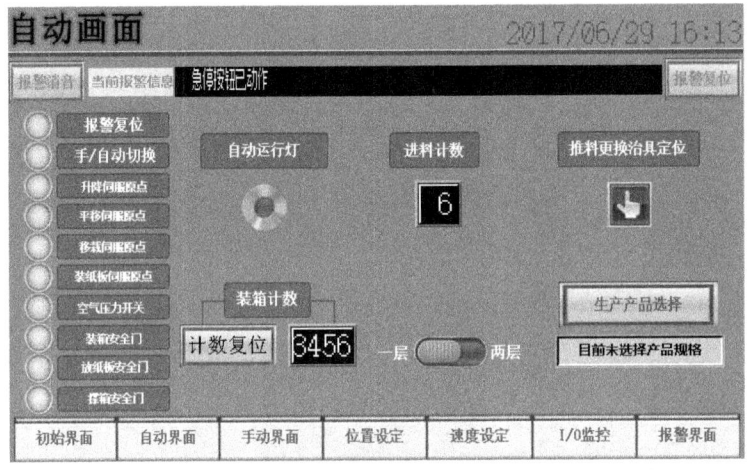

图 4-33 屏幕指示灯

（6）按下操控面板上的自动启动按钮。

（7）按下"自动启动"按钮（见图 4-34），自动界面的"自动运行灯"点亮（见图 4-35），自动启动完成。

3. 硬件维护

对自动装箱机的维护，需要在每班作业前检查设备所有电路，气路部件有无漏电漏气；各运动部件是否损坏、卡滞、错位，并及时修复纠正。检查各运动部件的螺栓、螺母、滚珠丝杠，加注标准润滑脂。检查外协设备的润滑油是否充足，请按

图 4-34　自动启动按钮

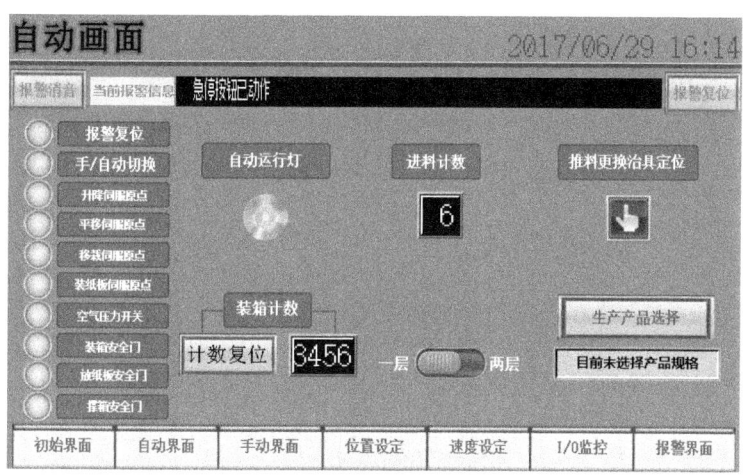

图 4-35　"自动运行灯"示意

照说明规定及时补充至正确液位、定期更新换润滑油。每班作业后请切断气路解除压力，使各工作部件处于放松状态，延长气缸使用寿命。

第五节　自动喷墨喷印系统

一、自动喷墨喷印系统的简介

1. 自动喷墨喷印系统的定义

喷墨喷印系统通过将墨滴喷射到目标表面，形成字母、数字和其他编码，以便在产品和包装上进行标识。喷墨喷码机几乎可以在任何基材上喷印，包括纸张、塑料、电线、电缆、金属、树脂、玻璃等。喷印的常用信息包括保质期、批号、序列号、条码和日期代码。

喷码机中的软件控制喷码机创建这些字母数字、一维和二维标识。这可帮助制造商在其产品和包装上进行标识,以便在加工过程中追踪产品,使产品符合法规要求,并便于在必要时快速召回。此外,现今的墨水具有快干性,可减少喷码模糊不清的风险,确保编码在整个生产和销售过程中保持可读性。

当今许多复杂的喷墨喷印系统都集成了软件,不仅可以快速而干净地喷印,还可以在墨水或溶剂供应开始不足时提醒操作人员。在某些情况下,软件还可以使喷墨系统制造商能够访问设备的控制装置,以便进行远程调整和修正,从而降低生产停机风险。例如,伟迪捷小字符(CIJ)喷码机,只需执行耗时约 5 分钟的年度预防性维护,可以每年一次,也可以当喷码机运行时间达到 3000 小时(以先到者为准),使制造商从中受益。生产线人员不需要 CIJ 专家帮助,即可执行这种可预测的预防性维护。这可以消除可能导致计划外停机时间的意外事件,并使喷码机持续工作以显著提高生产效率。

2. 自动喷墨喷印系统的结构

喷墨喷印系统一般集成在一个可调支架上,通过可调支架,调节喷墨喷印头的工作位置,当产品通过输送线输送至喷墨头位置时,控制系统就可以通过设定的程序在产品表面喷印上设定的图案或文字,达到预定的效果,如图 4-36 所示。

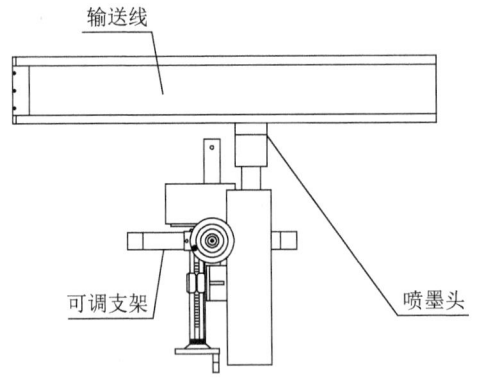

图 4-36 自动喷墨喷印系统的结构

3. 自动喷墨系统的分类和特点

(1)小字符喷码机

小字符喷码机即 CIJ 喷码机,利用油墨带电偏转的方式将墨点偏移出正常的飞行路线,射向目标喷印物的表面,形成点阵,从而形成文字、数字或图形。其喷印速度快,单行喷印可达到 300 米/分,以矿泉水瓶和饮料瓶日期喷印为例,小字符的喷印速度可以达到每分钟 1000 瓶左右,因喷印高度和精度受限,小字符喷码机主要应用于生产日期、批号等简单数字喷码。

小字符喷码机产品特点如下。

①可以对多种形式大大小小的包装进行非接触式地喷印批号、标识、产品名称、有效期、号码等；

②在包装某个部位使用隐形墨水进行标识，这种隐形墨水只有在 UV 灯照射下，才能被阅读；

③利用多种墨水防伪；

④喷印条码进行防伪追溯；

⑤喷头的自动清理功能保证了喷嘴即使处于频繁停启的生产线上，也仍能保持畅通无堵的状态。

⑥高速喷印满足高速生产线环境。

⑦非接触的打印方式保证了即使是在不平整和圆弧表面的打印效果。

（2）大字符喷码机

如果是 7 个点的喷头就有 7 个独立的阀门控制其喷印的字体较大，一般应用于外箱、外包装上或是大型的工件上，如粗水管或石棉板、隔热板等工件。自 20 世纪 70 年代，麦修斯 Matthews Swedot 分公司研制出世界上第一台大字符喷码机以来，产品在全球大字符喷码机市场一直保持占有率第一的位置。

大字符喷码机的分类：连续喷墨技术（continue ink jet printer）工作原理在压力作用下，油墨进入喷枪，喷枪内装有晶振器，通过振动，使油墨喷出后形成固定间隔点，通过 CPU 的处理和相位跟综，通过充电极的一些墨点被充上不同的电荷，在经过几千伏的高电压磁场下发生不同的偏移，飞出喷头落在移动的产品表面，形成点阵，从而形成文字、数字或图形。按需喷墨技术（drop on demand）工作原理的喷码机又分为三种：压电式喷墨技术、压阀式喷墨技术、热发泡式喷墨技术。

①压电式喷墨技术：压电式喷码机又叫高解析喷码机或者高解像喷码机，集成的喷头上，由 128 个或者更多个压电晶体分别来控制喷嘴板上的多个喷孔，通过 CPU 的处理，再通过驱动板输出一连串的电信号给各个压电晶体，压电晶体产生变形，这样油墨便从喷嘴中喷射出来，落在移动的物品表面，形成点阵，从而形成文字、数字或图形。

②压阀式喷墨技术：又叫大字符喷码机，喷头有 7 组或者 16 组高精密智能微型阀门组成，在喷印时要喷印的字符或图形通过电脑主板的处理，通过输出板输出一连串的电信号给智能微型电磁阀，阀门迅速启动，墨水依靠内部恒定压力成墨点喷出，墨点在运动的配喷印物表面形成字符或图形。

③热发泡式喷墨技术：热发泡喷墨技术（Thermal Inkjet Technolog），是利用一个薄膜电阻器，在墨水喷出区中将小于 0.5% 的墨水加热，形成一个汽泡。

大字符喷码机的用途：有利于产品识别。通过在产品上标注特殊的标识、品牌名称和商标图案等,可以使产品在竞争中脱颖而出,提高品牌的知名度。产品跟踪记录的需要。产品的批号、班次或生产日期直接印在产品上,使得每一件产品均具良好的可追溯性,大大方便企业的质量管理及产品的区域管理。防止假冒。制造商常可通过对产品的标识预防、抑制假冒,新技术的应用使得那些合法生产厂商能够一直领先于制假者。增加产品的附加值。在塑料管材上标识商标或生产厂家的名称意味着一种承诺,消费者通常认为这是一个质量跟踪比较完善、对产品质量负责的企业的产品。提高生产效率,降低生产成本。喷码机在食品、饮料、建材、电线电缆、医药、化工、电子等众多行业都有应用,所以,选择最适合产品种类的喷码机尤其重要。

另外,近年来激光喷码机也得到了快速发展,激光喷码机,即激光打标机,采用不同激光器,将激光束打在各种不同的物质表面,通过光能使表层物质发生物理或化学变化,从而刻出图案、商标和文字等标识内容的打标设备。激光喷码机无任何耗材、寿命长,能在恶劣环境下运行,并在各种金属、非金属表面进行永久性标记,打标效果耐腐蚀,防止被恶意篡改。不过,其喷码精度不及高解析喷码机,并且可能会对喷印物体表面产生损伤,另外其喷码速度相比油墨喷码机慢不少。

二、自动喷墨喷印系统的维护保养

1. 小字符喷码机

小字符喷码机如图4-37所示。在墨水供给泵的压力作用下,油墨从墨水箱经过墨路管道,调节压力、黏度,进入喷枪,随着压力的持续,油墨从喷嘴喷射出,油墨在经过喷嘴时,受压电晶体的作用断裂成一串连续的、间距相等且大小相同的墨滴,喷射墨流向下继续运动经过充电极被充电,在充电极中墨滴从墨线中分离出来。充电极上加了一定的电压,当墨滴从导电墨线分离出来的时候会在瞬间带上与充电极所加

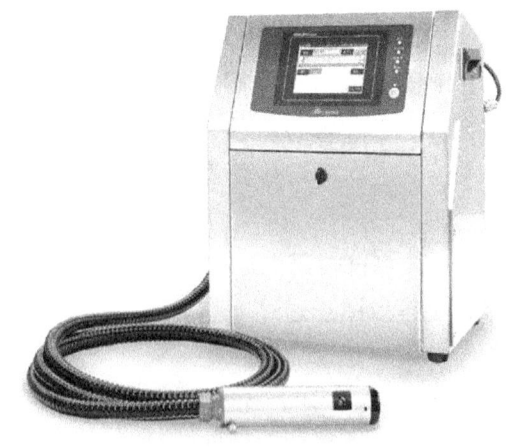

图4-37 小字符喷码机

电压成正比例的负电荷。通过改变充电极的电压频率，使其与墨滴断裂的频率相同，这样可给每一个墨滴都充上预定的负电荷，在压力的持续下，墨流继续向下运动，从两个分别带有正负电压的偏转板中间通过，带电的墨滴经过偏转板时会发生偏转，偏转程度取决于所带电荷的多少，不带电的墨滴不发生偏转，一直向下飞行，流入回收管，最终经回收管道回到油墨箱中循环使用。带电并偏转的墨滴以一定的速度和角度落到从垂直喷头的前面经过的物体上。要喷印的信息通过电脑主板的处理，改变墨滴所带电荷，就可以生成不同的标识信息。

小字符喷码机利用一个薄膜电阻器，在墨水喷出区中将小于0.5%的墨水加热，形成一个汽泡。这个汽泡以极快的速度（小于10微秒）扩展开来，迫使墨滴从喷嘴喷出。汽泡再继续成长数微秒，便消逝回到电阻器上。当汽泡消逝，喷嘴的墨水便缩回。接着表面张力会产生吸力，拉引新的墨水去补充到墨水喷出区中。

2. 大字符喷码机工作原理

大字符喷码机如图4-38所示。以连续式喷墨为例，大字符喷码机的工作原理：油墨从墨水箱经过墨路管道，调节压力、黏度，进入喷枪，随着压力的持续，油墨从喷嘴喷射出，油墨在经过喷嘴时，受压电晶体的作用断裂成一串连续的、间距相等且大小相同的墨滴，喷射墨流向下继续运动经过充电极被充电，在充电极中墨滴从墨线中分离出来。充电极上加了一定的电压，当墨滴从导电墨线分离出来的时候会在瞬间带上与充电极所加电压成正比例的负电荷。通过改变充电极的电压频率，使其与墨滴断裂的频率相同，这样可给每一个墨滴都充上预定的负电荷，在压力的持续下，墨流继续向下运动，从两个分别带有正负电压的偏转板中间通过，带电的墨滴经过偏转板时会发生偏转，偏转程度取决于所带电荷的多少，不带电的墨滴不发生偏转，一直向下飞行，流入回收管，最终经回收管道回到油墨箱中循环使用。带电并偏转的墨滴以一定的速度和角度落到从垂直喷头的前面经过的物体上。要喷印的信息通过电脑主板的处理，改变墨滴所带电荷，就可以生成不同的标识信息。

图4-38 大字符喷码机

大字符喷码机的特性：压电晶体产生变形，这样油墨便从喷嘴中喷射出来，落在移动的物品表面，形成点阵，从而形成文字、数字或图形。然后，压电晶体恢复原状，由于油墨表面张力作用，新的油墨进入喷嘴。因为每平方厘米的墨点密度很大，所以应用压电技术可以喷印高质量的文字、复杂的徽标和条形码等信息。电磁阀式喷码机（大字符喷码机）：喷头由7组或者16组高精密智能微形阀门组成，在喷印时，要喷印的字符或图形通过电脑主板的处理，通过输出板输出一连串的电信号给智能微形电磁阀，阀门迅速启闭，墨水依靠内部恒定压力成墨点喷出，墨点在运动的被喷印物表面形成字符或图形。

第五章 包装印刷智能化管理系统

第一节 概述

《中国制造2025》是中国实现从"制造大国"到"制造强国"战略的首个十年纲领，自2015年发布以来，中国制造业在国家层面确定了重点发展领域，优先布局，先行先试，各级地方政府也相继出台了"行动纲要""实施意见"等具体的地方性政策，确立了明确的发展目标、重点产业和投资侧重。2020年起，我国印刷业智能化发展正加快落地实施。智能制造是利用新一代通信技术和人工智能技术融入制造业全生产链的集成工程，包括产品智能化、装备智能化、生产智能化、管理智能化和服务智能化五个方面。

本节结合近年来在印刷企业智能制造理论和实践方面的认识和探索，阐述智能制造在印刷领域的应用、智能工厂的规划、主要关键技术及成效。

一、理论基础

智能制造以智能工厂为载体，以关键制造环节智能化为核心，以端到端数据流为基础，以网络互联为支撑等特征，可有效缩短产品研制周期、降低运营成本、提高生产效率、提升产品质量、降低资源能源消耗。

1. 智能制造的6M

智能制造的6M核心要素，是需要不断进行技术升级的，具体包括以下6项。

材料（material），包括特性和功能等；

装备（machine），包括精度、自动化和生产能力等；

工艺（method），包括工艺、效率和产能等；

测量（measurement），包括六西格玛、传感器监测等；

维护（maintenance），包括使用率、故障率和运维成本等；

建模（modeling）数据和知识建模，包括监测、预测、优化和防范等。

智能制造系统区别于传统制造系统最重要的要素在于第6个M，也就是建模，并且通过这第6个M来驱动其他5个M的要素，从而解决和避免制造系统的问题。

智能制造运行的逻辑：发生问题→模型（或在人的帮助下）分析问题→模型调整5个要素→解决问题→模型积累经验，并分析问题的根源→模型调整5个要素→避免问题。模型担任大脑的角色，成为整个智能制造的核心。智能制造所要解决的核心问题是知识的产生与传承过程。

２．印刷智能工厂的主要规划要点

从 5 层标准化系统架构层级：设备层、控制层 SCADA/FCS、车间层 MES、企业层 ERP/PLM/ SCRM/CRM、协同层来考虑。

数据采集和管理：数据是智能工厂建设的核心，在各应用子系统间产生和交换。需要考虑数据采集的接口规范以及 SCADA（监控和数据采集）系统的应用。数据管理需要一套统一的标准体系来规范管理的全过程，建立数据命名、数据编码和数据安全等一系列数据管理规范，保证数据的一致性和准确性。

设备联网：建立工业互联网，构建设备之间的互联互通，是实现 MES 系统应用的基础。设备（印刷机、印后设备、机器人、AGV、测量测试等各种数字化设备）如何互联，采用的通信协议、通信方式和接口需要统一的标准。可通过建立 FCS 现场总线控制系统来实现。

智能物流：印刷企业是典型的离散型制造企业，工序多，存在多次转运及衔接，需要尽量减少无效的物料处理，可采用机器人、AGV、RGV 等智能产品来进行转运，同时立体仓库的应用可规划建立自动仓库物流系统 WMS。

智能生产线：根据公司的产品特点，可以规划不同产品（书刊、纸盒、包装袋、标签等）的生产所涉及的整套设备、工艺流程，构建符合自身工艺要求的 MES 生产执行系统，执行生产调度，实时反馈生产进度，同时可应用 APS 高级排程系统，来提高资源的利用率和生产排程的效率。

生产监控及指挥系统：印刷企业尽管是离散制造企业，但也非常需要建设集中的生产监控与指挥系统，在系统中呈现关键的设备状态、生产状态、质量数据，以及各种实时的分析图表。

智能工厂的规划是一个十分复杂的系统工程，需要企业的生产、工艺、IT、自动化、设备和精益等部门通力协作；从投资预算、技术先进性、投资回收期、系统复杂性、生产的柔性等多个方面进行综合权衡、统一规划，从一开始就避免产生新的信息孤岛和自动化孤岛，才能确保做出真正可落地，既具有前瞻性，又有实效性的智能工厂规划方案。同时，还可以基于这些维度来建立智能工厂的评估体系。

３．印刷智能制造主要关键支撑技术

印刷智能制造的支撑技术综合集成过程可以总结为：通过物联网技术采集生产数据；通过 5G 技术实现大容量数据的实时传输；通过人工智能技术和大数据技术将算法引入生产过程，对生产数据进行分析并针对分析结果进行自动修正达到自适应生产；通过云计算和工业互联网技术将整个生产过程数字化网络化，使得生产车间可以访问超过自身限制的资源；通过 VR/AR 技术实现生产可视化，便于的车间学习；智能装备与工业机器人则作为执行终端，从边缘接受指令，完成实际的生产活动。

二、印刷智能制造实施路径及成效

1. 印刷智能工厂的主要构成

印刷智能工厂是在数字化基础上，以工业大数据和互联网为支撑，具有智能设计、生产、管理、物流和集成优化等主要特征的印刷工厂，其主要构成如下。

①运营管理系统：**ERP 企业资源计划系统**、**PLM 产品生命周期管理系统**、APS 高级计划排程系统。

②制造执行信息系统：**MES 制造执行系统**、**WMS 仓储管理系统**、智能物流系统。

③数据采集与监控系统：**SCADA 数据采集监控系统**；中央控制系统；智能生产设备；工业安全网络。

上述构成属于关键级别（黑体部分）、重要级别，需要重点考虑。

2. 印刷智能工厂的实施步骤

实施需要四个过程循序渐进：标准化→数字化→网络化→智能化。

①标准化：实现设计、工艺、物料数据、产品模型、生产模型、业务流程、智能装备、系统集成、工业互联网、数据管理标准化。

②数字化：对生产设备、物流设备等进行数字化；对信息系统进行数字化。如通过 ERP、MES、PLM、APS、PLC，在设备上加装各类传感器并通过网络及 JDF 交互等。

③网络化：内部连接——利用网络将设计、生产、物流、销售、服务等各系统联系起来，将孤立信息进行联网，实现信息共享，可集中管理；外部连接——利用网络将企业与供应商、服务商、客户等进行连接。

④智能化：通过在设备互联、智能物流、运营管理、厂房设计、智能装备应用、智能产线规划、生产监控及指挥系统等过程实施智能化，实现印刷智能化。

通过对数据进行分类、分析，提炼出对应的方式方法，对整个系统进行调试、验证，完善系统，使其运行智能化。

通过软件与硬件的结合不断升级，使印刷活动具有自感知、自学习、自决策、自执行、自适应功能，并对印刷智能工厂不断进行优化。

3. 印刷智能制造总体架构

一般而言，智能制造系统架构包括系统层级、智能功能和生命周期三个维度，具有智能制造的 5 个主要特征：信息互联、流程优化、数据透明、生产敏捷及管理前瞻。对比不同印刷企业智能制造系统架构设计，发现智能功能和生命周期两个维度的设计基本相同，而在系统层级维度的设计根据企业实际需求有所区别。

中荣印刷集团股份有限公司将智能工厂整体架构设计为智能产线层、车间执行层、企业运营层及协同服务层等 4 个层级架构（见图 5-1）。建立企业大数据平台，在每个层级采集数据，运用智能算法为不同层级及业务部门提供相应的智能分析。通过生产运营管理平台，将车间管理系统（SFC）、MES 与电子商务平台（ECP）、在制品管理系统（WIP）、TMS 和 WMS 等系统集成融合，形成闭环生产和质量管理机制，各工序智能化协同运作，设备互联互通，灵活对接，生产数据通过 SFC 实时展示。

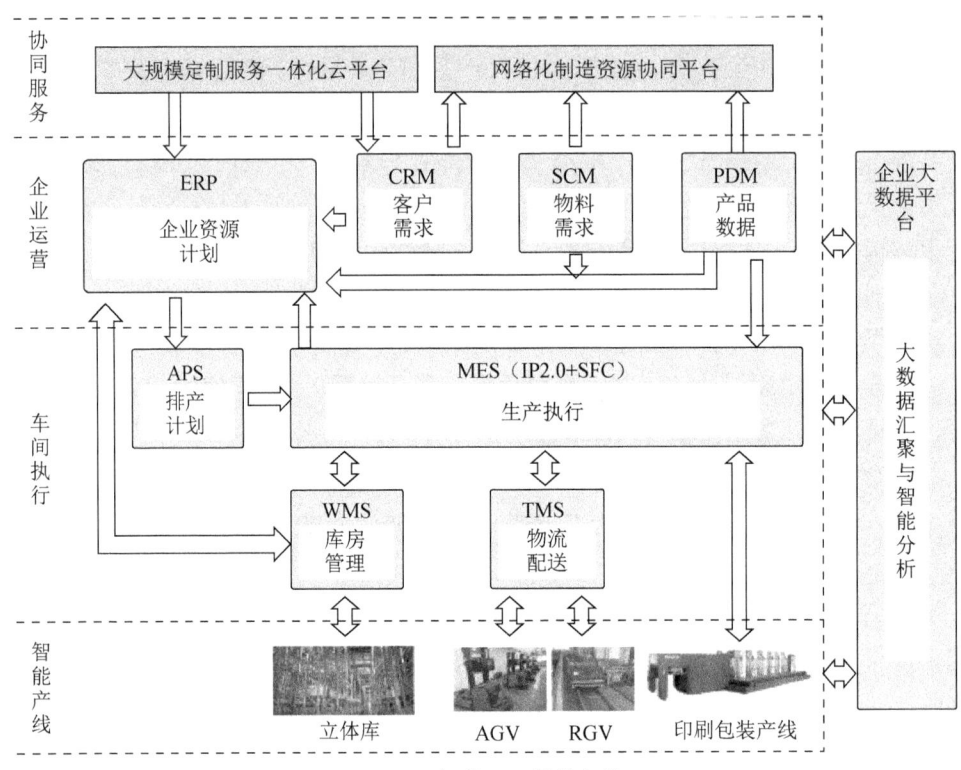

图 5-1　智能工厂整体架构

第二节　企业资源计划系统 ERP

企业资源计划用于制造业系统，是一种资源计划软件。理论上的 ERP 可以包括业务流程管理，产品数据管理，存货、分销与运输管理，人力资源管理和定期报告系统。现实中的 ERP 系统主要是财务系统和进销存系统，其他模块相对应用少，ERP 系统的生产模块普遍功能弱，难以满足企业生产计划排程的需要。随着互联网技术的发展，ERP 经历了一个快速普及的阶段，如今的 ERP 管理系统支持各种新特性和功能，通过 SaaS（Software as a Service）云运行，变得更经济高效。云端 ERP 管理系统可快速、灵活地满足企业不断增长的业务需求。

一、ERP 管理软件发展历程

ERP 是一套面向企业流程管理的系统，以 MIS 系统为基础，不断升级，1990 年由美国的高德纳咨询公司（Gartner Group Inc）提出，起初被定义为应用软件，逐渐被商业界所接受，如今已经成为现代企业管理理论之一。

20 世纪 50 年代的管理信息系统（Management Information System，MIS），其目的主要为记录数据，以便于查询，汇总，随着企业的不断高速发展，MIS 已经渐渐不能满足企管需要；

20 世纪 60 年代，为了减少仓库库存，优化库存管理，提出物资需求计划（Material Requirement Planning，MRP），确定材料的加工进度和订货日程；

20 世纪 80 年代，提出物资需求计划二阶段（Manufacture Resource Planning，MRP Ⅱ），基于 MRP 增加了生产加工、财务、营销、供需产链等方面的功能；

20 世纪 90 年代，计算机信息管理系统技术更加成熟，系统增加资源调拨，财务预测等功能，成为企业进行生产管理及决策的平台工具。

ERP 系统以信息技术为基础，将其与先进管理思想融为一体，为企业决策层及员工提供决策运行支持，是实施企业流程再造的重要工具之一，是制造业信息化的"第一次革命"。

二、ERP 管理软件功能

ERP 是先进的现代企业管理模式，主要使用对象是企业，目的是将企业的各个方面的资源（包括销、财、供、物、产等因素）合理配置，以使之充分发挥效能，使企业在激烈的市场竞争中全方位地发挥能量，从而取得最佳的经济效益。ERP 是面向工作流的，强调对企业管理的事前控制能力，把主生产计划、物料需求计划、采购需求计划、财务系统管理、库存管理、销售管理、质量管理和人力资源等方面的作业，看作一个动态的、可事前控制的有机整体。ERP 系统充分贯彻了供应链的管理思想，将用户的需求和企业内部的制造需求以及外部供应商的制造资源构造一起，提炼出一套可以完全按照客户需求制造的管理思想。

ERP 是一个高度集成的系统，集成也是 ERP 软件的基础，在以前没有 ERP 管理软件时，数据在不同部门之间重复录入，很难共享，无法形成回环，而 ERP 则可以使公司数据高度地集中起来，便于管理，从而提高管理效率和决策水平。

1. ERP 宏观层面的作用

事先计划和事中控制、一体化管理，提高企业管理效率、随时随地移动化办公、协调管理，优化企业业务流程、精确传递数据信息。

（1）事先计划和事中控制

将事先计划与事中控制贯彻到计划管理过程中。在供应链系统中集成计划体系与价值控制功能，保证企业资金流水与库存物料相一致。预防出现信息滞后的现象，造成货物积压等问题。

（2）一体化管理，提高企业管理效率

ERP软件在一套系统中集成CRM管理系统、库存管理系统、财务管理系统、采购、销售管理系统、HR等所有资源，用先进信息系统代替传统手工作业，降低人工作业时间，实现企业数字化、自动化、无纸化办公。

（3）随时随地移动办公

随着移动互联网的高速发展，移动办公的需求也愈来愈大，SaaS类型云端ERP软件系统也成为趋势，这类ERP多为B/S架构，能够帮助企业随时随地办公、业务随时随地能处理，只要有网络就可以业务永远在线。

（4）协调管理，优化企业业务流程

ERP软件实现了所有业务的"可视化"数字管理，每项业务流转过程在系统中都变得有迹可循，任何一个环节出现问题，在系统中都能得到实时反馈。从采购、销售、报价等各流程杜绝管理上的漏洞。减少不需要的业务操作，提升效率。

（5）精确传递数据信息

规范的业务留存数据为企业数据信息的互通打下良好的基础。各表单之间的联系是相互关联的，环环相扣。通过数据统计、分析进行再处理，转化成对决策层、管理层、操作层的工作辅助，如各员工的销售记录、成交率、库存预警、自动采购订单的生成等。

2. ERP在生产实践中的作用

优化销售环节，降低销售成本，提升客户服务水平，加速货款回收效率。产品物料结构管理规范，确保业务部门严格执行，提高产品质量；业务数据实时处理，决策命令准确下达。减少经营成本，降低经营风险，快速应对市场变化。

库存下降，它使一般企业的库存投资减少，库存周转率提高。延期交货减少，企业的准时交货率提高，使企业效率及信誉大大提高。采购期缩短，采购人员有了及时准确的生产计划信息，便于集中精力进行价值分析，货源选择，研究谈判策略，了解生产问题，缩短了采购时间和节省了采购费用。

制造成本降低。由于库存费用下降，劳动力的节约，采购费用节省等一系列人、财、物的效应，使生产成本得到降低。停工待料减少，由于零件需求的透明度提高，计划也作了改进，能够做到及时与准确，零件也能以更合理的速度准时到达，使生产线上的停工待料现象大大减少。

实现资金流、物流、信息流的统一管理，解决了内部信息不畅通及管理困难等弊端。管理水平的提高，协助员工快速完成任务，提高了工作效率，同时使生产能力提高。成本核算自动化，实时报表统计及月底结账瞬间完成，确保准确、快速地提供各种成本数据，提高财务人员效率；同时实时监控财务信息，随时掌握资金动态。

在管理方面实现了全面预算管理、结算管理、成本控制和计划管理等。在软件体系架构方面具有了快速部署和可移植的能力。

三、ERP 基础数据收集

ERP 系统的主要作用就是对企业信息的整合，而信息的载体和表达都要通过数据完成。对企业项目实施来讲，所需要基础数据的准备工作难度最大。

数据的正确性是最重要的，基础数据是许多程序正确运行的基础，如物料计划和生产计划就是根据物料文件设定的提前期、库存量、BOM 结构等计算得到的，如果其中任何一个数据与实际不符，计划结果就将没有任何指导意义。要多个部门协调，投入的人力和时间都比较多，见效周期长，因此阻力也是很大的。

企业有效地实施 ERP，需要高效率、低成本、低错误率地完成基础数据准备。

1. 确定工作范围

首先根据 ERP 项目范围确定哪些数据需要准备，然后确定参与部门和人员配备，进而确定工作计划，根据个人对数据的掌握情况安排工作，避免把一堆工作安排给同一个人。

2. 建立必要的编码原则

ERP 软件对数据的管理是通过编码实现的，编码可以对数据进行唯一的标识，建立编码原则是为了使后面的工作有一个可以遵循的原则，也为庞杂的数据确定了数据库可以识别的唯一标识方法。编码原则的制定属于企业级标准的建立，可以按照 ISO 9000 的标准制定和管理，或者根据多部门一同指定标准，如纯流水码、拼音与阿拉伯字母结合。

3. 建立公用信息

建立的公用信息包括公司、子公司、工厂、仓库、部门、员工信息、货币代码等基本信息。这些数据会在其他基础数据中被引用，并且数据量不大，可以利用较少的时间和人力完成。

4. BOM 结构的确定（根据企业情况可选）

如果企业应用生产系统、计划或产品研发模块，BOM 就是必须的基础数据。这里首先应该明确原料到半成品、半成品到产品的级次关系，这步工作的难点是半成品设定的问题。如果半成品设定层次少或层次不设定，今后的统计分析就不能细化；如果半成品设定多，就会大大增加数据量。如果遇到下列情况，那么半成品要设置编码管理：对半成品建立库存账，或者采用安全库存管理，半成品对外销售或用于售后服务，除此以外半成品尽量不用编码，也不用录入软件系统。BOM 每多一层，相应增加 BOM 数据量的同时还会增加物料信息的数据量，尽量少的 BOM 级次可以使这项工作处于可控状态。

5. 收集第一手资料，将原来的分散数据从不同部门集中处理

在这些离散数据中，仅物料这一项，字段就包括生产、采购、销售、库存、财务的信息等。在这步中，应利用统一格式的表格在各个部门间交叉流转，让各部门将与自己相关的数据填入表格，完成后传递给下个部门，以此类推，直到完成此步工作。

6. 数据检查

检查数据的完整性、正确性、唯一性，即数量是否完整，产品的规格、工艺等记录是否正确、编码是否唯一。

7. 将数据录入软件系统

录入前应该将基础数据原始档案归档整理，对于以电子文档保存的数据，应该将数据备份留存，并注明整理人员、完成时间和最后版本，如果是打印的纸介质，应该将其保存在专门的文件柜中，作为重要文档管理。录入方法有手工录入和借助第三方表格导入这两种，切勿录入后将原数据删除或者扔掉。

8. 系统检核

完成录入工作后仍然不能彻底放松，必须再次检查，此时最好的方法是利用软件程序测试数据，例如，将数据库备份成一个新的数据库，然后按照流程全部走一遍，看哪个过程会出现问题。

ERP 收集基础数据常用的工具有 Excel、Access、FoxPro、SQL server 等。

四、ERP 在印刷中的应用

ERP 在印刷智能制造中可以被描述为在印刷企业实现信息化生产管理的基础上，对印刷产品的供应链进行实时监控与管理，对订单需求量、原料供应量和剩余量、生产设备处的原料存储等信息进行系统集成，根据事先计划和生产情况进行运算调整，可视化生产看板，作为一个管理平台协助印刷企业进行生产决策。印刷 ERP 典型框架，如图 5-2 所示。

第三节 制造执行系统 MES

制造执行系统 MES，是一套面向制造企业车间执行层的生产信息化管理系统。MES 可以为企业提供包括订单管理、制造数据管理、计划排产管理、生产调度管理、生产过程控制、库存管理、质量管理、车间现场管理、设备管理、生产报告表、统计分析、系统集成（底层数据集成分析、上层数据集成分解）等管理模块，为企业打造一个扎实、可靠、全面、可行的制造协同管理平台，MES 功能层如图 5-3 所示。

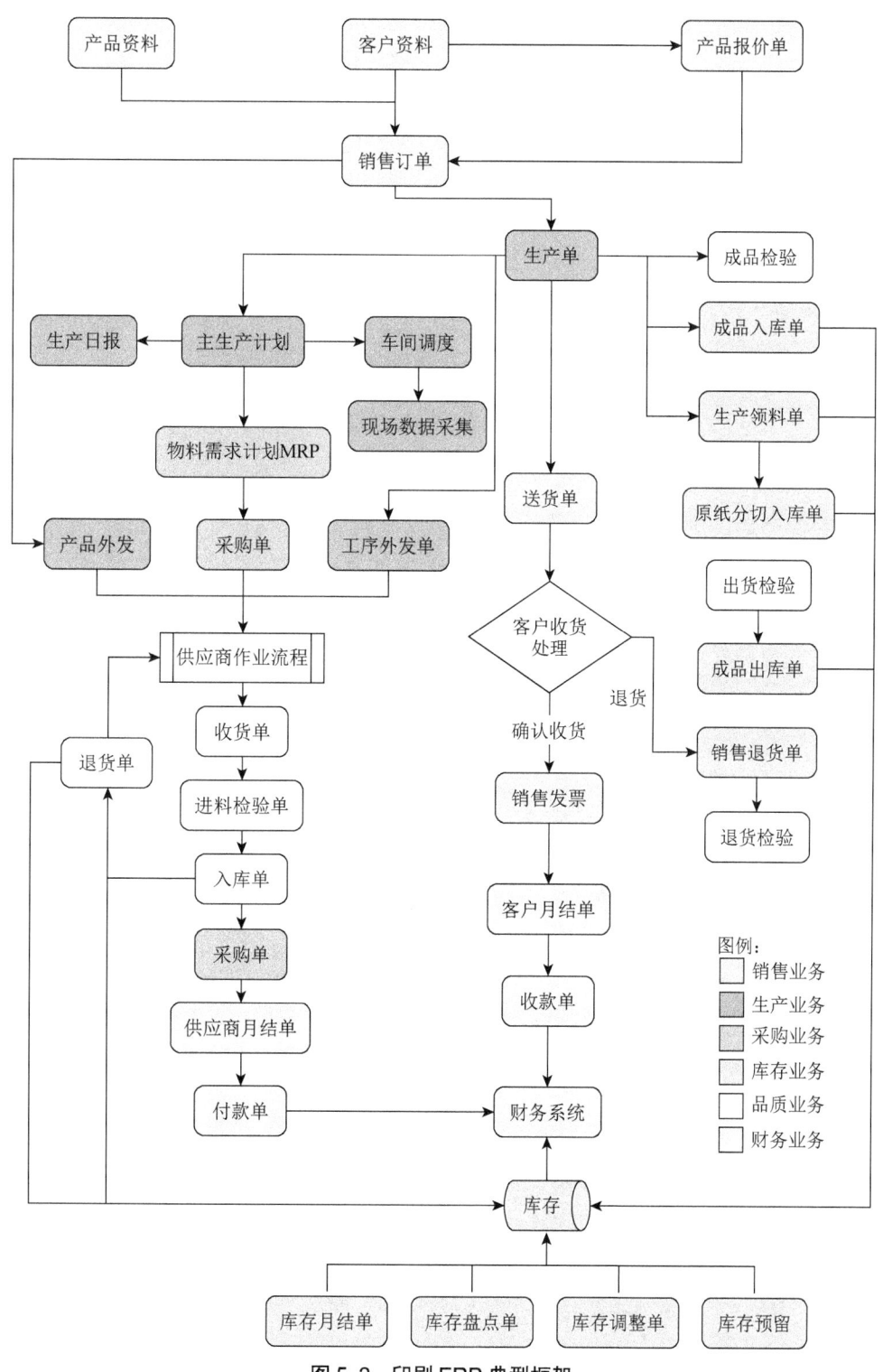

图 5-2 印刷 ERP 典型框架

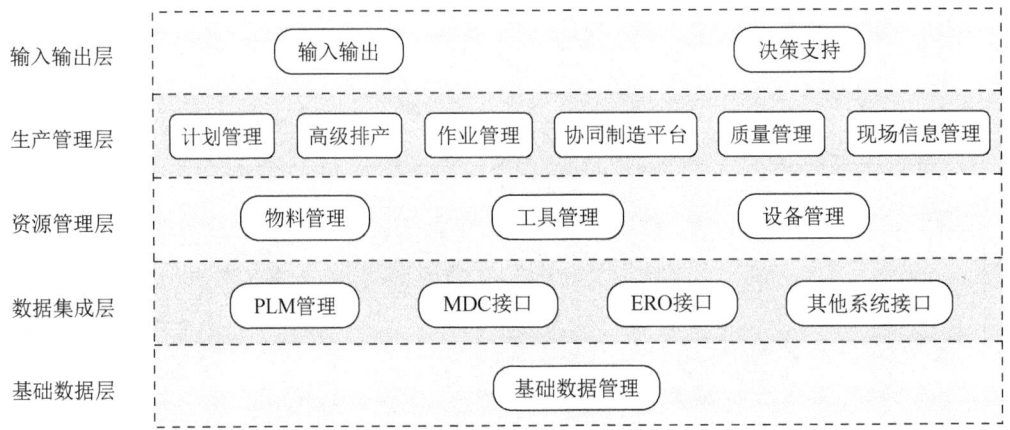

图 5-3 MES 功能层

MES 系统是企业信息化"第二次革命",跟踪生产进度,库存情况,工作进度和其他进出车间的操作管理相关的信息流。MES 应该具有集成性、灵活性、可视性、实时性、可扩展性和可靠性等基础要求,具体要求如下。

①集成性:可实现系统内部各功能模块的集成,并可供外部系统的集成,包括向下与底层控制系统集成、向上与业务管理层 ERP 等集成。

②灵活性:可灵活设置生产工艺流程,对权限的设置和预警参数设置,审批超时、缺料、备料等。

③可视性:具备以数据采集为基础的生产、消耗、质量、设备等信息提供表达方式,如看板、图形、报警、消息提示。

④实时性:具备良好的实时响应能力,利用实时数据快速反应促进生产管理由被动转换为主动的管理体系发展。

⑤可扩展性:具备良好的开放性和可扩展性,在解决当前的生产管理问题时,考虑企业未来发展需要的功能扩展以符合企业的长期发展需要。

包装印刷行业属于离散型制造,其计划复杂且变化无常,几乎不存在标准化的流程。同时印刷对排产的依赖程度比较严重,因此印刷行业对系统功能的需求与其他制造业普遍存在差异。通用型系统无法应付印刷多变的计划和复杂的工艺流程,由于相关系统对印刷行业生产全部过程的信息断层导致数字化最终无法全面实现,而 MES 生产管理系统则是数字化转型的最终手段。

MES 能使企业生产管理数字化、生产过程协同化、决策支持智能化,有力地促进了精益生产落地及企业智能化转型升级。包装印刷生产管控流程一般如下。

①车间接收来自企业生产部门下达的周计划、计划人员对周计划进行快速分解,生成详细的车间工序级计划。

②车间生产计划下达后,进行相关技术准备和物料准备工作。

③车间调度根据作业计划和生产准备进度,生成施工单、下发任务到机台。

④各工序机长审核施工单,如涉及专色调配、模切刀版等通知材料员提前进行原辅物料准备。

⑤各工序机长根据施工单要求,如调取刀版文件、墨区分配文件等,开始生产并对进度进行及时反馈。

⑥机长随机进行抽检,车间质量管理人员定时对各工序半成品进行及时检验。

⑦整个生产过程中,系统自动生成各类统计分析报表,以不同视角和方式对车间生产进行全面分析和管理。

一、MES 的核心模块

MES 从模块组成上可分为两条主线,一条是围绕计划、派工、作业、库房、质量等以人为中心的生产管理,可称为狭义上的 MES。另外一条是以设备互联互通为中心的设备物联网系统,包括车间中网络传输、程序管理、设备数据采集、工业大数据分析、预测性维护等模块。两者可单独应用,也可一起使用,并通过深度集成,虚实融合,互为支撑,这是广义的 MES,或称为数字化车间系统。

狭义的 MES 包含以下模块。

1. 基础数据管理

它包括组织结构、人员权限、客户信息、设备信息、产品 BOM(物料清单)及工艺路线、系统设置、日志管理等。

2. 计划管理

它包括计划的创建、分解、浏览、修改、激活、暂停、停止、统计等。

3. 作业管理

它包括派工管理、调度管理、工序流转卡管理等,根据产品的优先级,通过判断产品的特性,选用最合理的作业方式来适应变化。

4. 高级排产

通过各种算法,自动制订科学的生产计划,细化到每一工序、每一设备、每一分钟。对逾期计划,系统可提供工序拆分、调整设备、调整优先级等灵活处理措施。

5. 现场信息管理

任务接收、反馈、工艺资料,利用多种数据采集方式,进行计划执行情况的跟踪反馈。支持条码、触摸屏、手持终端、ID 卡扫描登录等各类反馈形式。

6. 协同制造平台

实现生产准备、现场作业的协同进行,包括对加工流程、物料、半成品、工艺参数等准备状态管理,以及生产过程中的各种异常处理、统计分析等功能。

7. 物料管理

它包括车间二级库房的出入库等日常事务管理。

8. 设备管理

它包括设备维修、设备保养、备品备件管理等功能。通过与设备物联网进行集成，实现设备运行数据的实时显示，并保存每次的历史记录和问题，帮助进行问题的诊断。

9. 质量管理

对车间内生产过程质量进行及时的监控与管理，对质量信息进行相关分析、统计，支持质量追溯等功能，保证产品的质量得到良好控制，并记录产品的问题原因及处理方式。

10. 决策支持

对系统内数据进行深入挖掘，提供计划制订、任务执行、库存、质量、设备等多视角的统计分析报表，为车间相关人员，如管理者、库房员、操作工等各角色提供决策依据。

11. 输入输出

它包括与条码扫描仪、触摸屏、手持终端、LED大屏幕等硬件设备进行集成使用，便于进行信息采集、接收、展现等。

12. 文档管理

管理生产单元有关的记录和表格，如工单、配方、图纸。

13. 系统集成

与其他系统进行集成，实现数据共享。

二、MES 的基础数据需求

1. 企业的组织结构

细化不同部门组织，组织中成员的工作职能。

2. 人员及角色

根据不同的角色规划不同的系统权限，根据信息制订完善的人员分配和调度计划。

3. 设备资源

规划每一个工作中心的设备资源分配，包括产量生产节奏、维修计划、状态监控、设备数据采集分析等。

4. 工艺流程及操作规范

定义产品制造的步骤顺序，统一化操作流程，形成唯一的规范。随着技术的进步和产品的迭代，产品的工艺流程其实是一个具有很大变动的过程，及时的产品工艺流程维护就变得极其重要了，要梳理好产品的工艺流程，牵涉车间工艺、管理，技术研发，生产部主管多方面的系统性参与工作。

5. 产品及产品谱系

定义工厂的产品和属性，如零件、组装件，对规格和品类进行分组，形成产品谱系信息。

6. 产品的 BOM 表

根据产品搭建产品 BOM 架构,由技术部门统一制定和维护,在 MES 系统研发的过程中,确保 BOM 表准确、完整,否则无法从 ERP 生成生产计划。

7. 企业的订单

这是下达生产计划的依据和准则,需要制定一些录入规则和字段,这些规则和字段一定与 MES 系统有很好的对应关系的,特别是生产过程中具有关键性意义的订单信息和字段,一定要维护好,否则 EPR 系统根本就无法产出生产计划,那么,MES 系统也就没有了生产的数据来源。

三、MES 的数据采集需求

MES 根据不同的数据、应用场景、人员能力、设备投入等方面的因素需要采用不同的数据收集方式,选择不同的数据收集设备,实现生产数据的实时采集、存储、统一管理及统计分析。

1. MES 数据采集特点

数据采集种类多,覆盖面广,关联性高,涉及人、机、料、法、环、测、能各方面,每个操作涉及不同的物料、设备、工具等资源,种类繁多,彼此关联性高。

通信协议与接口种类繁杂,企业采购不同品牌厂家的设备,通信协议与接口种类差别大,接口之间兼容性差,部分甚至不开放接口,造成数据采集难度大,工作量大。

生产数据采集体量巨大,处理难度加大,产品种类多样化,生产数据的大量增幅,对数据采集,存储分析等技术难度将变得更大,需要强大的数据采集引擎来处理。

质量数据采集,为了增强竞争力,企业对产品的质量要求不断提高,需要实时采集生产过程质量信息及时反映车间生产状况问题。

数据安全性要求高,制造业数据采集会涉及核心数据和敏感数据,有些数据是企业的竞争优势,一但泄露,将会造成不可估量的损失。

2. MES 中数据采集内容

①人:操作人员、作业数据(所在工序/工位、操作时间、操作数据)。

②机:设备运行状态信息、实时工艺参数信息、故障信息、维修/维护信息。

③料:物料名称、物料属性(品种、型号、批次)、库存记录(库位、库存量)、消耗记录(工位、消耗量)。

④法:作业指导书、生产计划、工序过程、加工时间、加工数量、加工参数、完工率、异常信息。

⑤环:地点、时间、光线、温度、湿度。

⑥测:设备信息(设备类型、编号、地点)、检验信息(检验对象、批号、检验方法、检验时间、检验标准、检验结果)。

⑦能:水、电、气、风等能耗数据。

3. MES 中常见数据采集方式

MES 系统的特点即能实时收集生产过程中的各类信息、数据,然后汇集到数据库中,作数据分析及供管理层查询。高效的采集车间的各类数据,是决定一个 MES 项目成功实施的重要关键环节。MES 中常见数据采集的方式如下。

① RFID 采集方式:通过 RFID(射频自动识别技术)来采集人员、物料、设备、工装等编码、位置、状态信息,需要事先将信息写入 RFID 中或者直接卡号关联信息。

②设备控制系统采集方式:大多数设备都有专用的设备接口,该接口用于外部计算机进行远程监控和设备管理可以采集到设备的生产过程及报警信息,如 DCS(大多仪器仪表)、人机界面。

③ PLC 采集方式:PLC 采集包括两种:一种是将 PLC 当成一个网关,利用 PLC 通过 RS232/485 与设备通信,读取设备日志文件,采集生产过程数据,通过以太网接口转换信息给数据库;另一种是利用 PLC 直接采集设备的 I/O 信号传递给数据库。

④手持终端采集方式:利用手持终端,输入生产状态信息,通过以太网传输给数据库,多用于一些老旧设备没有通信接口的数控系统上或者仓库的入库出库。

⑤条码扫描采集方式:将常用信息(操作员、产品批号、物料批号、设备编号等)进行分类编码,转换成条码或者二维码,通过扫码的方式直接读取。通过条码收集制造数据的方式是最为普遍的方式之一,有效地解决 MES 中数据录入和数据采集的瓶颈问题。

⑥手工录入方式:如人工信息、基础数据设置、备注等系统必须直接从外部获得的数据。系统可以通过基础定义功能、过程数据基础定义功能,自行建立属于企业自己的数据收集项目库,如产品的编码、产品流程、工序名称、工艺条件目标等。

⑦其他采集方式:如通过光电开关、行程开关、按钮盒、传感器等。印刷车间的温度、湿度有严格要求的,其通过增加各类传感器获取数据。采集模式主要为温度传感器、湿度传感器、无线数据采集卡和 PC 等构成。

⑧系统自动生成的数据:生产过程中的部分由事件触发的数据可以由系统在过程中自动收集,主要包括工序开始操作的时间、结束时间、设备状态等。这一类的数据,可由时间触发之后,根据原本设定的基础数据,由系统自动收集。

物联网技术的飞速发展,必将极大地促进制造业数据采集和数据应用的飞速升级,特别是 5G 技术,更是将数据的通信提到更高的通道,这对于制造企业大数据应用是非常有利的。

四、MES 系统的实施

MES 系统通过下达作业任务至生产智能制造终端，作业人员与设备协同执行任务，生产设备的信息通过工业网关将数据反馈出来，结合 MES 系统业务匹配，获取作业的实时信息，供排产等进行业务决策。MES 系统与信息系统的融合集成方式有生产全过程应用、聚焦生产执行过程等。

生产过程的柔性化，以最佳经济批量的方式进行生产；

生产业务的信息化，生产要素融合化、人工管控转向自动智能管控；

应用物理网技术、大数据技术，由数字工厂转向智能工厂；

工厂标准规范建立，由单元集成转向整体集成，由单元标准转向整体一致性标准；

实现标杆示范作用，成为所在地区智能制造典范，向国家发布的智能制造能力成熟度模型的优化极、引领级发展。

在 MES 设备管理模块中，既包括对设备的台账、维修、保养、备件等常规管理功能，也包括通过与设备数据采集系统（MDC）进行集成，实现对设备实时信息采集与管理。

1. 台账管理

从 ERP 系统中获取与设备相关的固定资产信息，构建 MES 设备台账信息，并能够生成设备台账报表。可以方便设置设备基本信息、工作时间、指定操作人员等，也可对设备进行分组管理、分工段管理，以及支持设备盘点、设备调入/调出、备品/备件管理等功能。

2. 维修管理

当设备发生故障，操作工在系统中触发"设备故障"，该信息被发送给维修人员，通知内容包括设备名称、报警信息、发生时间等。维修人员到场后进行维修，并在系统中建立设备维修记录库，包含维修时间、维修人员、维修项及是否更换过备件等。经过一定时间的积累，形成维修经验知识库，便于后期遇到类似问题时快速诊断及维修。

3. 保养管理

设备保养一般分为一级、二级、三级保养。各级保养的内容、时间、规则可根据设备的操作手册自定义，也可设置周期性保养和提醒规则。根据设备近期运行状况进行保养提醒，临近设备保养时，系统自动提示，相关人员进行日常保养，登记保养记录。

4. 设备点检

MES 提供设备点检计划的维护和管理功能，对于已经制订的点检计划，在操作工登录系统后，系统根据点检项目及点检频率，自动对设备进行点检提示，点检结束后将点检结果录入系统中。每个点检项均设置对应的二维码，以扫码形式进行点检，用于监控保证点检位置准确性和及时性。

5. 备件管理

不同的设备有专属的备件清单，详细记录备件的编号、实物图片、库存数量、维修更换时间。根据保养周期和TPM（Total Productive Maintenance）规范，设定更换周期和操作人员。到达设定周期，系统会自动提示需要更换的备品，相关操作人员要及时跟进，做好更换记录。

第四节　高级排程系统APS

一、高级计划排程系统概述

高级计划排程系统APS（Advanced Planning and Scheduling），是对生产相关资源包括人、机、法、料、环、测等进行统筹运算，制订出最佳的各工序在车间机台上的具体生产计划，要求在保证准时交货和质量的同时，实现生产效率最高、浪费最少。

APS系统至少应该具备以下特征。

1. 同步规则

APS系统的同步规划是指：根据企业所设定的目标（如最佳的客户服务），同时考虑企业的整体供给与需求状况，作出最佳的生产计划。APS系统的同步规划能力，不但使得规划结果更具备合理性与可执行性，亦使企业能够真正达到供需平衡的目的。

2. 考虑企业有限资源下的最佳规划

在传统ERP上，用MRP排程逻辑所做的生产规划并未将企业的资源限制（如物料、产能、模具、设备、人员以及外协任务等）纳入考虑，使其规划结果非但无法达到最佳化，甚至可能是不可执行的。而APS系统则应用数学模式（如线性规划），或仿真技术等先进的规划技术与方法，基于有限资源拟订出一套可行且最佳效能的生产计划。

3. 实时性规划

APS制订计划后由MES去执行，MES反馈生产现场实时数据，由APS重新进行实时纠偏，并帮助管理人员快速处理类似物料供给延误、生产设备故障、紧急插单等例外事件。使印刷企业可以实现以生产计划为指挥中心的生产管理模式，充分利用各种资源，提高生产效率。

APS的核心是对所有资源（包括物料、机器设备、人员、供应、客户需求、运输等影响计划的因素）进行同步的、实时的、具有约束能力的模拟，进而得出优化的生产计划，不论是长期的或短期的计划都具有优化和可执行性。由于同时考虑了所有供应链中的约束条件，因此每一次改变出现时（如加入新的定单），APS就会同时检查产能约束、原料约束、需求约束、运输约束、资金约束，这就保证了供应链计划在任何时候都有效。APS 在决定生产计划时也可以采用基因算法技术，以模仿生物进化过程为基础，获得最优的解决方案。

4. APS 在印刷中的功能

目前的印刷包装行业从原来的大批量订单生产转向小批量、多品种、快节奏的离散订单生产模式。现有 ERP 无法全局考虑生产的全部制约要素，更不能自动地迅速给出合理的生产排程，而是依赖人工排产，因而无法满足"快、短、少"的实际生产需求，无法实现承诺的产品交货期。不合理的生产排程，会造成大量设备和人工等资源的浪费，降低生产效率，导致企业内部对生产资源的争夺，影响员工的工作士气，延误产品交货期。根据近年来用户投诉统计，产品交货期延误的投诉比例越来越高，交货期延误会严重打破客户的生产计划，使企业形象大打折扣，严重削减企业竞争力。产品交货期已经成为顾客选择和评价供应商的第一要素。印刷企业要彻底解决生产问题，除了 ERP 和 MES，还必须得有一套有效的 APS 系统才行。

APS 解决了 ERP 无法解决的动态过程管理问题。它是基于有限资源能力的优化计划，它将企业资源能力、时间、产品、约束条件、逻辑关系等生产中的真实情况同时考虑。其优势主要表现如下。

快速准确预测交货期：根据当前生产计划及执行情况，结合客户要求，合理调配订单生产优先级别，在充分考虑生产瓶颈能力的条件下，快速根据生产配置与采购情况，计算出订单的交货期。

全自动排产，并根据产品工艺属性、设备能力、当前生产进度等自动对生产计划进行全局优化，及时计算出满足订单要求的最优生产排产计划。其中包括可以满足订单的最迟或最早开完工时间及有准确的时间对应的物料需求计划。

新增或者更改订单时，可即时得知对其他订单的联动影响。将订单变化情况输入系统中，APS 可以迅速自动重新制订生产计划。重新排程后，可即时得知每张单的最新可能的交期，与提前或延后的差异时长。

针对特急订单、未按计划完工的生产单、工序任务等自动统计并提醒人员特别跟进。

车间内精细化排产。即得知：车间中每条产线、每台机，应该在几点几分到几点几分，做哪张生产单，做多少量，用什么模具，要什么物料多少量。

自动计算产能负荷，平衡产能分配，并自动生成满足订单任务所占用的精确资源情况和此订单实时的精确物料需求计划。在充分满足生产的情况下，极小化库存，解放流动资金。

APS 将成为印刷包装企业提高生产管理水平、实现精益生产的重要工具。而印刷企业由于其交货期短，产品种类多，订单批量少，生产管理尤其烦琐。应用 APS 可以大幅提高印刷企业的生产管理水平，缩短交期，提高企业核心竞争力，使企业在竞争中脱颖而出。

二、APS 与 MES 的协同使用

一套成熟的 APS 系统中，蕴含着大量的制造业与算法技术等隐性知识，可以很好地帮助制造企业进行科学化、智能化地计划排产，是实现车间生产计划精细化、准确化的有效手段，是实现整个生产过程智能化的前提。

在离散制造业，APS 是解决多工序、多资源的优化调度问题，APS 是 MES 的核心模块，只有通过 APS 才能使得 MES 中的计划精确、科学，才能使 MES 流畅地运行起来。APS 根据 MES 的计划，基于车间现有设备有限能力进行工序级任务排产，可很好地解决在多品种、小批量生产模式多约束条件下的复杂生产计划排产问题，便于进一步优化生产安排，实现负荷均衡化生产。

通过 APS 与 MES 的集成使用，可助力 MES 实现。

1. 高效化

APS 排产充分考虑到全局最优，可按交货期最短、生产最均衡等各种条件进行自动排产，使设备利用率最高，生产周期最短，实现了排产过程与生产过程的高效化。

2. 协同化

实现车间生产任务的派工管理、生产准备管理、任务执行的全流程协同管理，达到快速响应、协同制造的目的。

3. 精细化

排产结果可准确到每一工序、每一设备、每一分钟，实现生产计划与过程管控的精细化。

4. 透明化

APS 以甘特图等形式，直观地显示出各订单、各工序的计划能否按期完成情况，如按期、延期、提前等，一目了然，生产计划预测性强，生产状况透明程度高。

三、实施 APS 基础

APS 是基于各种基础数据及约束条件进行优化排产的系统，用户在导入 APS 系统时，规范、完整的数据是系统能正常使用的基础。这些数据可分为基础数据、工艺数据、计划数据等三大类别和数据模型。

1. 基础数据要规范

基础数据主要包括以下 4 个方面。

①工厂日历信息：主要包括假期、休息日定义、班次定义。

②制造单元信息：主要包括设备及设备组的定义，如设备型号、设备名称、设备效率等。

③制造单元班次：主要包括制造单元的工作班次信息。

④物料信息：各种生产物料的统一编码。

2. 工艺路线要完整

工艺是排产的主要依据,工艺路线划分要科学,并具有完整性。

①工序与制造单元关系:已设置好工序所使用的制造单元(具体指定到同一类型设备或指定到具体设备)。

②工序与工时的关系:工艺中必须要有相对比较准确的工时(包含加工工时、准备工时)。

③排产颗粒度:需要明确排到具体班组或者具体设备,由设备再关联到具体的人员。

④特殊工艺或特殊的加工流程:如外协、工段间穿插、拆批合批等,如有此类内容,也需要在工艺中明确说明。

3. 计划数据要细化

若要得到精细化的排产结果,输入条件也要相对精细。主计划这一层的分解要细化到零件级,并要有整体的时间节点。任务信息要包括项目、部件、零件、工序任务(工时,设备等)、交付期等信息。

4. 建立基础模型

基础模型必须如实反映企业原型特征,基于印刷包装企业生产标准化参数,利用印刷包装行业生产特性、经验积累,进行数学建模,如实反映原型的特征,确保模拟运算出来的结果更加符合企业的实际情况,可执行性才更强。

在基础模型上,通过配置更多的标准参数,使得模拟运算的条件更接近印刷包装企业生产实际变化情况、更贴合企业各种场景化需求,比如工序设备的增加、维修、设备产能方案的调整等配置,标准参数设置越细致,排程结果越优化。

APS 的各种排产算法凝聚着工业知识的精华,可从大数据运算中获得最优排产方案,这是工业大数据在车间的一种典型应用场景,也是数字化车间走向智能化的源头。

四、APS 运行流程

1. 基本设置

通过 APS 系统录入基础资料,或者通过 ERP、MES 系统 API 接口导入基础资料,如工作中心、车间、产线、设备、人力、模具、日历、班次和工作时间等基础资料。基础资料导入设置好之后,通过 APS 系统录入或者同步导入 ERP、MES 系统中的销售订单、生产工单、仓库库存、BOM、工艺流程、采购订单等关联数据,销售订单包含物料、数量、交货日期;生产工单包含物料、数量、开始时间、结束时间等。

2. 自动化排程

当基础资料和业务单据数据导入和设置好之后,APS 就可以根据系统设定,通过 APS 引擎中的遗传算法、神经网络算法、需求滚动排产算法、物料齐套算法等排程算法，自动排出订单交货计划表、采购需求计划表、生产工单计划表、生产工序计划表、设备资源使用计划表等。模拟运算排程方案，至少要满足三大原则：第一任意工单的任意生产部件的任意上下工序的结束和开始时间不能冲突，第二无限逼近交期最优化，第三无限逼近产能最大化，满足客户优先、产品优先、订单优先等策略。

3. 快速响应变化

一键重排，对于模拟运算排程结果不满意，或订单出现变化（交期变化、增减单变化、产品变更、紧急插单等），或设备异常可快速重排，重新制订最优的生产计划指导生产。

4. 排程结果

计划排程结果出来后，APS系统可以导出Excel排程结果，或者系统自动通过API接口同步给ERP、MES、WMS系统，自动写入订单交货日期，自动创建采购申请单，自动跳转工单开工日期和完工日期，工单投料计划、生产派工、入库计划等。APS同时提供多种甘特图，可以直观地得到排程结果，设备资源、订单、工单、产能负荷、库存甘特图等，通过甘特图一目了然知道计划数据。

五、APS在包装印刷行业实施要点

1. APS计算所需要的数学模型很难确立

印刷是典型的离散型制造，大部分企业无固定产品（是客户定制产品），产品的工序组合千变万化，APS计算所需要的数学模型很难确立。

APS的计算首先是基于物料清单BOM（Bill of Material），每个产品首先要固化部件结构、工艺路线和物料清单，才能建立数据模型启用APS的计算。但是，现实中要让印刷企业把每个产品都建立BOM，本身就是一件很难的事情，因为我们大部分企业的订单碎片化，交期短，生产订单数量多，单批次生产数量少。每个产品建立BOM需要增加不少人力，造成浪费，而且时间上也不允许，需要采用MES系统的专用模块来处理。

2. 生产订单碎片化，计算量太大，APS的计算速度不堪重负

例如，一家印刷厂每天承接50个新订单，每个工单平均4个部件，每个部件平均5道工序，假定生产周期为10天。系统中就已经有10000条以上基础数据了，再加上每本书内页分版、分贴、数据量就达到数万条了。数万条数据再叠加交期、客户等级、各个工序与不同机台的适配、前后工序对撞、系统每进行一次操作有几十万数据的运算，对系统是一个巨大压力。

也就是说，其他行业每台设备上一条任务做几天，印刷行业一台设备一天要做几十条任务，计算量自然就大了，需要采用专用的硬件，如超融合架构的系统来提供算力的支持。

3. 选择合适印刷行业的APS产品

现有ERP上的所谓的APS模块是不考虑资源约束，不考虑前后工序对撞悖论，也

根本没有通过统筹运算而预知未来的能力,他们的功能仅仅是把任务分配到机台,这样的 APS 充其量只是 Excel 的替代品,它们只能称为"排程系统",不能叫"高级计划排程系统"。

以上这两个行业属性,导致其他行业通用的 APS 系统很难在印刷企业落地,引入 APS 是对企业管理流程的一次变革,可以在原有 EPR 系统上进行 APS 相关功能的开发,或者直接引入印刷领域成熟的 APS 产品,以使得 APS 切合企业实际,并最大限度地减少实施过程中的阻力。

主动实施精细化高级排产管理,从容应对和解决生产过程中各种瓶颈工序和异常情况,实现生产过程顺畅、交货准时,就必须对应建立精确的生产计划与即时的生产过程监控管理。APS 以其对交货期的快速准确预测、生产排程的全自动化和精细化,将极大地提高印刷包装企业的准时交货率,并同时降低库存,提高产能利用率。

第五节 设备数据采集系统 MDC

设备数据采集系统 MDC(Manufacturing Data Collection),直译是制造数据采集,由于当前市面上大部分 MDC 解决方案都是以机床为采集对象,所以很多人称之为机床监控系统。MDC 通过先进的软硬件采集技术对数控设备进行实时、自动、客观、准确的数据采集,实现生产过程的透明化管理,并为 MES 提供生产数据的自动反馈,MES 只有及时获知生产任务执行情况,形成生产的闭环管理,才能使计划更准确、更科学。MDC 既可以单独构成应用系统,也可以与 DNC 其他模块配合使用,可认为它是广义 DNC 系统的一部分。

现在,MDC 已经从单纯的数控机床联网管理,进化成为各类数字化设备联网管理的系统,将数控机床、机器人、检测设备、热处理设备等数字化设备进行联网与数据采集,是信息物理系统 CPS(cyber physical systems)在车间的具体应用,形成广义上的工业数据采集。

工业数据采集是智能制造和工业互联网的基础,是"两化"融合的先决条件,在国家及各部委发布的政策文件中不断被提及。在 2015 年国务院发布的《中国制造 2025》中,提出了"建立国家工业基础数据库,加强企业试验检测数据和计量数据的采集、管理、应用和积累"。《智能制造工程实施指南(2016—2020)》提出,要发展"智能传感与控制装备",要形成"现场总线和工业以太网融合、工业传感器网络、工业无线、工业网关通信协议和接口"标准,要解决智能制造"数据采集、数据集成、数据计算分析"等方面存在的软件问题,在五类新模式中支持数据采集系统与其他系统协同与集成。

2017 年 11 月国务院发布的《关于深化"互联网+先进制造业"发展工业互联网的指导意见》明确将构建网络、平台、安全三大功能体系作为其重点任务,并强调要

"强化复杂生产过程中设备联网与数据采集能力,实现企业各层级数据资源的端到端集成",推动各类数据集成应用,形成基于数据采集、集成、分析的"工艺优化、流程优化、设备维护与事故风险预警能力",实现"企业生产与运营管理的智能决策和深度优化"。

作为工业互联网三大功能体系之一,工业互联网平台是全要素连接的枢纽和工业资源配置的核心,而工业数据采集则是工业互联网平台的基础,发展工业数据采集是我国推动工业互联网平台全面深度应用的起点,也是制造业转型升级的必要条件。

随着信息化与工业化的深度融合,信息技术渗透到工业企业产业链的各个环节,推动了以"智能化生产、个性化定制、网络化协同和服务化延伸"为代表的新兴智能制造模式的发展,其核心是基于海量工业数据的全面感知。工业数据采集可以实现对生产现场各种工业数据的实时采集和整理,为企业的 MES、ERP 等信息系统提供大量工业数据,通过对积累沉淀的工业大数据的深入挖掘,实现生产过程优化和智能化决策。

一、MDC 数据采集的定义

工业数据采集是利用泛在感知技术对多源设备、异构系统、运营环境、人等要素信息进行实时高效采集和云端汇聚。工业数据采集对应工业互联网平台体系架构中的边缘层,通过各类通信手段接入不同设备、系统和产品,采集大范围、深层次的工业数据,以及异构数据的协议转换与边缘处理,构建工业互联网平台的数据基础,如图 5-4 所示。

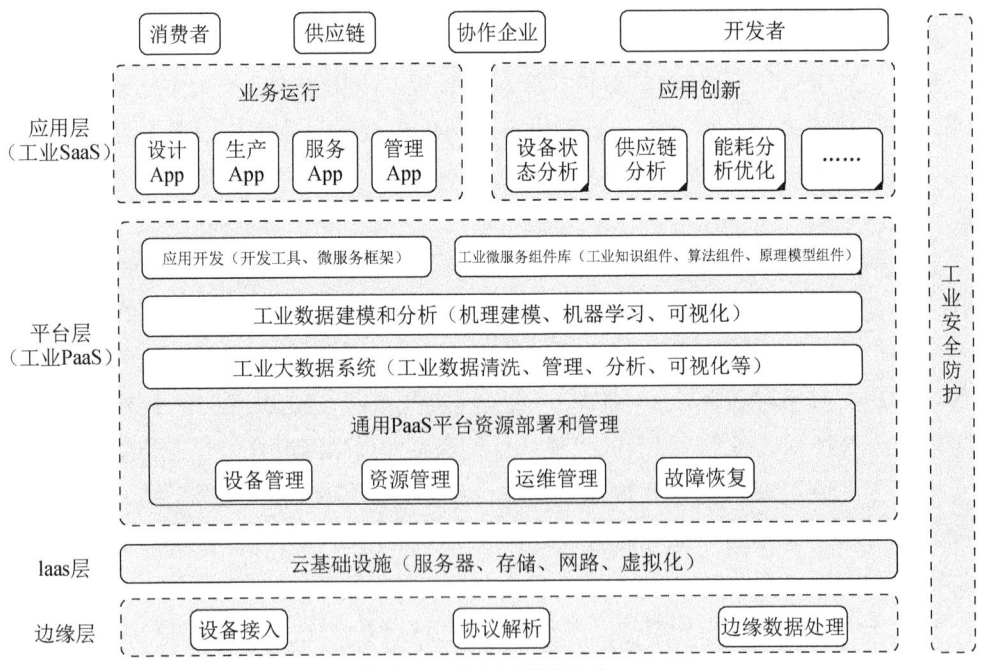

图 5-4 工业互联网平台

二、MDC 数据采集的范围

工业数据采集广义范围既包括工业现场设备的数据采集和工厂外智能产品/装备的数据采集,也包括对 ERP、MES 等应用系统的数据采集,具体如下。

1. 工业现场设备的数据采集

它主要通过现场总线、工业以太网、工业光纤网络等工业通信网络实现对工厂内设备的接入和数据采集,可分为三类:对传感器、变送器、采集器等专用采集设备的数据采集;对 PLC、RTU、嵌入式系统、IPC 等通用控制设备的数据采集;对机器人、数控机床、AGV 等专用智能设备/装备的数据采集。

它主要基于智能装备本身或加装传感器两种方式采集生产现场数据,包括设备(如机床、机器人)数据、产品(如原材料、在制品、成品)数据、过程(如工艺、质量等)数据、环境(如温度、湿度等)数据、作业数据(现场工人操作数据,如单次操作时间)等数据。主要用于工业现场生产过程的可视化和持续优化,实现智能化的决策与控制。

2. 工厂外智能产品/装备的数据采集

它主要通过工业物联网(3G/4G、NB-IoT 等)实现对工厂外智能产品/装备的远程接入(通过 DTU、数采网关等)和数据采集。主要采集智能产品/装备运行时关键指标数据,包括但不限于如工作电流、电压、功耗、电池电量、内部资源消耗、通信状态、通信流量等数据。主要用于实现智能产品/装备的远程监控、健康状态监测和远程维护等应用。

3. 对 EPR、MES 等应用系统的数据采集

它主要由工业互联网平台通过接口和系统集成方式实现对 SCADA、DCS、MES、ERP 等应用系统的数据采集,本节中的工业数据采集范围主要是指工业现场设备的数据采集和工厂外智能产品/装备的数据采集。

三、MDC 数据采集体系架构

工业数据采集体系架构包括设备接入、协议转换、边缘数据处理三层,向下接入设备或智能产品,向上与工业互联网平台/工业应用系统对接,如图 5-5 所示。

1. 设备接入

通过工业以太网、工业光纤网络、工业总线、3G/4G、NB-IoT 等各类有线和无线通信技术,接入各种工业现场设备、智能产品/装备,采集工业数据。

2. 协议转换

一方面运用协议解析与转换、中间件等技术兼容 Modbus、CAN、Profinet 等各类工业通信协议,实现数据格式转换和统一。另一方面利用 HTTP、MQTT 等方式将采集到的数据传输到云端数据应用分析系统或数据汇聚平台。

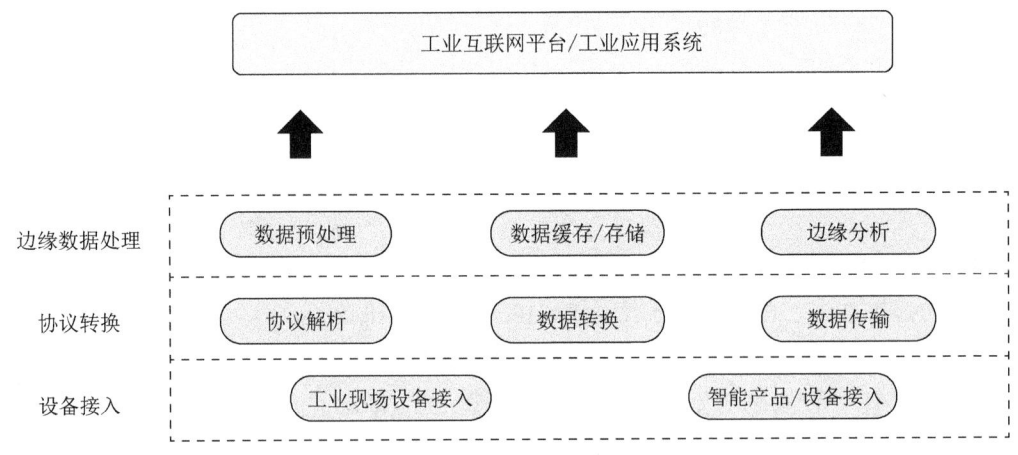

图 5-5　数据采集三层架构

3. 边缘数据处理

基于高性能计算、实时操作系统、边缘分析算法等技术支撑，在靠近设备或数据源头的网络边缘侧进行数据预处理、存储以及智能分析应用，提升操作响应灵敏度、消除网络堵塞，并与云端数据分析形成协同。

四、MDC 数据采集的特点

1. 连接性

连接是工业数据采集的基础。所连接物理对象的多样性及应用场景的多样性，需要工业数据采集具备丰富的连接功能，如各种网络接口、网络协议、网络拓扑、网络部署与配置、网络管理与维护。连接需要充分借鉴吸收网络领域先进研究成果，如 TSN、SDN、NFV、WLAN、NB-IoT、5G 等，同时还要考虑与现有各种工业总线的互联互通。

2. 数据第一入口

工业数据采集作为物理世界到数字世界的桥梁，是数据的第一入口，拥有大量、实时、完整的数据，可基于数据全生命周期进行管理与价值创造，将更好地支撑预测性维护、资产性能管理等创新应用；同时，作为数据第一入口，工业数据采集也面临数据实时性、确定性、多样性等挑战。

3. 数据量大

随着工业系统由物理空间向信息空间、从可见世界向不可见世界延伸，工业数据采集范围不断扩大；同时工业企业中生产线处于高速运转，由工业设备所产生、采集和处理的包括设备状态参数、工况负载和作业环境等数据量呈爆发式增长，远大于企业中计算机和人工产生的数据。随着智能制造和物联网技术的发展，产品制造阶段少人化、无人化程度越来越高，运维阶段产品运行状态监控度不断提升，未来人产生的数据规模的比重降低，机器产生的数据将出现指数级的增长。

4. 实时性

生产线的高速运转、精密生产和运动控制等场景对数据采集的实时性要求不断提高，重要信息需要实时采集和上传，以满足生产过程的实时监控需求。

工业系统不仅要求数据采集速度快，而且要求数据处理速度快，特别是针对传感器产生的海量时间序列数据，数据写入速度达到了百万数据点/秒~千万数据点/秒。而且数据采集模块还要将实时数据通过有线、无线网络实时传送至系统集成模块，实现企业业务决策的实时性，也就是工业 4.0 所强调的基于"纵向、横向、端到端"信息集成的快速反应。

5. 融合性

OT 与 IT、CT 的融合是工业数字化转型的重要基础。工业数据采集作为"OICT"融合与协同的关键承载，需要支持在连接、管理、控制、应用、安全等方面的协同。工业数据采集既需要 OT 技术提供在工厂中的对各种工业流程和机器的控制技术并且能够保证工业环境中的高可靠性，又需要 IT 技术支持工厂中大量数据分析和促进工业生产数字化和智能化，也需要 CT 能够提供可靠、快速和低成本的"传输"实现工业连接。

6. 多种工业协议并存

工业软硬件系统本身具有较强的封闭性和复杂性，不同设备或系统的数据格式、接口协议都不相同，甚至同一设备同一型号的不同时间出厂的产品所包含的字段数量与名称也会有所差异，数据无法相互共享。工业数据采集领域存在 Profibus、Modbus、CAN、LonWorks、HART、Profinet、EthernetIP、Modbus/TCP、EtherCAT 等多种工业协议标准，各种协议标准不统一。

综上所述，工业数据采集需要将互联网、物联网、云计算、边缘计算等技术和工业数据采集深度融合。一方面通过构建一套能够兼容、转换多种协议的技术产品体系和网络架构，实现工业数据互联互通互操作；另一方面通过 TSN 等低时延技术和部署边缘计算模块，实现数据的实时采集和在生产现场的轻量级运算、实时分析，缓解数据向云端传输、存储和计算压力，才能更好地满足工业互联网对工业数据采集的要求。

五、MDC 数据采集产品类型

根据上面的工业数据采集内涵和体系架构，工业数据采集产品主要包括如下几类。

1. 设备接入

设备接入是建立物理世界和数字世界的联接的起点，是数字化信息的源头。根据接入物理设备的分类不同，设备接入产品可以细分如下几类。

①数据采集板卡/模块

采集现场对象的物理量并转化为数字量，即其输入是各种传感器/变送器的输出，该类设备将其输入转换为数字量,并存储在设备中,以供其他系统使用。

② RTU/PLC/DCS/IPC/ 嵌入式系统等

这些现场的控制系统在承担其本职功能的同时,可以作为接入设备使用,是工业数据采集系统的信息源头。

③机器人 / 数控机床 / 专用智能设备或装备

这类设备通过专用工业通信协议与工业数据采集系统通信,以实现信息有效流动与集成。

④物料标识读取设备

物料身份标识技术主要是条码 / 二维码和 RFID,对应的读取设备有条码 / 二维码识别器(扫描枪)和 RFID 读写器。

2. 协议转换

工业通信网络接口种类多、协议繁杂、互不兼容,需要通过工业网关来进行各种协议转换,工业网关主要包括串口转以太网设备、各种工业现场总线间的协议转换设备和各种现场总线协议转换为以太网(TCP/IP)协议的网关等。

3. 网络传输

网络传输设备用于工业现场设备和智能产品 / 装备的网络连接和数据传输。针对工业现场设备通常以有线网络传输为主,无线网络传输作为补充;针对工厂外智能产品 / 装备通常采用无线网络传输方式。

网络传输设备从功能上可以分为工业交换机、工业路由器、工业中继器、工业网桥、DTU 等。它们与商用网络传输设备不同之处在于为了适应工业现场的环境要求,可靠性、实时性等方面的技术指标要明显高于商用设备。

4. 边缘数据处理

基于高性能计算、实时操作系统、边缘分析算法等技术支撑,在靠近设备或数据源头的网络边缘侧进行数据预处理、存储以及智能分析应用。边缘数据处理主要产品包括边缘计算软件、配套数据库及相关模块等。

5. 工业数据采集安全

由于工业数据采集系统对实时性和稳定性的高要求使得传统安全产品往往无法应用于工业数据采集系统中。目前在工业数据采集系统中,主要通过工业防火墙和工业网闸等产品,实现数据加密传输,防止数据泄露、被侦听或篡改,保障数据采集和传输过程中的安全。

第六节 仓储管理系统 WMS

仓库管理系统 WMS(Warehouse Management System),是通过入库、出库、调拨和管理等功能,综合批次管理、物料、盘点、质检、即时库存管理等综合运用的系统,有效控制并跟踪物流和成本管理全过程,实现企业仓储全面管理。该系统可以为企业提供包括生产过程管控、设备接入、质量追溯等功能模块,还串联起订单排程、物料流转及仓储,实现物料上下料的机台拉动、生产节拍的智能控制。

大部分 WMS 产品是从 ERP 产品发展来的,能够实现仓库业务单据的信息化,记录仓库作业所处理的订单、货物信息。WMS 目标对仓储执行优化和有效管理,同时延伸到运输配送计划、和上下游供应商客户的信息交互,从而有效提高仓储企业、配送中心和生产企业的仓库的执行效率和生产率,降低成本,提高企业客户的满意度,提升企业的核心竞争力。

一、仓库管理系统 WMS 核心功能特点

由计算机控制的仓库管理系统目的是独立实现仓储管理各种功能:收货、在正确的地点存货、存货管理、定单处理、分拣和配送控制。

WMS 一般具有以下几个功能模块:管理单独订单处理、库存控制、基本信息管理、货物流管理、信息报表、收货管理、拣选管理、盘点管理、移库管理、打印管理和后台服务系统。

WMS 系统可通过后台服务程序实现同一客户不同订单的合并和订单分配,并对基于 PTL(pick to light 亮灯拣选)、RF、纸箱标签方式的上架、拣选、补货、盘点、移库等操作进行统一调度和下达指令,并实时接收来自 PTL、RF 和终端 PC 的反馈数据。整个软件业务与企业仓库物流管理各环节吻合,实现了对库存商品管理实时有效的控制。

1. WMS 基本功能

①货位管理。采用数据收集器读取产品条形码,查询产品在货位的具体位置(如 X 产品在 A 货区 B 航道 C 货位),实现产品的全方位管理。通过终端或数据收集器实时地查看货位货量的存储情况、空间大小及产品的最大容量,管理货仓的区域、容量、体积和装备限度。

②产品质检。产品包装完成并粘贴条码之后,运到仓库暂存区由质检部门进行检验,质检部门对检验不合格的产品扫描其包装条码,并在采集器上作出相应记录,检验完毕后把采集器与计算机进行连接,把数据上传到系统中;对合格产品生成质检单,由仓库保管人员执行生产入库操作。

③产品入库。从系统中下载入库任务到采集器中,入库时扫描其中一件产品包装上的条码,在采集器上输入相应数量,扫描货位条码(如果入库任务中指定了货位,则采集器自动进行货位核对),采集完毕后把数据上传到系统中,系统自动对数据进行处理,数据库中记录此次入库的品种、数量、入库人员、质检人员、货位、产品生产日期、班组等所有必要信息,系统并对相应货位的产品进行累加。

④物料配送。根据不同货位生成的配料清单包含非常详尽的配料信息,如配料时

间、配料工位、配料明细、配料数量等，相关保管人员在拣货时可以根据这些条码信息自动形成预警，对错误配料的明细和数量信息都可以进行预警提示，极大地提高仓库管理人员的工作效率。

⑤产品出库。产品出库时仓库保管人员凭销售部门的提货单，根据先入先出原则，从系统中找出相应产品数据下载到采集器中，制定出库任务，到指定的货位，先扫描货位条码（如果货位错误则采集器进行报警），然后扫描其中一件产品的条码，如果满足出库任务条件则输入数量执行出库，并核对或记录下运输单位及车辆信息（以便以后产品跟踪及追溯使用），否则采集器可报警提示。

⑥仓库退货。根据实际退货情况，扫描退货物品条码，导入系统生成退货单，确认后生成退货明细和账务的核算等。

⑦仓库盘点。根据公司制度，在系统中根据要进行盘点的仓库、品种等条件制定盘点任务，把盘点信息下载到采集器中，仓库工作人员通过到指定区域扫描产品条码输入数量的方式进行盘点，采集完毕后把数据上传到系统中，生成盘点报表。

⑧库存预警。另外，仓库环节可以根据企业实际情况为仓库总量、每个品种设置上下警戒线，当库存数量接近或超出警戒线时，进行报警提示，及时地进行生产、销售等的调整，优化企业的生产和库存。

⑨质量追溯。此环节的数据准确性与之前的各种操作有密切关系。可根据各种属性如生产日期、品种、生产班组、质检人员、批次等对相关产品的流向进行每个信息点的跟踪；同时也可以根据相关产品属性、操作点信息对产品进行向上追溯。

⑩信息查询与分析报表。在此系统基础上，可根据需要设置多个客户端，为不同的部门设定不同的权限，无论是生产部门、质检部门、销售部门、领导决策部门都可以根据所赋权限在第一时间内查询到相关的生产、库存、销售等各种可靠信息，并可进行数据分析。同时可生成并打印所规定格式的报表。

2. WMS 扩展功能

①数据维护：丰富仓库信息，提高库存管理质量，精确库存信息。

②波次管理：通过创建波次自动将订单分类聚合处理，集中拣货提高出库效率。

③报表监控：统计报表呈现，包括但不限于出入库报表、库存报表、库位流水以及仓库大屏展示的电子看板，快速掌握阶段性的仓库各类数据和实时进度。

④机器人管理系统 RCS：根据汇总信息自动实现任务分配，最优路径规划，交通管制，以可视化方式进行数据监控和生产任务管理。使生产全自动，无须人工干预，实现无人化作业。

⑤交管规划：多 AGV 协同作业，交通管制避免撞车，路线规划实现最优路线行驶。

⑥可视化：实时状态可视化，满足对 AGV 状态、区域地图、行驶路线、运动轨迹、任务状态、外部设备等数据信息可视化监控管理。

⑦任务优化：选车策略，根据任务信息、产线需求，自动分配生产任务，提高生

产效率。

⑧业务对接：对接工厂生产管理系统，获取生产搬运任务，执行并反馈信息，全程跟踪任务的执行情况。

⑨仿真模拟：仿真系统通过对产线设备（传送码头、机台、机械臂、提升机等）进行数据仿真，通过导入布局，进行业务逻辑的软件执行仿真，测算资源匹配度，发现关键瓶颈。

3. WMS 系统架构

WMS 系统集成了信息技术、无线射频技术、条码技术、电子标签技术、WEB 技术及计算机应用技术等将仓库管理、无线扫描、电子显示、WEB 应用有机地组成一个完整的仓储管理系统，从而提高作业效益，实现信息资源充分利用，加快网络化进程。其中的关键技术主要有无线射频技术（Radio Frequency，RF）、电子标签、数据接口技术。

二、印刷 WMS 设计要点

印刷属离散制造，中间工序存在大量的半成品，印刷中纸包装产品占比约 30%，物料多数以纸盒、纸袋、纸箱、原材料为主，多采用从生产、搬运、码垛、入库、保管到出库的全自动作业模式。

现在的智能印刷企业的物流体系的典型特征就是自动供料、自动生产、自动保管、自动出库，通过自动化生产线对接全自动立体仓库，结合码垛机器人、AGV 等机器设备实现全程一体化自动化智能工厂物流。

1. 工厂物流与仓储物流紧密结合

工厂物流与仓储物流通过全自动化设备紧密结合起来，WMS 系统的管理对象不仅是仓库，更延伸到生产线、线边仓、工作台等，入、出库业务流程与库存管理在更广泛的范畴和更广义的空间中得到应用。

2. 满足精益化生产

WMS 系统与生产计划排程、生产调度管理、生产过程控制等无缝衔接，在原材料、半成品、成品的生产出库、剩余返回、销售出库等环节，WMS 系统进行智能化控制，杜绝浪费、实现无间断的作业流程，满足精益化生产的要求。

3. 设备任务智能控制

印刷行业多以多样性机器设备来实现自动化工厂物流，WMS 系统应当与 WCS 设备控制系统构建在统一的技术平台，通过设备任务的整合优化、流量控制、动态路径分配、路径优化，通过设备工作时序的有效衔接与设备均衡负载，实现稳定可靠智能优化的自动工厂物流。

4. 产品批次管理

由于印刷存在的色差批次性，WMS 系统必须针对每一批次产品进行特性化、精细化管理，以产品批次为管理对象进行各项作业，支持先进先出、指定批号出库、不可混批出库、多批号出库等，确保产品批次的严格控制与追溯。

5. 药品电子监管码接口

药品电子监管码是国家实施电子监管所赋予每件药品的唯一标识，对于生产药包的印刷企业，WMS 系统实现与电子监管码平台实时对接，在生产、流通的各环节实现药监码的获取、药监码信息查询与药监码信息上传，满足"双向追溯"的要求。

6. 多客户支持

全面支持多客户管理要求，可以建立对于不同客户的全方位管理，并有效地为大量不同的客户提供差异化仓库管理服务，定义不同的运作策略。

7. 多仓库支持

对于集团化的多不同地域生产基地的印刷企业，多地仓库间可以实现联动作业，以构建一体化的物流服务体系；集中部署，全局视角，对各类业务可以全局掌握和局部协调，支撑企业标准化运营。

8. 智能策略支持

支持多种智能化策略定义，如上架策略、拣选策略、补货策略、波次策略、盘点策略、ABC 策略、出库策略等；当仓库作业指令到达仓库后，系统可根据预先制定的策略，自动编制执行方案；优化仓库作业动线，优化资源利用，解决作业瓶颈。

第六章
包装印刷智能管理系统的设计

印刷不是流程型制造业,而是典型的离散型制造业。其特点是产品品种多样、品种单一,且生产批量小;工艺路线不固定,有长有短、有简有繁,很难形成流水线作业;生产设备按照工艺来布局,一般有多台可以进行同一种加工工艺的设备,通常单台设备的故障不会对整个产品的工艺过程产生严重的影响,重点是要管理好关键设备、瓶颈设备;加工物料或半成品需要搬运和中转,对于半成品,一般也设有相应的库房,各工序根据生产作业计划及配套清单分别领料。其智能化就是将印刷的所有环节数字化并与物联网、云计算、移动互联网等新一代信息化技术和先进的生产自动化技术、AI、大数据技术深度融合,应用到印刷的业务管理、报价管理、生产管理、物料管理、印刷过程控制等整个经营活动中,以大幅度提高生产服务效率、降低经营成本。

大多数印刷包装企业进行数字化建设的第一步通常是引进 ERP,以财务会计为导向的集成系统,将"供需链"进行数字管理和优化;第二步引入 MES,要解决生产现场的管理,如工艺流程、生产计划、生产排产、生产实时产出、品质管控、机台设备状态等,将生产现场信息得到有效的监控;第三步要解决设备数据采集 MDC,进而达到可任意执行的状态,同时要引入 WMS,智能物流系统,将厂内物流解决,才能让印刷企业的生产过程达到相对无人下的有序生产、可视、量化和智能化。

本章以前面章节的内容为基础,以药品纸质包装盒生产为例,重点介绍印刷智能管理系统设计的整体思路和架构。

第一节 系统设计

一、生产流程

以药品纸质包装盒生产过程为例,其生产流程如图 6-1 所示。

大部分的药品纸质包装盒生产通常经过以下过程。

①印刷接单,即对客户所下的订单能够满足要求,能够生产或者是供货,从而达成交易、签下合同。

②印前设计,包含平面设计、包装设计、产品结构、生产工艺、印前检查与规范等一系列生产工序组合设计。

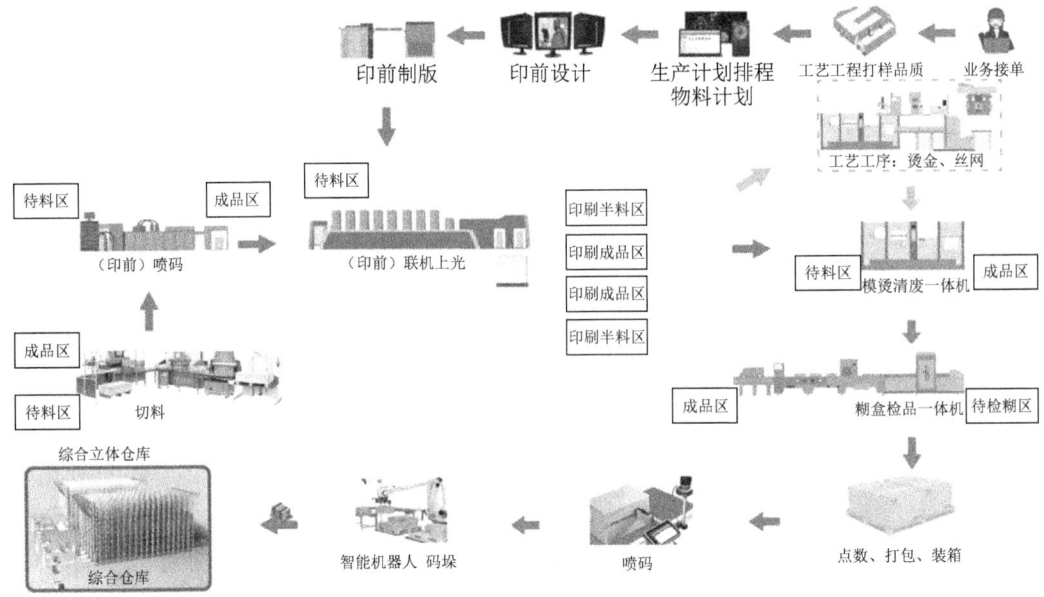

图 6-1　药品纸质包装盒生产流程

③打样，即确认印刷生产过程中的设置、工艺流程和操作是否符合印前设计，并为客户提供最终印刷品的样品，进而了解客户最终的品质交付要求。

④物料准备，为保障批量生产而进行的物料准备，如纸张、油墨、光油等，是批量生产的重要内容之一。

⑤生产排单，是指根据交付将生产任务分配至生产资源的过程。在考虑人员技术技能和设备性能的前提下，在物料数量一定的情况下，安排各生产任务的生产顺序，优化生产工序，优化选择设备，减少等待时间，平衡各机器和工人的生产负荷，从而优化产能，提高生产效率。

⑥正式印刷，即上机正式批量印刷。

⑦电子监管码，大部分的药品纸质包装盒在它的每个盒子上均印制唯一的可变数据电子监管码。

⑧模切压痕，根据设计要求，让印刷后的大张印刷品在模切机上把大张印刷品冲切成一定形状的工艺称为模切；同时利用钢线通过压印，在承印物上压出痕迹或留下利于弯折的槽痕的工艺称为压痕。

⑨糊盒，将药品纸质盒的某些部分通过粘合方法形成所需形状，通常在糊盒机上完成。

⑩点数装箱，根据终端客户要求，按数量进行捆扎和一定数量装箱，便于交付。

在详细了解以上生产药品纸质包装盒的过程后，我们才能真正地去设计符合药品纸质包装盒企业印刷智能管理系统，通常包括企业资源计划系统 ERP、高级排程系统

APS、制造执行系统 MES、设备数据采集系统 MDC、仓储管理系统 WMS、智能物流系统等一系列主要功能。

二、设计原则

首先，我们要明确印刷智能管理系统的设计原则，确保系统在企业使用过程中的适应性和可持续，在系统开发建设时，需遵循如下原则。

①统一设计原则。统筹规划和统一设计系统结构，尤其是应用系统建设结构、数据模型结构、数据存储结构以及系统扩展规划等内容，均需从全局出发、从长远的角度考虑，需要在系统前期设计规划的时候就应当考虑。

②先进性原则。系统构成必须采用成熟、至少具有国内先进水平，并符合国际发展趋势的技术、软件产品和设备，遵循相关规范和业界主流标准。

③灵活性原则。方便与其他系统对接和集成。

④可快速开发/修改的原则。系统需具备灵活的二次开发，在面向组件的应用框架上，以适应并满足企业在不断发展的过程中在不影响系统稳定性的情况下快速增加新模块功能等。

⑤具备可扩展和易维护性原则。系统的设计需具备一定的前瞻性，需充分考虑系统升级、扩容、扩充和维护的可行性，特别是要满足复杂的印刷工艺。

⑥可靠性原则。系统每天都在进行海量的处理数据，任何时候的系统故障都会影响正常的企业生产活动，系统必须具备很高的可靠性和稳定性，在系统故障发生时具有快速修复功能。

⑦易用性原则。功能名称、操作界面直接明了，容易理解。操作文档需要充分考虑普通工人的文化水平，语言逻辑描述清楚、详尽。

⑧安全和保密原则。系统设计应把安全性放在首位，既考虑信息资源的充分共享，也考虑了信息间的保护和隔离；系统在各个层次对访问都需要进行控制，设置权限；具备数据备份功能，确保数据安全性；同时要防止各种非法访问、使用、篡改、破坏或泄密。总之，要保证系统的安全。

其次，我们再对系统进行详细设计，包括功能模块、子系统、模块功能、人机界面等进行设计，以达到复杂的印刷工艺要求和匹配企业的管理要求。

三、系统架构特性

在药品纸质包装盒生产的信息化系统设计中，我们首先需先跳出传统 ERP 采用的数据结构，使用 Java B/S 框架构造前端、后台应用服务，以 Spring 等最新的前端架构跨平台互联网应用；采用多层分布式，以 MSSQL\MYSQL\ORCAL 为后台数据中心，确保用户数据安全，构建稳固的信息化系统。

(1) 自定义性

①流程自定义：支持流程重组，在企业发展的不同时期可能采用不同的流程，无须重新开发。

②界面自定义：用户可以自定义操作界面，客户可以定义出符合自身生产的界面流程图。

③报表自定义：打印报表内容可以由客户自定义修改，也可以自助增加报表。

④语言自定义：同时支持多种语言，如企业高层是英文，中层是繁体，底层是中文，总之每个用户可以选择适合自己的语言。

⑤审核自定义：支持目前所能想到的审核级别，每个级别要多少个人审核，如三人之中有两个人审核通过就通过，或全部审核才能通过，等等。

(2) 适用性：软件采用可配制流程，通过不同的模块，不同的流程可配制出不同类型，适合不同规模企业或不同阶段的企业使用。

(3) 适应性：考虑到与其他软件厂商的适应性，需专门预留与用户，如早期软件公司的财务模块接口，同时应具备和支持其他软件的应用接口。

(4) 扩展性与无缝升级

①正常配制的是标准流程，如果客户有不同需求，首先由实施部配制，如果还达不到要求，则由开发部修改。

②系统采用模块化设计，可以在不影响任何现有模块的情况下，安全升级，避免升级失败的发生。

在探讨与实践印刷企业智能管理系统的建设时认识到：不同的应用系统模式将形成不同的应用系统技术构架，企业中存在不同信息系统架构容易造成技术体系的复杂和混乱，标准不兼容，IT系统间互操作性差和数字握手交换不通畅等问题。因此，统一系统的架构模型已是首要解决的问题。

印刷企业智能管理系统的架构是一种实现生产应用系统的技术框架，它包括基础架构、网络系统架构、应用系统架构、集成平台架构、安全体系结构、技术标准体系架构以及应用层面的操作架构等。

智能管理系统的实现要选用合适的数字化技术并落地，先易后难，先大后小，具体如下：

①分析数字化系统的集成框架，以保证数字化系统的完整有效。

②分析各功能需求的可行性和重要性，在两个维度上进行高、中、低三档排序。

③根据可行性和重要性排序，制定落地实施路径，明确短期、中期和长期的发展目标。

当前药品纸质包装盒企业智能管理系统的建设可采纳成熟的泛 ERP+MES+APS+WMS 统一开发或分段开发来满足不同阶段的企业发展需要，整体系统设计示例框架，如图 6-2 所示。

可参考的实施路径。

①以生产为核心,完成集成 ERP+MES+WMS。

②集成 APS+CRM+SRM。

③根据实际需要,建立产品的生命周期管理系统 PLM。

④再根据企业实际需求,建立 OA+HR。

四、数据层设计

系统数据层设计可按照四层设计思路,如图 6-2 所示。

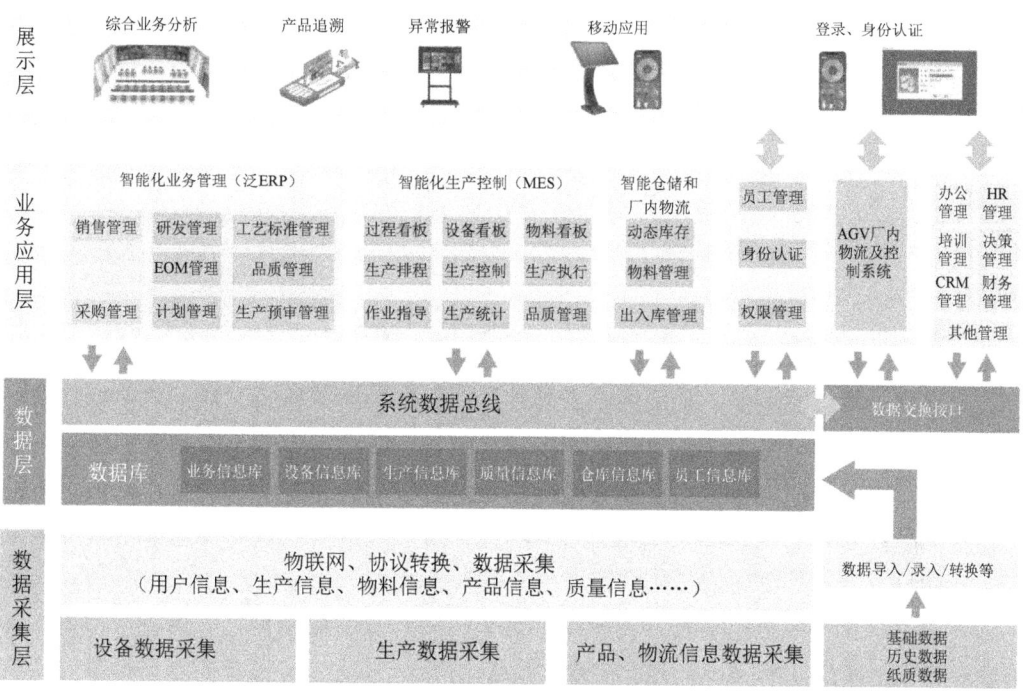

图 6-2　整体系统设计示例框架

1. 数据采集层（MDC）

数据采集层通过集成多种传感器、视觉系统,采集来自所有印刷相关设备的详尽信息、生产数据信息、物料信息、库存信息、维修信息等。对于有历史信息的数据,应当快速作为参考数据进行导入和修正。

2. 数据层

构建智能管理系统的数据库,这一点很关键,构建的内容包括但不限于业务信息库、设备信息库、生产信息库、生产工艺工程、仓库管理信息库、品质信息库、财务信息库及员工信息库等。同时还需要构建总线与数据交换接口,用于底层数据库与上层业务应用、外部业务应用之间的数据交互及业务交互。

3. 业务应用层

业务应用层包括 ERP 部分信息，如采购、销售、订单、财务、人力等较为基础和熟知的层面，同时还需要包括产品数据管理 PDM、研发管理、工艺标准、BOM、质量管理、APS、MES 执行部分、智能仓储和厂内物流管理部分。在系统智能排程 APS下，加强物料需求计划的执行功能，把物料需求计划通过执行系统 MES 同车间作业现场控制并联动。MES 自然而然地就和生产计划调度系统、仓储管理系统、成本系统、质量系统、设备运行管理和维护系统、备件和辅料管理系统、成本系统等融为一体。在应用层上，还需通过员工信息和设备、订单号等进行关联，在对应的权限下，查看生产信息。

4. 展示层

展示层内容包括车间、管理部门、监控部门等的大屏幕、电脑端、手机端等监控系统和相关移动 App 的应用。包括但不限于工单跟进、完工分析、成品分析、废品率分析、投料分析、产量分析、时效分析、班组分析、机台分析、在产信息、流通信息分析、产品质量追溯、物料追溯、生产异常告警、设备异常告警、库存告警等。

第二节 系统功能

在讲到系统功能之前，我们需先了解并研究当前药品纸质包装盒生产大部分企业存在的问题，主要表现方面如下。

①生产现场信息孤岛化严重，整个生产系统无法发挥其全部效能。

②生产计划与进度控制无法有效得到现场信息，排产和产能只能依靠人工，最多采用 ERP+Excel 混合应用，且只能依靠人工传达和记录。

③企业报价不规范，通常只是预估，无法做到真正的成本核算。材料、人工、外协成本往往不能按订单统计，真正的盈亏无从知晓。

④企业产值即使增加了，但利润往往下降，甚至亏本了，真正的是越做越亏。

⑤所有的生产资料，如设备、物料等根本无法协同。

⑥生产现场除简易的数量报工外，无法搜集其他的信息和有效监控，而这些信息往往与生产效率直接相关，如设备效能、生产停复机信息、班组作业过程等。

⑦生产设备管理只能通过报修上报，或者只有坏的时候才能知道，严重考验交付的运气问题。总之是，以维修单为载体，无法对维修过程管理、数据和规律进行积累。

⑧模板管理无法依据生产数据完成生命周期管理。

⑨生产品质管控采用手工记录，无法对全流程进行质量管理、数据采集和分析。

⑩生产管理透明化低，特别是绩效，从订单生产到完成的展示、关键质量控制信息点几乎没有。

⑪ 员工的劳动强度无法降低,人为依赖无法减少,高质量人才无法应用。

⑫ 产品追溯大部分仅依赖于单号,无法达成批次追溯,减少损失。

如图 6-2 所示整体系统设计示例框架,整个管理系统的目的是实现协同信息化、生产无纸化、过程实时化、决策数字化、绩效透明化。

一、业务平台 ERP

ERP 平台模块通常功能包括订单、生产计划、采购、库存、销售、财务、BOM 管理、品质管理、工艺标准管理等。

1. 移动办公（OA）

通过 IOS、安卓、Windows 等不同系统的手机平台支持 Web（由 App 升级而来）等移动办公功能,如任务审批、决策分析、数据查询、远程监控（如订单进度、设备负荷、工作中心监控、订单监控、送货计划等）、移动作业（如现场日报、采购入库、领料退料、成品入库、快速盘点、装车记录等）。

2. 信息中心

支持局域网系统用户之间的即时信息发送和接收、支持工作流处理通知信息、支持群发信息、支持历史信息查询、支持手机短信通知、支持微信通知服务、支持为指定人员定制发送内容,并定时把重要的数据报表直接以邮件的方式发送到指定人员。

3. 业务链查询

实现企业业务数据间的穿透、追踪、决策、分析,企业可构造专属的查询分析方案。可以自定义穿透每一份单据的上下游数据,清晰体现出承上启下功能。

4. 用户授权

支持权限控制,每一个部门只能查看自己部门的信息,每一个用户只能看到属于自己的内容,上级可以查看下级。同时支持从用户与角色两个维权进行授权,授权操作简单快速。

5. 产品档案 BOM 管理

产品档案 BOM 管理包括刀模管理、版材管理、多级套箱管理、印刷工序管理、产品附件管理（支持所有类型的附件文档管理）等。

6. 盒型资料管理

盒型资料管理包括多物料计算（包括纸张、油墨、润版液等）,每道工序的损耗管理,支持更多用量的脚本计算（如尺寸类型等）。

7. 报价管理

新客户报价、老客户调价。根据产品物料成本及加工费用,按利润比率算出纸盒产品单价,支持数量级别报价。

8. 销售管理

①支持业务组别数据权限控制。

②支持订单其他费用管理。
③支持订单中建立新产品。
④支持订单从 Excel 中导入。
⑤支持送货计划管理。
⑥支持物流管理、运费计算管理。
⑦支持客户投诉、供应商投诉、企业内部投诉管理。
⑧支持批量产生销售发票。
⑨支持套件产品管理。
⑩支持按信用额度接单、接单状态控制。
⑪支持业务员提成核算。
⑫支持客户拜访记录，业务出差记录。
⑬支持网络下单。

9. 生产计划管理

①支持自动生成生产订单。
②支持自动计算订单生产成本。
③支持标准树型 BOM，并具备无限扩展的功能。
④支持各种类型的半成品生产、及时利用以及库存管理。
⑤支持所有的生产工序数量、工序损耗计算。
⑥支持生产物料需求计算。
⑦支持生产物料替换功能。
⑧支持自动排程功能，可根据工序、机台等按需排程。
⑨支持生产排程计划、工作中心计划（自动计算生产时间、预交期、生产评估、甘特图、产能分析、生产进度）。
⑩支持纸盒生产排程精细化管理。
⑪支持生产成本预算功能和实际成本核算功能。
⑫支持工序外发加工管理。
⑬支持生产日报（现场）、条码扫描功能和 RFID 功能。
⑭支持主生产计划，快速建立全新的生产计划或"滚动"计划。
⑮支持工作中心日报功能（生产车间现场生产记录、计件管理）。
⑯支持全面的自定义企业计件薪酬管理和人力资源系统无缝对接。
⑰支持生产绩效管理。
⑱与生产控制系统无缝对接。
⑲支持纸张仓库和生产中转仓库对接，原纸自动出入库。
⑳支持设备维修管理。

10. 采购管理

①支持用户自定义各类物料的采购金额计算方法。

②支持物料多单位管理（多单位换算）。

③物料单价计算支持脚本（自定义算法）。

④采购比价采购、历史单价实时查询。

⑤支持采购物料替代管理。

⑥支持采购其他费用处理。

⑦支持供应商期初应付款管理。

⑧采购发票管理。

11. 品质管理

①质量工作计划。

②质量目标管理。

③质量文件管理。

④质量培训管理。

⑤质量绩效管理。

12. 库存管理

准确无误的库存进出数据管理，保证365天24小时库存运作的数据及时、精准、稳定方便性。包括原纸条码或RFID管理，原纸称重对接。库存的调拨单、预留、月结单、价格修正等管理。实现快速精准的库存进出存报表。

13. 财务管理

财务管理包括预收款、预付款管理。客户月结单、供应商月结单、收款单、付款单。成本分摊费用维护管理。用纸成本核算，绩效成本管理等。

14. 供应商协同管理

企业与供应商（材料商、外协商）进行实时数据共享，打造协同工厂。

二、生产控制MES

通常包括功能模块：生产排程、生产执行、生产控制、生产统计、生产展示、品质管理、物料管理、设备管理。

1. 机台自动排程

对详细的施工单的排产，主要包括人员、设备、班组的排产。

2. 生产控制

①产线生产监控；

②设备绩效监控；

③生产数据采集。

3. 效率分析

4. 生产看板

①现场可视化及报警管理；

②生产排产、绩效、质量、设备、物流监控；

③半成品管理 WIP。

5. 物料管理

①车间仓库物料的库存管理；

②车间线边库物料的管理。

6. 设备管理（TPM）

①结构化的设备部位；

②多层级的设备跟踪；

③全方位的设备履历；

④实时动态的设备画像；

⑤全面的设备资料存档；

⑥设备 OEE 分析；

⑦设备故障分析；

⑧设备保养。

7. 品质管理

①质量数据归集；

②质量统计分析。

三、智能物流 WMS

包括原辅物料管理、半成品和成品管理、出入库管理、动态库存、AGV 物流管理。

①支持二维码或 RFID 物料定位；

②支持 RFID 智能闸门对物料进出各楼层进行监控追踪；

③支持物料出库，实时将物料批次信息传给 MES，绑定接料工位；

④支持成品入库，接受 MES 的物料批次信息，通过 WCS 来完成入库，绑定仓库和库位。

第三节 系统实施

一、实施原则

1. 标准化

在实施智能管理系统之前，首先要建立企业的标准化：设计工艺、原辅材料、设备保养、业务管理、人员管理、标准作业程序 SOP、产品工艺技术标准、品质、全流程色彩管理标准化、印品色彩质量评价系统、视觉检测技术应用（印前文件比对、后道装订的检测）。

标准作业程序 SOP（Standard Operation Procedure），是指将某一作业的标准操作步骤和要求以统一的格式描述出来，用于指导和规范日常工作。通俗来讲，SOP 就是对某一程序中的关键控制点进行细化和优化。从管理学角度，SOP 能缩短新员工面对不熟悉且复杂的事务所花的学习时间，只要按照步骤进行操作就能避免失误与疏忽。

产品工艺技术标准包括产品技术标准和生产工艺标准。产品技术标准主要是指厂部技术部门下发的标准样张所包含的标准信息，如产品尺寸形状、折痕挺度、外观色相、印刷烫印图案及其位置关系等要素，需要对这些要素信息进行解读并能生产复制。生产工艺标准是指生产过程中根据产品特点、设备性能、所需材料制定的工艺标准，两个标准制定时需要相互结合。

2. 硬件架构

采用超融合基础架构 HCI（Hyper Converged Infrastructure）：服务器（≥3）+ 虚拟化软件 + 固态硬盘缓存 + 万兆或更高速网络，集成计算、存储和网络三大功能。可提供文件存储服务器、CTP 流程服务器、文件备份服务器、色彩管理服务器、ERP 系统、MES 系统、数据库服务器、灾备系统等系统的运行，具有操作简捷、维护方便、便于管理，以实现生产全流程数字化。

印前数字化包括如下几点。

①核心 CTP 软件、墨控软件等要保证升级到最新版本；

②印前实现文件处理自动化：自动文件修改，自动陷印、自动备份、自动创建作业等；

③客户文件加密系统：保证文件安全、防止泄密。

印刷、印后的数字化由 ERP+MES+WMS 等系统来实现。

3. 实施步骤

智能管理系统建议实施原则：分布实施，循序渐进。一个信息系统从上线运行开始，要经历磨合期、稳定期、从能用到完善，持续改善的过程，一般至少需要持续 6～12 个月的时间。根据企业价值链应用新技术，如物联网技术、大数据技术，由传统工厂向未来工厂靠拢。实现智能工厂的标准规范建立，由单元集成向整体集成靠拢，由单元标准向整体一致性标准靠拢，实现整个过程的柔性。

第一阶段：让生产过程智能化，我们实现横向连接与纵向连接，横向连接是将批生产要素连接，如版、设备与作业之间的连接；纵向连接是将生产订单到作业任务到作业反馈之间的连接，并通过车间的智能看板，让车间量化、更加透明化，进而提升车间的运营效率和生产的形象，涉及 ERP 部分功能，以 MES、MDC 的实施为主。

第二阶段：生产物流的智能化，我们可通过二维码或 RFID 技术管理半成品，并通过配送拉动物产，满足生产节拍的需求，涉及 WIP 半成品管理、WMS 的实施，同时辅以生产设备、辅助设备的自动化。

第三阶段：我们通过高级数据模块对数据进行仿真和模拟，进行高级排产，通过智能数据中心进行全面生产协同，实现生产管理智能化，涉及 APS、BI 大数据分析、AI 人工智能，生产智能化三个递进阶，如图 6-3 所示。

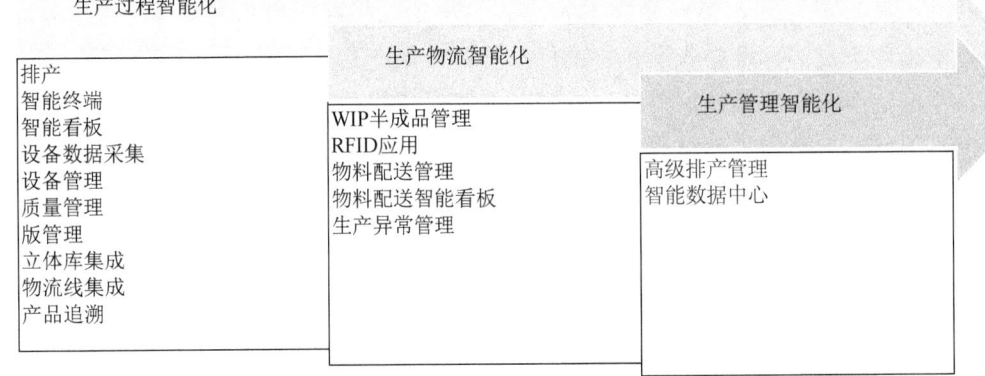

图 6-3　生产智能化三个递进阶

二、生产过程信息处理

生产过程智能化主要以 MES 系统的实施来实现，最核心的系统模型就是作业分解和排程及对相关作业资源活动数据的拉动。系统的关键是数据驱动，从业务流程驱动转变为数据驱动，从而为达成生产方式智能化创造基础。数据驱动的形式，主要表现为三个屏幕：中控 PC 端上的系统、智能制造终端和智能看板。

每个机台都需安装一个智能终端和网关，接受来自 MES 的指令信息，自动反馈生产过程的作业任务信息，实时数据通过智能管理看板同步展示。系统通过下达作业任务至机台智能制造终端，作业人员与设备协同执行任务，生产设备的信息通过网关将数据反馈出来，结合 MES 功能，进行生产业务匹配，获取作业的实时信息，供排产等数据进行业务决策，图 6-4 是生产作业过程信息处理的整体框架。

智能终端的主要功能：排产作业数据获取与反馈、设备数据采集（当前作业实时产量）、过程质量指控（作业触发质检任务、质检结果反馈）、物料需求（版、纸张、油墨、辅料的需求和供应）、查看工业要求（工艺控制点数据）、日报（作业人员计件数据）等。

MES 生产执行系统介于计划层 ERP 与控制层中间，并且与 WMS，AGV 物流系统都由相应的数据交换，存在数据接口，设计采用 Web Service 技术进行数据交互，如图 6-4 所示。

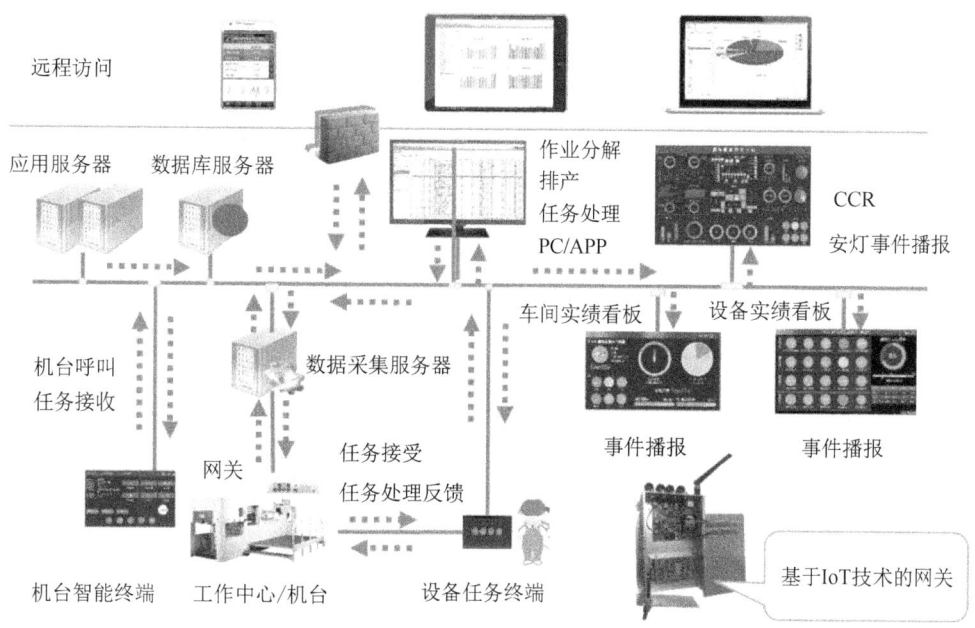

图 6-4 生产作业过程信息处理的整体构架

（1）基础数据接口

数据方向：ERP → MES

一般 ERP 是贯穿企业各部门信息化的纽带，也是一个企业的核心系统，其他各系统的基础数据，都以 ERP 为依据（ERP 的基础数据来源于 PLM 的除外）。所以，MES 中需要用的基础数据应该和 ERP 保持同步。基础数据一般包括如下内容。

①物料数据：包括原材料、半成品、产成品、辅材等，涉及物料代码、名称、单位、成本等详细数据。

②仓库数据：ERP 管理的仓库范围比 MES 要大得多，只要同步 MES 需要管理的仓库即可，一般指线边暂存区域、线边仓。

③产线数据：生产计划在哪条生产线或车间进行生产。

④工序数据：生产产品需要经过的所有工艺的归类。

⑤工艺路线数据：每一个产品需要经过的工序的顺序及要求。

⑥BOM 数据：产品的物料清单。

在确保上述基础数据一致的基础上，MES 自身运行还需要其他的基础信息，可在 MES 中进行维护。

（2）施工单接口

数据方向：ERP → MES

ERP 中生成的主生产计划包括生产日期、时间、生产线、产品、工艺路线等传送到 MES 中，在 MES 中执行工序详细调度，其中领料计划一般和 WMS 对接。

（3）数据采集接口

数据方向：MDC → MES → MES → ERP

①生产领料数据：工单领取物料的数据。

②产品下线数据：实时的半成品和成品产量信息。

③工序报工数据：工单在每道工序的完成数量。

④员工工时数据：员工生产产品所用的时间。

⑤原辅料消耗数据：完成工单产品所使用原辅料数量，包括原辅料报废、不良品数量。

⑥设备状态数据：设备效率、维修、保养时间、备件更换、消耗的能源。

（4）物流、库存信息接口

数据方向：MES → WMS，MES → WIP，WMS → ERP

①提供成品和半产品信息及数量，完成半成品工序流转和成品自动入库动作。

②根据生产计划、作业调度及实时的物料消耗，以实现物料拉动。

数据方向：ERP → MES，WMS → MES，ERP → WMS

①提交物料相关信息：供应商及仓库流转信息以及详细的库存、半成品库存。

②根据 ERP、MES 物流指令，完成生产调度，按需进行物料配送。

MES 生产数据接口如图 6-5 所示。

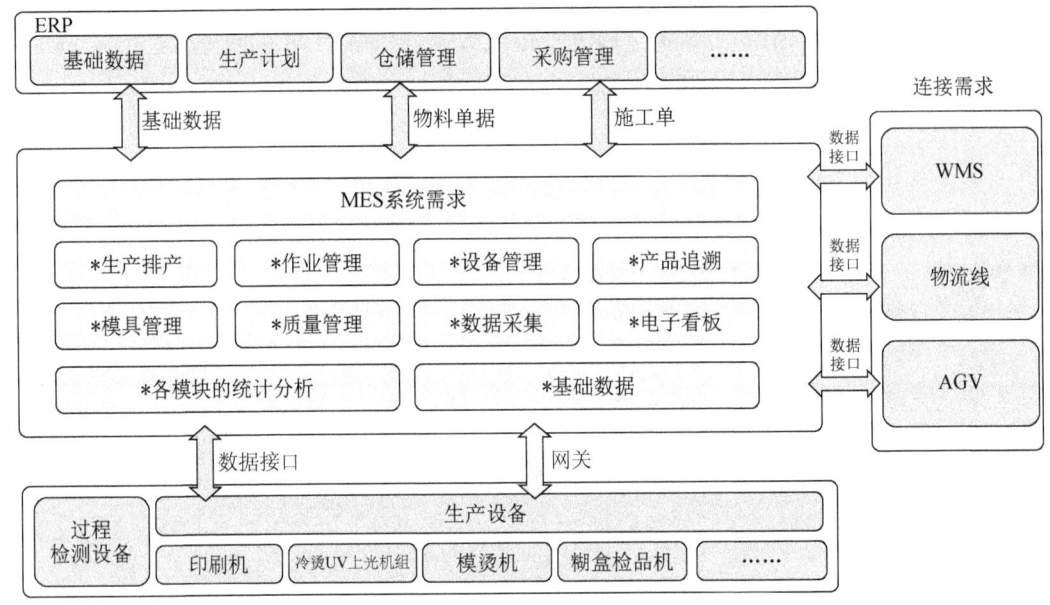

图 6-5　MES 生产数据接口

三、生产数据连接的实现

传统印刷工厂，在印刷生产过程中，现场间信息是隔断的，我们往往只能通过人来驱动生产流程,而流程产生的数据没有办法得到有效积淀。如图 6-6 所示,在实现智能管理系统前,作业分解排产,需要结合 Excel 表格,人工分解,人工排产;订单下单,需要人工传递施工单;配送拉动,需要生产人员领用和仓库叫料;印刷时,只能对施工单进行报工,没有作业级别和班组级别的反馈数据;半成品管理,只能存放在某个位置,达不到指定和分类;厂内物流没有连接;设备状态无法实时监控;仓库信息最多只有大概。总之,所有的信息形成各自的孤岛。

结合当前企业的现状和实际需求建设的智能管理集成系统,可以打破各系统间的信息孤岛,满足药品纸质包装盒生产工厂的管理智能化和生产过程柔性化的需求。

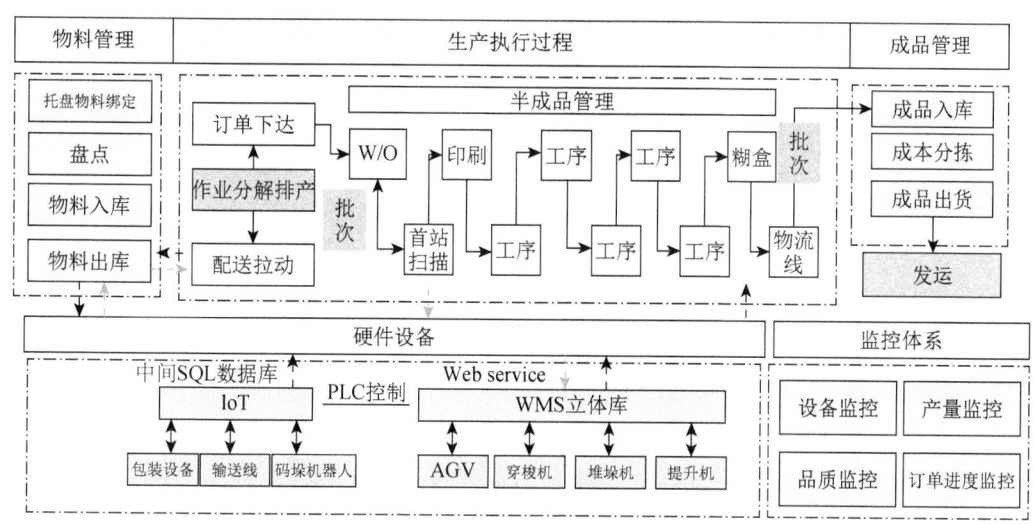

图 6-6　生产数据传递模型

1. 产品档案

产品档案包括产品 BOM、工艺路线、版档案、包装 BOM 等标准化的内容,MES 是以产品档案为核心的生产模式。产品 BOM 可采用树状结构,便于印刷品复杂结构的标准定义。同时,工艺路线也采用树状结构,将部件或工序的前后逻辑关系,以及相关资源,如设备、版、物料等有效连接,如图 6-7 所示。

产品档案对 MES 的数据要求如下。

产品 BOM:各部件生产数量、物料需求计划。

工艺路线:设备工作任务、作业物料计划、作业数量、作业工时。

版档案:作业用版计划、版配置、版生命周期。

包装 BOM:包装用料计划、体积重量、物流运费。

2. 作业单分解

需要结合产品档案,将生产订单自动进行作业分解,输出排产任务和物料需求计划,结合终端反馈的信息用于排产计划,其作业流程:施工单+基础数据→作业分解+产品档案→机台排产→智能终端。需从时间和数量二个维度进行协同,主线和结果统筹考虑，作业效率的准确性才能成为可能，首先分解为部件工序，其次根据每个部件工序生成每个物料的需求数量，作业单分解如图6-8所示。

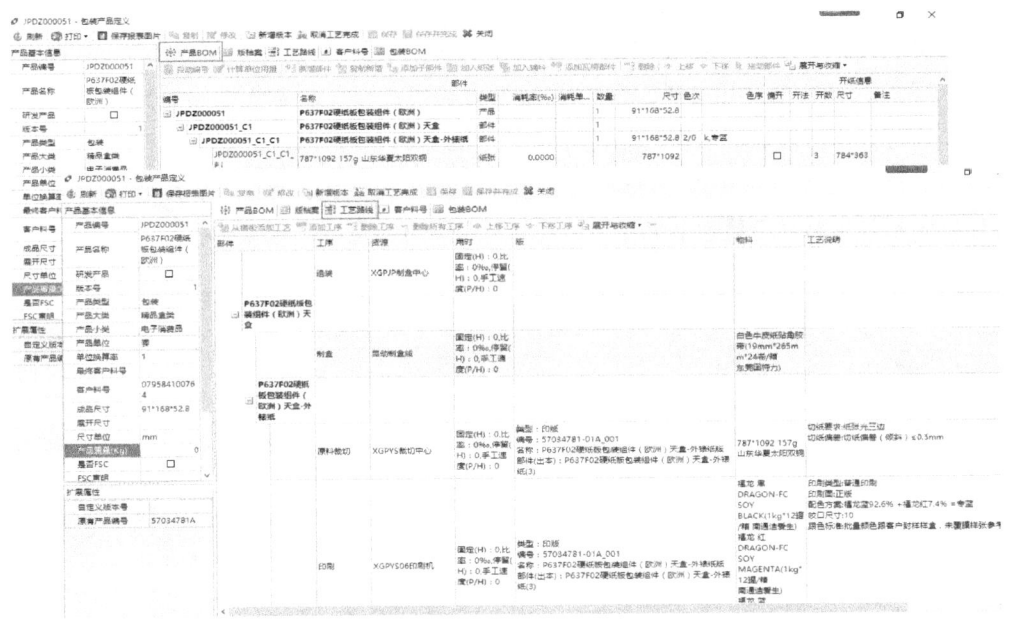

图 6-7　产品 BOM、工艺路线

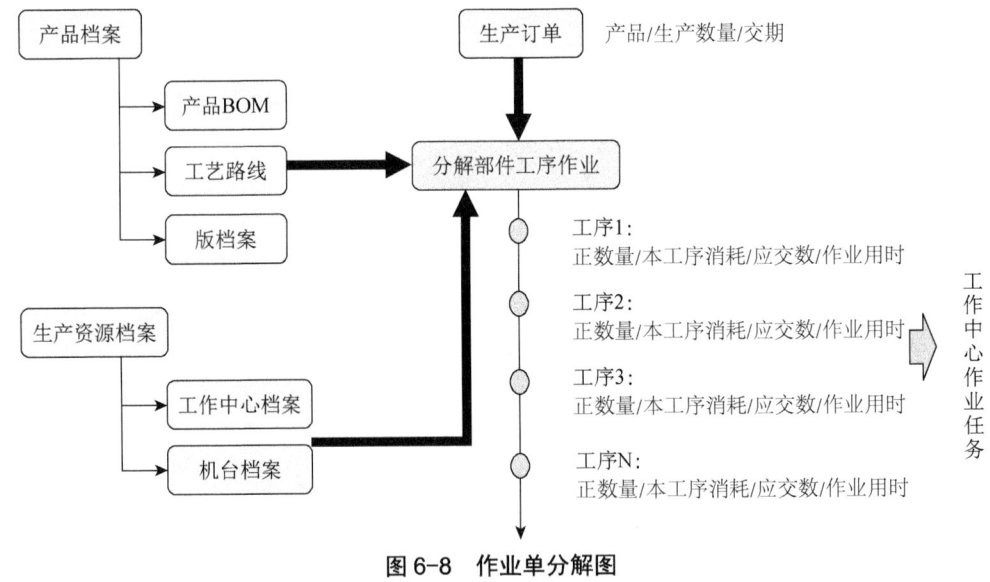

图 6-8　作业单分解图

3. 排产功能

基本的排产流程：基础数据初始化→确定排产作业批次→获得可排程的作业→作业选择→作业资源选择→作业在资源上排程→排程是否成功→更新作业排程计划→更新终端的排产结果，如图6-9所示。

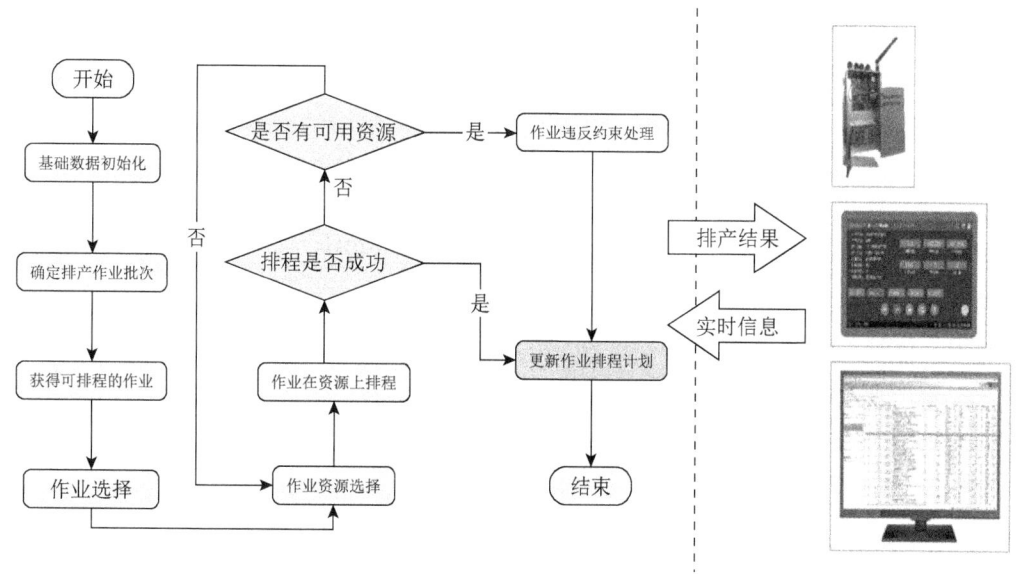

图 6-9 排产流程

其中需要考虑排产规则设置、作业违反约束处理、是否有可用资源（多次循环模拟演算），作业优先级、设备能力、均衡生产、生产中的交错、重叠和并行操作来准确地计算工序的开工时间、完工时间、准备时间、排队时间及移动时间，提高生产效率。

作业分拆、负荷计算、异常报警、作业排产、作业合并、负荷重算、历史记录等功能，也是高级排程的基础，最终排程计划结果可通过各机台生产任务进行查询，同时实时显示各工序的完成情况。

4. 质量管理

在药品纸盒批量生产产品中，一般采用首检、抽检的方式，与统计过程中的控制分析相结合。MES 系统可以记录并分析每个环节的生产数据，包括原材料、工艺参数、设备状态、检测结果等信息，以确保产品符合质量标准和客户要求。当出现质量问题时，可以通过 MES 系统快速定位问题的原因和责任方，并采取纠正措施。此外，MES 系统还能够提供完整的产品追溯能力，追溯每一批次产品的生产过程和流向，以应对市场监管和质量投诉的需求。质量管理模块主要实现下面的功能。

（1）质量评级

质量评级分为质量评分和质量分级管理两项。

质量评分：以质量数据为基础，对现场产品、设备过程控制、人员技能、质量绩效等进行评分。

质量分级管理：以质量分数为主要依据，其他因素为次要依据，进行质量的分级管理，从而确保重要客户、重要产品的质量可控，从质量标准、技能标准、产品标准、工艺标准、员工评级、产品评级等方面来进行具体考核。

（2）质检体系

质检体系分为以下几项。

①质量规则：各类质检项目设置、质检流程定义、过程检验频次设置、质检报告输出设置、接收质量限 AQL（Acceptable Quality Limit）设置，质检权限定义；

②质检计划：机台作业首检任务、机台巡检任务、机台自检任务，客户投诉处理任务、进料检验任务、成品入库检验任务、成品发货检验任务、实验室检测任务；

③质检执行：机台作业首检、机台巡检、机台自检、质量异常处理、客户投诉处理、纠正与预防、成品入库检验、成品发货检验、实验室检测；

④决策分析：各类检验合格率分析、各类质量异常分析、产品质量追溯、客户投诉分析、异常损失分析。

（3）主要特点

检验记录信息化，用电子单据替代纸质的检验记录。

用机台的作业进度驱动过程检验任务，根据质量检测项目和产品进行绑定，在作业时生成对应的质检记录表。

根据质检记录表，实时完成质检任务，自动生成质量统计数据。

（4）印刷质量分析与决策系统

以实现印刷质量数字化管控为目标，以印前对版检测、印刷过程检测、印后及终检数据采集为基础，以质量数据分析为手段，应用人工智能技术，实现缺陷数据及色彩数据的精准分类，通过分析给出缺陷产生的原因及解决方法，并通过质量评分进行质量绩效考核，从而形成一整套质量管控的改进及评价系统，主要涉及以下两项数据。

缺陷数据：在缺陷数据上，通过相机等图像采集后，经过深度学习等智能算法，对缺陷进行识别、分类，再进一步分析引起缺陷产生的原因，从而指引现场进行相应的处理，再通过收集回馈信息，进一步对现场数据进行完善。

颜色数据：印品颜色，通过相机、分光光度计等硬件，采集印刷样张整幅密度、网点、叠印以及光谱等颜色数据，进一步分析印刷纵向的串墨、下墨均匀性、压力均匀性、版头版尾墨色差异程度等，为现场生产提供调整依据，再通过大数据的分析，进一步对原料稳定性、设备稳定性、维护保养、人员技能等进行环比，提高运行管理的决策水平。

（5）产品质量追溯

可通过产品批次、序列号（一维码、二维码、RFID），快速定位产品数据，实际获知产品档案信息，为质量管控提供数据支撑，提供两种类型的追溯查询。

①正向追溯

已知产品的批次、序列号，查询产品构成及生产过程中的工艺、人员、设备、环境、物料、机台作业过程、质量等信息。

②反向追溯

已知原材料的、批次、序列号，查询该物料用于生产哪些产品及生产过程数据。

通过全面的追溯方式，可以快速定位问题产品的相关数据，协助做出最快最全面的解决措施。

5. Andon 安灯信息管理

Andon 将生产现场状况采用一种可视化的讯号进行表示，提供直观了解制造计划、生产条件和进展状态的简单视觉信号。Andon 系统本是适合连续性生产的提升制造质量和生产效率的有效手段，是汽车制造行业的一个通用系统，但在离散型制造的印刷行业，引入 MES 系统中，将安灯模块与设备监控模块对接，作为生产异常报警，在智能终端上触发，MES 系统会将报警信息推送到对应处理程序指定的人员手机或者智能终端，进行及时处理，同时实时更新中央智能看板对应的数据，显示 Andon 事件播报，展示给生产控制中心的值班人员。更直接的数据展示带来了更顺畅的信息流动，进一步放大了安灯系统的价值。

MES 系统触发的功能类型报警：三色灯状态、设备异常、物料异常、设备维保到期。

（1）物料 Andon 是生产工位在需要物料时，借助 Andon 实时反馈生产线上物料呼叫请求。利用车间现场智能终端，触发需求信号，物料部门接收到信息及时供料，避免生产线边出现物料短缺，最大限度提高配送效率，对生产过程的物流问题进行实时记录并统计。

（2）设备 Andon 主要用于提示生产现场的设备维修人员及时响应设备故障及维修。在生产过程中，各机台的设备操作人员通过 MES 系统设备管理界面的 Andon 呼叫按钮等向班组长报备设备故障或其他请求帮助等，同时进行机台停工工时统计和设备故障报表分析，设备维修 Andon 如图 6-10 所示。

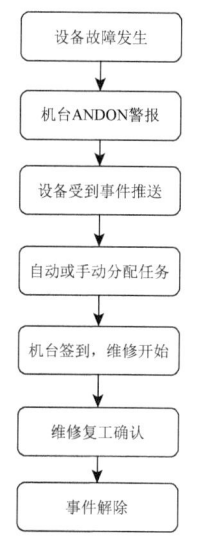
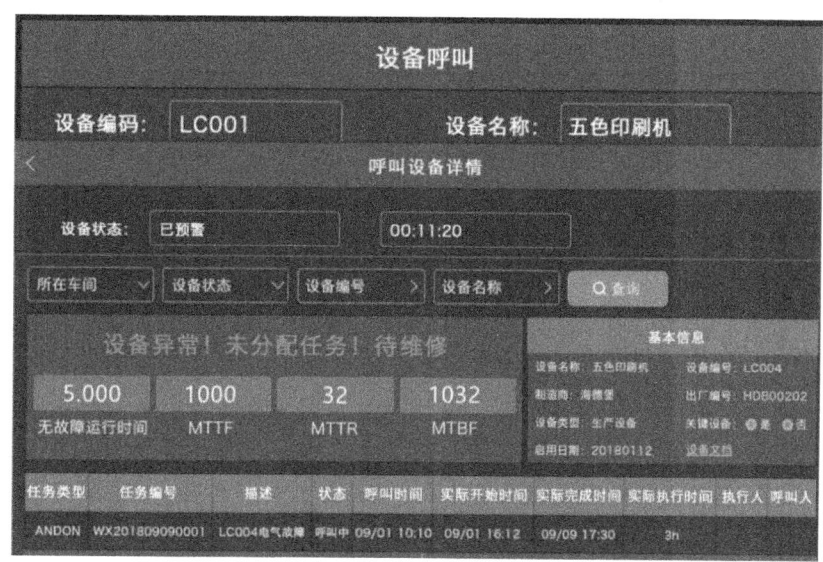

图 6-10　设备维修 Andon

6. WIP 半成品管理

WIP（Working In Progress）管理，采用 RFID 方式进行半成品管理：栈板安装有 RFID 标签，在机台（喷码机、印刷机、烫金机、模切机、品检机、糊盒机等）物料进出口部位安装 RFID 读写器，设置带有 RFID 读写器的半成品堆放库位。

工作流程：机台入口放置待加工物料栈板→机台识别栈板并校验，确认后生产→机台出口放置完成栈板，写入系统→加工完成后，机台反馈→系统绑定栈板与完成物料信息→指定去向库位→通过 AGV，移动栈板到指定库位，如图 6-11 所示。

各工序的半成品已加工数量、栈板数、库存量、呆滞分析都可以通过半成品看板实时显示。

图 6-11 RFID 栈板移动

各机台的 MES 系统发出生产作业物料需求，对于不同工序间的半成品移动，通过 WIP 模块，发出指令到 RCS 系统，控制 AGV 完成车间内部半成品的搬运工作。

7. 数据采集

生产作业过程处理中的各种工单数据可通过 MES 系统自动收集更新，或者操作人员手动更新，通过智能终端、智能看板直接反馈出来。生产过程中产生的关键数据——设备、质量、环境，与各关键数据有关联的相关数据，能取得到的更多的数据，为大数据分析做基础。

设备关键数据采集可通过设备直连实施方案，如图 6-12 所示。

普遍的情况，很多设备的接口现在不是开放的，如海德堡、罗兰等进口设备印刷机往往不允许直接联网的，所以我们通过物联网技术的网关进行关联，可以理解为离线中实施关联。

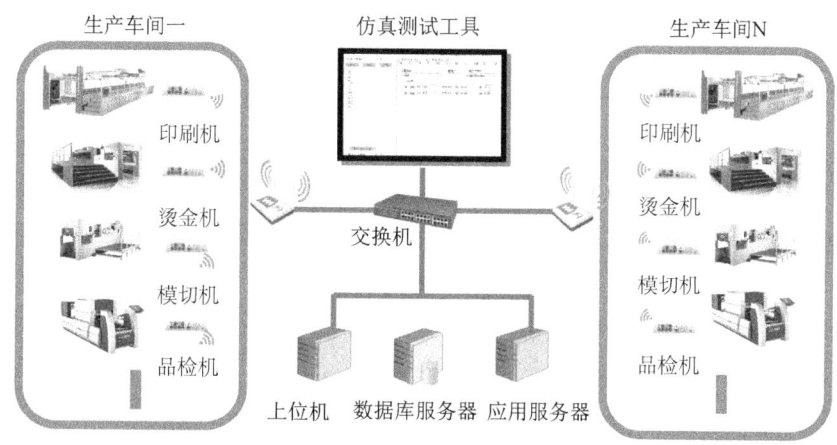

图 6-12 设备直连实施方案

设备非直连的对接方式如下。

加装各种外置传感器：温湿度传感器、编码器、测速器、电流传感器、压力传感器、流量传感器、光电传感器、激光传感器、图像传感器等。

不同 PLC 匹配厂家配套的通信模块如 RJ45、RS485，RS233，通过 IoTPLC 网关、工业协议边缘网关进行协议转换，利用 HslCommunication 类似的通信测试软件和串口分析工具与系统进行测试对接。

设备数据采集的流程如图 6-13 所示。

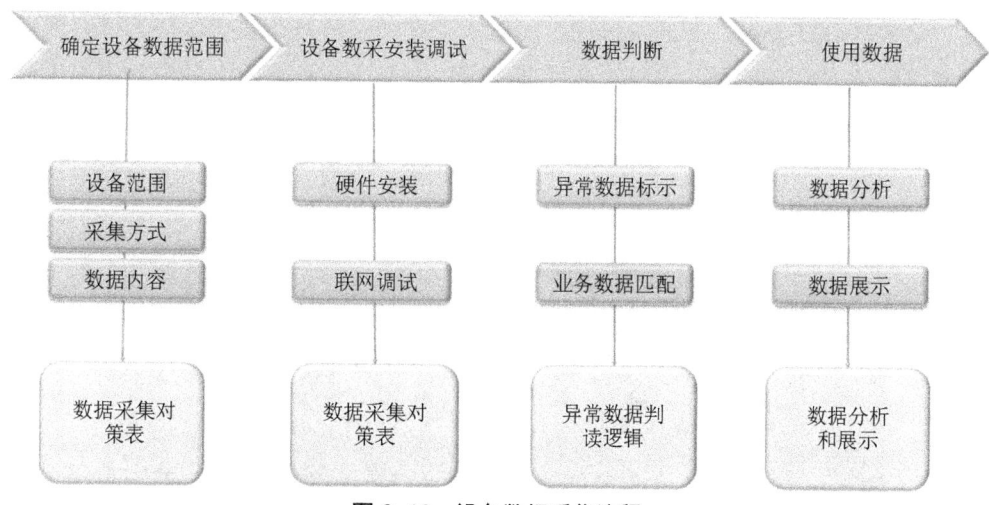

图 6-13 设备数据采集流程

（1）设备数据采集的内容

实时设备运营看板如图 6-14 所示：印刷机当日生产的实时数据，如总印数、成品数、过版纸、废张量、换版次数、设备生产用时和实时状态（印刷、操作、空闲、试印、离线）等。

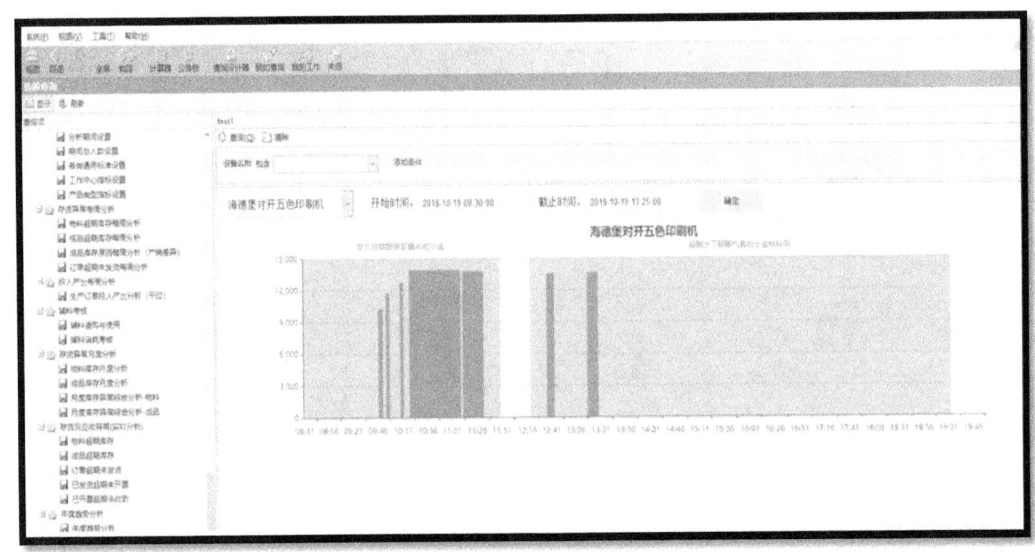

图 6-14 设备数据采集内容查看

单台设备的印刷速度和设备生产状态的实时时间分布图,提供对设备生产的精细化分析的基础。

实时活件状态看板:掌握近日所有印刷活件的信息,如印刷活件的总数、生产状态及活件分布;单个活件的明细信息(用时分布、平均产出速度),方便找出生产低效的活件为问题溯源和分析提供数据基础。

班组生产分析看板:查询指定设备的班次生产情况分析,按班次归纳设备的印刷产能情况和生产用时信息,按班次及时间段展现产能分布,班次之间的印刷速度和产出趋势的对比。

(2)数据展示如图 6-15 和图 6-16 所示:智能看板的内容—进度与效绩、机台智能终端—暂停操作。

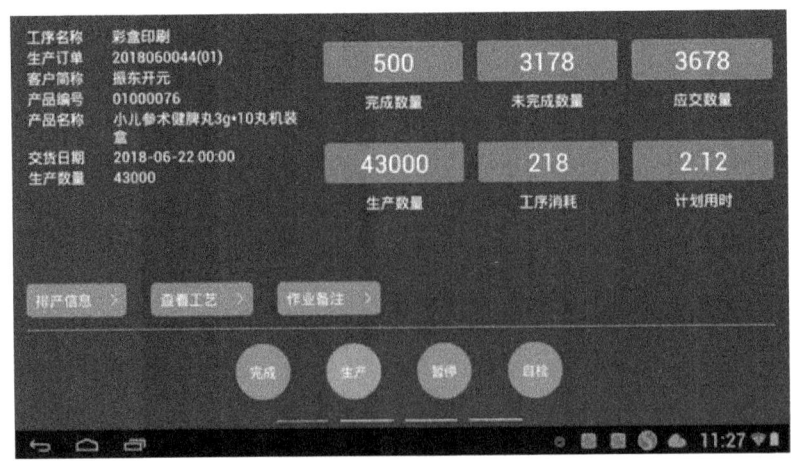

图 6-15 设备数据采集的内容(1)

第六章 包装印刷智能管理系统的设计

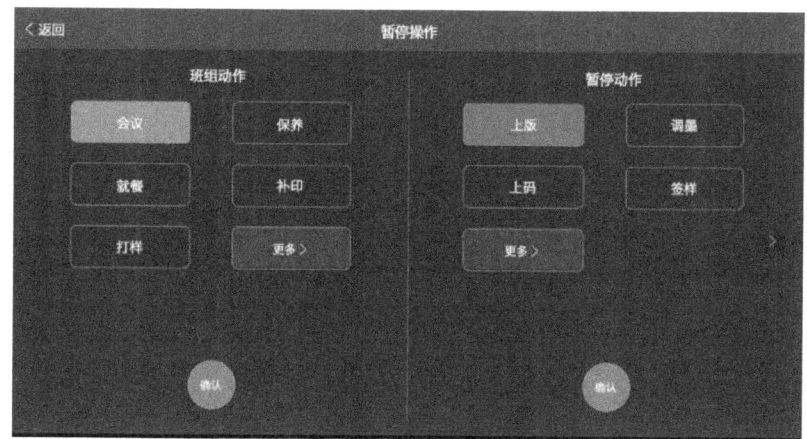

图 6-16　设备数据采集的内容（2）

参考文献

[1] 安忠瑾，宫巨宏．OEM视角下我国制造业产业升级能力的研究[J]．东南大学学报（哲学社会科学版），2016，18（增刊1）：77—79.

[2] 李永红，王晟．互联网驱动智能制造的机理与路径研究：对中国制2025的思考[J]．科技进步与对策，2017，34（16）：56—61.

[3] 陈旭升，梁颖．双元驱动下智能制造发展路径：基于本土制造企业的多案例研究[J]．科技进步与对策，2020，37（10）：71—80.

[4] 龙飞扬，施贞怀，殷凤．制造业嵌入双重价值链：演进逻辑、现实依据与路径选择[J]．改革，2023（10）：146—155.

[5] YAN H, YANG J, WAN J. KnowIME: A system to construct a knowledge graph for intelligent manufacturing equipment [J]. Ieee Access, 2020（8）: 41805—41813.

[6] HUANG Q. Intelligent manufacturing [M]// Understanding China's manufacturing indus try. Singapore: Springer Nature Singapore, 2022: 111—127.

[7] ZHOU J, LI P, ZHOU Y, et al. Toward new generation intelligent manufacturing [J]. En gineering, 2018, 4（1）: 11—20.

[8] LI F, LIU W, BI K. Exploring and visualizing spatial-temporal evolution of patent collabo ration networks: A case of China's intelligent manufacturing equipment industry [J]. Tech nology in Society, 2021（64）: 101—483.

[9] Cai Changsong, Saeedifard M, Wang Junhua, et al. A cost-effective segmented dynamic wireless charging system with stable efficiency and output power [J]. IEEE Transactions on Power Electronics, 2022, 37（7）: 8682—8700.

[10] Li Xiaofei, Hu Jiefeng, Wang Heshou, et al. A new coupling structure and position detection method for segmented control dynamic wireless power transfer systems [J]. IEEE Transactions on Power Electronics, 2020, 35（7）: 6741—6745.

[11] MAI T A, DANG T S, DUONG D T, et al. A combined backstepping and adaptive fuzzy PID approach for trajectory tracking of autonomous mobile robots [J]. J Braz Soc Mech Sci Eng, 2021, 43（3）: 13.

[12] 成琼文，郭波武，张延平，等．后发企业智能制造技术标准竞争的动态过程机制：基于三一重工的纵向案例研究[J]．管理世界，2023（4）：119—139.

[13] 余黎.自动化立体仓库在物流工程中的应用及发展[J].科学技术创新,2019（7）：177—178.

[14] CHEN I M,CHAN C Y. Deep reinforcement learning based path tracking controller for autonomous vehicle [J]. Proc Inst Mech Eng Part D J Automob Eng,2021,235（293）：541—51.

[15] 张伯旭,等.智能制造：助推高精尖产业发展[M].北京：机械工业出版社,2018：25—30.

[16] 卓兰.标准化推动装备制造业高质量发展分析与路径研究[J]中国标准化,2020（3）：94—100.

[17] 闫纪红,李柏林.智能制造研究热点及趋势分析[J].科学通报,2020,65（8）：684—694.

[18] 时素玲.智能传感器的应用与发展趋势[J].电子技术与软件工程,2019（3）：88.

[19] NAMJOSHIJ,RAWATM. Role of smart manufacturing in industry4.0 [J]. Materials Today：Proceedings,2022（63）：475—478.

[20] 廖若峰.基于 PROTINET 的自动包装码垛生产线 PLC 控制通信的实现[J].科学与信息化,2020,10（25）：3—4.

[21] MAROSAN A I. Creating an ethernet communication between a Simatic S7-1200 PLC and Arduino Mega for an omnidirectional mobile platform and industrial equipment [J]. IOP Conference Series：Materials Science and Engineering,2020,968（1）：012022.

[22] 张南杰.西门子 S7-1500 与 S7-1200 的 PROFINET IO 通信研究[J].工业控制计算机,2020,33（10）：150—152.

[23] 钟志华,臧冀原,延建林,等.智能制造推动我国制造业全面创新升级[J].中国工程科学,2020,22（6）：136—142.

[24] 中国电子技术标准化研究院.智能制造发展指数报告（2021）[R].北京：中国电子技术标准化研究,2021.

[25] 工业和信息化部,国家标准化管理委员会.《国家智能制造标准体系建设指南（2021 版）》[EB/OL].（2021 11—17）[2022-09-27]. http://www.gov.cn/zhengce/zhengceku/2021-12/09/content_5659548.htm.

[26] 中国电子技术标准化研究院.中国智能制造系统解决方案市场研究报告（2021）[R].北京：中国电子技术标准化研究,2021.

[27] 马春林,屠海彪,李文杰,等.基于智能感知技术的电厂设备状态监测方法[J].化工自动化及仪表,2021,48（6）：614—619.

[28] 郑立中,韩建伟,郑逸非,等.基于大数据技术的电气设备运输状态监测及智

能预警系统 [J]. 电子设计工程，2021，29（7）：119—123.

[29] 丰会萍，胡亚南，闫琛钰，等 . 基于 TIA Portal 的多功能茶叶包装机控制系统设计 [J]. 食品与机械，2017，33（7）：85—88.

[30] 任润贤，曾小波 . 工业机器人技术基础 [M]. 北京：化学工业出版社，2018.

[31] 牟强 . 工业机器人的发展现状与未来趋势分析 [J]. 南方农机，2020（14）：120—121.

[32] 金凌芳，许红平 . 工业机器人概论 [M]. 杭州：浙江科学技术出版社，2017：21—23.

[33] 徐一波，鄢籹君 . 工业机器人的发展现状和前景分析 [J]. 科技创新与生产力，2023（2）：97—99.

[34] 颉永鹏 . 基于机器视觉的工业机器人目标识别和定位研究 [D]. 沈阳：沈阳工业大学，2022.

[35] 李艳，何高升 . 数字化印刷装备发展研究报告 [M]. 北京：文化发展出版社，2019.

[36] 伍宏武 . 现代印刷包装企业的智能制造之路 [J]. 印刷技术，2019（12）：15—19.

[37] 刘琳琳，曹从军，尚晏莹，等 . 解读《中国印刷业智能化发展报告（2018）》[J]. 印刷技术，2018（12）：12—16.

[38] 叶壮志，庞也驰，胡行同，等 . 印刷企业实施智能制造的思考与技术实现 [J]. 数字印刷，2020（4）：81—99.

[39] 齐元胜，高溯，吴萌，等 . 印刷智能制造关键技术研究进展 [J]. 数字印刷，2021（3）：1—13.

[40] 刘伟 . 双柔性多目标作业车间调度方法研究及原型系统开发 [D]. 长沙：湖南大学，2018.

[41] 王俊艳 . 彩色印刷图像套准视觉检测系统的设计与实现 [D]. 石家庄：河北科技大学，2018.

[42] 高玉栋 . 复杂条件下印刷缺陷检测研究 [D]. 哈尔滨：哈尔滨理工大学，2021.

[43] 钱隽 . 人工智能技术在烟草包装印刷质量检测上的应用研究 [J]. 绿色包装，2020（11）：35—39.

[44] Mondal T G, Jahanshahi M R, Wu R T, et al. Deep Learning-Based Multi-Class Damage Detection for Autonomous Post-Disaster Reconnaissance [J]. Structural Control and Health Monitoring, 2020, 27（4）：1—15.

[45] 郑玮，马良 . 企业信息化建设与 ERP 的实施 [J]. 信息记录材料，2023，24（2）：64—66.

[46] 樊小勇 . 探究企业 ERP 与 MES 的集成发展 [J]. 电子元器件与信息技术，2021：176—177.